Python+TensorFlow
机器学习实战

李鸥 编著

清华大学出版社

北京

内 容 简 介

本书通过开发实例和项目案例,详细介绍 TensorFlow 开发所涉及的主要内容。书中的每个知识点都通过实例进行通俗易懂的讲解,便于读者轻松掌握有关 TensorFlow 开发的内容和技巧,并能够得心应手地使用 TensorFlow 进行开发。

本书内容共分为 11 章,首先介绍 TensorFlow 的基本知识,通过实例逐步深入地讲解线性回归、支持向量机、神经网络算法和无监督学习等常见的机器学习算法模型。然后通过 TensorFlow 在自然语言文本处理、语音识别、图形识别和人脸识别等方面的成功应用讲解 TensorFlow 的实际开发过程。

本书适合有一定 Python 基础的工程师阅读;对于有一定基础的读者,可通过本书快速地将 TensorFlow 应用到实际开发中;对于高等院校的学生和培训机构的学员,本书也是入门和实践机器学习的优秀教材。

本书对应的电子课件和实例源代码可以到 http://www.tupwk.com.cn/downpage 下载,也可通过扫描前言中的二维码下载。

本书封面贴有清华大学出版社防伪标签,无标签者不得销售。
版权所有,侵权必究。侵权举报电话:010-62782989 13701121933

图书在版编目(CIP)数据

Python+TensorFlow 机器学习实战 / 李鸥 编著. —北京:清华大学出版社,2019
ISBN 978-7-302-52260-7

Ⅰ. ①P… Ⅱ. ①李… Ⅲ. ①软件工具—程序设计②人工智能—算法 Ⅳ. ①TP311.561②TP18

中国版本图书馆 CIP 数据核字(2019)第 018842 号

责任编辑:胡辰浩
装帧设计:孔祥峰
责任校对:牛艳敏
责任印制:沈 露

出版发行:清华大学出版社
网　　址:http://www.tup.com.cn, http://www.wqbook.com
地　　址:北京清华大学学研大厦 A 座　　邮　　编:100084
社 总 机:010-62770175　　邮　　购:010-62786544
投稿与读者服务:010-62776969,c-service@tup.tsinghua.edu.cn
质 量 反 馈:010-62772015,zhiliang@tup.tsinghua.edu.cn

印 装 者:清华大学印刷厂
经　　销:全国新华书店
开　　本:185mm×260mm　　印　　张:15.5　　字　　数:358 千字
版　　次:2019 年 6 月第 1 版　　印　　次:2019 年 6 月第 1 次印刷
印　　数:1~3000
定　　价:79.00 元

产品编号:080563-01

前言

2016年3月,谷歌公司的AlphaGo与职业九段棋手李世石进行了围棋人机大战,最终AlphaGo以4比1的总比分获胜,这引起了全球对人工智能的热议。同时,百度推出的无人驾驶,科大讯飞推出的"语音识别",以及高铁进站的人脸识别的广泛应用,将机器学习转变为信息科技企业的研究与应用的常见内容,这也让我们的日常生活更为便捷。

其实,机器学习已经走过符号主义时代、概率论时代、联结主义时代,从最初的仅是专家研究的数学理论、经典算法,逐步发展并蜕变为可以为大部分项目直接使用的平台框架。

2015年11月9日,谷歌在GitHub上开源了TensorFlow框架,该框架是谷歌的机器学习框架,具有高度的灵活性和可移植性。在TensorFlow中,将各种经典算法特别是神经网络模型组织成一个平台,能够让我们更便捷地在目标领域实践机器学习算法。

TensorFlow作为最流行的机器学习框架之一,具有对Python语言的良好支持,这有效降低了进行机器学习开发的门槛,让更多的工程师能够以低成本投身到人工智能的浪潮中。TensorFlow框架能够支持CPU、GPU或Google TPU等硬件环境,让机器学习能够便捷地移植到各种环境中。

本书将全面阐述TensorFlow机器学习框架的原理、概念,详细讲解线性回归、支持向量机、神经网络算法和无监督学习等常见的机器学习算法模型,并通过TensorFlow在自然语言文本处理、语音识别、图形识别和人脸识别等方面的成功应用来讲解TensorFlow的实际开发过程。本书在语言上力求幽默直白、轻松活泼,避免云山雾罩、晦涩难懂。在讲解形式上图文并茂,由浅入深,抽丝剥茧。通过阅读本书,读者可以少走很多弯路,快速上手TensorFlow开发。

本书特色

1. 内容丰富、全面

全书内容共分11章,从机器学习概述到TensorFlow基础,再到实际应用,内容几乎涵盖TensorFlow开发的所有方面。

2. 实例丰富、案例典型、实用性强

本书对每一个知识点都以实际应用的形式进行讲解，帮助读者理解和掌握相关的开发技术。本书还在最后提供了TensorFlow在图形识别、文本识别和语音识别等方面成功应用的实例，帮助读者提高实战水平。

3. 紧跟技术趋势

本书针对目前发布的TensorFlow的常用版本1.3进行讲解，并涉及1.6版本的变化，摒弃了以前版本中不再使用的功能，以适应技术的发展趋势。

4. 举一反三

本书写作由浅入深、从易到难，并注意知识点之间的联系，让读者掌握一个知识点后，能够触类旁通、举一反三，编写相应的代码。

本书内容及体系结构

第1章简单讲述机器学习的发展、分类以及经典算法，介绍TensorFlow的发展和优势，并详细介绍不同操作系统环境下TensorFlow开发环境的准备过程。

第2章讲解TensorFlow的基础知识，包括基础框架、源代码结构、基础概念，并通过运行一个官方示例展示了可视化的调试。

第3章讲解TensorFlow在实际进行机器学习时的加载训练数据、构建训练模型、进行数据训练、评估和预测四大步骤中常用的方法和技巧。

第4章详细讲解机器学习算法中最基础的线性模型：回归模型和逻辑回归模型。

第5章讲解TensorFlow中支持向量机算法的基本原理及核函数，并使用SVM完成线性回归拟合、逻辑回归分类以及非线性数据分类等。

第6章对神经网络模型进行详细介绍，讲解神经元模型、神经网络层等基本原理，并讲解全连接神经网络、卷积神经网络和循环神经网络等主要神经网络的原理与计算过程，并在TensorFlow中使用具体案例讲解通用神经网络层的构建、卷积层的使用、池化层的使用、循环神经元的构建以及损失函数的选择等。

第7章主要介绍无监督学习的概念和经典算法。

第8章讲解TensorFlow在自然语言文本处理中的应用，如学写唐诗、影评分类以及智能聊天机器人等。

第9章讲解TensorFlow在语音处理方面的应用，如听懂数字、听懂中文以及语音合成等。

第10章讲解TensorFlow在图像处理方面的应用，如图像处理中的物体识别与检测、图像描述。

第11章讲解TensorFlow在人脸识别方面的应用，介绍人脸识别的原理和分类、人脸比对以及从人脸判别性别和年龄。

本书读者对象

- 初中级程序员。
- 高等院校师生。
- 培训机构学员。
- 希望使用机器学习的工程师。

致谢

在本书的成稿过程中，熊诺亚对书稿的完整性和系统性提出了宝贵的意见，在此，特别表示感谢。

本书对应的电子课件和实例源代码可以到http://www.tupwk.com.cn/downpage下载，也可通过扫描下方的二维码下载。

编著者

目录

第1章 机器学习概述
- 1.1 人工智能 ⋯⋯⋯⋯⋯⋯⋯⋯⋯⋯ 1
- 1.2 机器学习 ⋯⋯⋯⋯⋯⋯⋯⋯⋯⋯ 2
  - 1.2.1 机器学习的发展 ⋯⋯⋯⋯ 2
  - 1.2.2 机器学习的分类 ⋯⋯⋯⋯ 3
  - 1.2.3 机器学习的经典算法 ⋯⋯ 4
  - 1.2.4 机器学习入门 ⋯⋯⋯⋯⋯ 6
- 1.3 TensorFlow简介 ⋯⋯⋯⋯⋯⋯⋯ 6
  - 1.3.1 主流框架的对比 ⋯⋯⋯⋯ 7
  - 1.3.2 TensorFlow的发展 ⋯⋯⋯ 9
  - 1.3.3 使用TensorFlow的公司 ⋯ 10
- 1.4 TensorFlow环境准备 ⋯⋯⋯⋯⋯ 10
  - 1.4.1 Windows环境 ⋯⋯⋯⋯⋯ 11
  - 1.4.2 Linux环境 ⋯⋯⋯⋯⋯⋯⋯ 21
  - 1.4.3 Mac OS环境 ⋯⋯⋯⋯⋯⋯ 22
- 1.5 常用的第三方模块 ⋯⋯⋯⋯⋯⋯ 22
- 1.6 本章小结 ⋯⋯⋯⋯⋯⋯⋯⋯⋯⋯ 23

第2章 TensorFlow基础
- 2.1 TensorFlow基础框架 ⋯⋯⋯⋯⋯ 24
  - 2.1.1 系统框架 ⋯⋯⋯⋯⋯⋯⋯ 24
  - 2.1.2 系统的特性 ⋯⋯⋯⋯⋯⋯ 26
  - 2.1.3 编程模型 ⋯⋯⋯⋯⋯⋯⋯ 27
  - 2.1.4 编程特点 ⋯⋯⋯⋯⋯⋯⋯ 28
- 2.2 TensorFlow源代码结构分析 ⋯⋯ 30
  - 2.2.1 源代码下载 ⋯⋯⋯⋯⋯⋯ 30
  - 2.2.2 TensorFlow目录结构 ⋯⋯ 30
  - 2.2.3 重点目录 ⋯⋯⋯⋯⋯⋯⋯ 31
- 2.3 TensorFlow基本概念 ⋯⋯⋯⋯⋯ 33
  - 2.3.1 Tensor ⋯⋯⋯⋯⋯⋯⋯⋯ 33
  - 2.3.2 Variable ⋯⋯⋯⋯⋯⋯⋯⋯ 34
  - 2.3.3 Placeholder ⋯⋯⋯⋯⋯⋯ 35
  - 2.3.4 Session ⋯⋯⋯⋯⋯⋯⋯⋯ 36
  - 2.3.5 Operation ⋯⋯⋯⋯⋯⋯⋯ 36
  - 2.3.6 Queue ⋯⋯⋯⋯⋯⋯⋯⋯ 37
  - 2.3.7 QueueRunner ⋯⋯⋯⋯⋯ 38
  - 2.3.8 Coordinator ⋯⋯⋯⋯⋯⋯ 39
- 2.4 第一个TensorFlow示例 ⋯⋯⋯⋯ 40
  - 2.4.1 典型应用 ⋯⋯⋯⋯⋯⋯⋯ 41
  - 2.4.2 运行TensorFlow示例 ⋯⋯ 43
- 2.5 TensorBoard可视化 ⋯⋯⋯⋯⋯⋯ 45
  - 2.5.1 SCALARS面板 ⋯⋯⋯⋯⋯ 45
  - 2.5.2 GRAPHS面板 ⋯⋯⋯⋯⋯ 47
  - 2.5.3 IMAGES面板 ⋯⋯⋯⋯⋯ 48
  - 2.5.4 AUDIO面板 ⋯⋯⋯⋯⋯⋯ 49
  - 2.5.5 DISTRIBUTIONS面板 ⋯⋯ 49
  - 2.5.6 HISTOGRAMS面板 ⋯⋯⋯ 49
  - 2.5.7 PROJECTOR面板 ⋯⋯⋯ 50
- 2.6 本章小结 ⋯⋯⋯⋯⋯⋯⋯⋯⋯⋯ 50

第3章 TensorFlow进阶
- 3.1 加载数据 ⋯⋯⋯⋯⋯⋯⋯⋯⋯⋯ 51
  - 3.1.1 预加载数据 ⋯⋯⋯⋯⋯⋯ 51
  - 3.1.2 填充数据 ⋯⋯⋯⋯⋯⋯⋯ 51

  3.1.3 从CSV文件读取数据……52
  3.1.4 读取TFRecords数据……54
 3.2 存储和加载模型……58
  3.2.1 存储模型……58
  3.2.2 加载模型……59
 3.3 评估和优化模型……60
  3.3.1 评估指标的介绍与使用……60
  3.3.2 模型调优的主要方法……61
 3.4 本章小结……63

第4章 线性模型

 4.1 常见的线性模型……64
 4.2 一元线性回归……65
  4.2.1 生成训练数据……65
  4.2.2 定义训练模型……66
  4.2.3 进行数据训练……66
  4.2.4 运行总结……67
 4.3 多元线性回归……68
  4.3.1 二元线性回归算法简介……68
  4.3.2 生成训练数据……69
  4.3.3 定义训练模型……70
  4.3.4 进行数据训练……70
  4.3.5 运行总结……70
 4.4 逻辑回归……71
  4.4.1 逻辑回归算法简介……71
  4.4.2 生成训练数据……73
  4.4.3 定义训练模型……74
  4.4.4 进行数据训练……74
  4.4.5 运行总结……75
 4.5 本章小结……76

第5章 支持向量机

 5.1 支持向量机简介……77
  5.1.1 SVM基本型……77
  5.1.2 SVM核函数简介……79
 5.2 拟合线性回归……80
  5.2.1 生成训练数据……80
  5.2.2 定义训练模型……81
  5.2.3 进行数据训练……81
  5.2.4 运行总结……82
 5.3 拟合逻辑回归……83
  5.3.1 生成训练数据……83
  5.3.2 定义训练模型……84
  5.3.3 进行数据训练……85
  5.3.4 运行总结……86
 5.4 非线性二值分类……87
  5.4.1 生成训练数据……87
  5.4.2 定义训练模型……88
  5.4.3 进行数据训练……89
  5.4.4 运行总结……89
 5.5 非线性多类分类……91
  5.5.1 生成训练数据……91
  5.5.2 定义训练模型……92
  5.5.3 进行数据训练……93
  5.5.4 运行总结……94
 5.6 本章小结……95

第6章 神经网络

 6.1 神经网络简介……96
  6.1.1 神经元模型……97
  6.1.2 神经网络层……100
 6.2 拟合线性回归问题……102
  6.2.1 生成训练数据……102
  6.2.2 定义神经网络模型……102
  6.2.3 进行数据训练……103
  6.2.4 运行总结……104
 6.3 MNIST数据集……104
  6.3.1 MNIST数据集简介……105
  6.3.2 数据集图片文件……105
  6.3.3 数据集标记文件……106
 6.4 全连接神经网络……106
  6.4.1 加载MNIST训练数据……106
  6.4.2 构建神经网络模型……107
  6.4.3 进行数据训练……108
  6.4.4 评估模型……109

	6.4.5 构建多层神经网络模型 ……… 110
	6.4.6 可视化多层神经网络模型 …… 111
6.5	卷积神经网络 ……………………… 113
	6.5.1 卷积神经网络简介 …………… 114
	6.5.2 卷积层 ………………………… 115
	6.5.3 池化层 ………………………… 119
	6.5.4 全连接神经网络层 …………… 121
	6.5.5 卷积神经网络的发展 ………… 121
6.6	通过卷积神经网络处理MNIST …… 122
	6.6.1 加载MNIST训练数据 ………… 122
	6.6.2 构建卷积神经网络模型 ……… 123
	6.6.3 进行数据训练 ………………… 127
	6.6.4 评估模型 ……………………… 127
6.7	循环神经网络 ……………………… 128
	6.7.1 循环神经网络简介 …………… 128
	6.7.2 基本循环神经网络 …………… 129
	6.7.3 长短期记忆网络 ……………… 131
	6.7.4 双向循环神经网络简介 ……… 134
6.8	通过循环神经网络处理MNIST …… 135
	6.8.1 加载MNIST训练数据 ………… 136
	6.8.2 构建神经网络模型 …………… 136
	6.8.3 进行数据训练及评估模型 …… 137
6.9	递归神经网络 ……………………… 138
	6.9.1 递归神经网络简介 …………… 138
	6.9.2 递归神经网络的应用 ………… 139
6.10	本章小结 …………………………… 140

第7章 无监督学习

7.1	无监督学习简介 …………………… 141
	7.1.1 聚类模型 ……………………… 141
	7.1.2 自编码网络模型 ……………… 142
7.2	K均值聚类 ………………………… 142
	7.2.1 K均值聚类算法简介 ………… 142
	7.2.2 K均值聚类算法实践 ………… 144
7.3	自编码网络 ………………………… 147
	7.3.1 自编码网络简介 ……………… 147
	7.3.2 自编码网络实践 ……………… 148
7.4	本章小结 …………………………… 151

第8章 自然语言文本处理

8.1	自然语言文本处理简介 …………… 152
	8.1.1 处理模型的选择 ……………… 152
	8.1.2 文本映射 ……………………… 153
	8.1.3 TensorFlow文本处理的一般步骤 …………………… 156
8.2	学写唐诗 …………………………… 157
	8.2.1 数据预处理 …………………… 157
	8.2.2 生成训练模型 ………………… 158
	8.2.3 评估模型 ……………………… 160
8.3	智能影评分类 ……………………… 163
	8.3.1 CBOW嵌套模型 ……………… 163
	8.3.2 构建影评分类模型 …………… 167
	8.3.3 训练评估影评分类模型 ……… 169
8.4	智能聊天机器人 …………………… 170
	8.4.1 Attention机制的Seq2Seq模型 …………………………… 170
	8.4.2 数据预处理 …………………… 173
	8.4.3 构建智能聊天机器人模型 …… 174
	8.4.4 训练模型 ……………………… 177
	8.4.5 评估模型 ……………………… 179
8.5	本章小结 …………………………… 180

第9章 语音处理

9.1	语音处理简介 ……………………… 181
	9.1.1 语音识别模型 ………………… 181
	9.1.2 语音合成模型 ………………… 183
9.2	听懂数字 …………………………… 183
	9.2.1 数据预处理 …………………… 184
	9.2.2 构建识别模型 ………………… 185
	9.2.3 训练模型 ……………………… 185
	9.2.4 评估模型 ……………………… 185
9.3	听懂中文 …………………………… 185
	9.3.1 数据预处理 …………………… 186
	9.3.2 构建识别模型 ………………… 188
	9.3.3 训练模型 ……………………… 191
	9.3.4 评估模型 ……………………… 191
9.4	语音合成 …………………………… 192

9.4.1	Tacotron模型……………192		10.5.1	看图说话原理………………218
9.4.2	编码器模块……………193		10.5.2	看图说话模型的构建………218
9.4.3	解码器模块……………196		10.5.3	看图说话模型的训练………220
9.4.4	后处理模块……………197		10.5.4	评估模型……………………221
9.5	本章小结………………………197		10.6	本章小结………………………222

第10章 图像处理

第11章 人脸识别

- 10.1 机器学习的图像处理简介………198
  - 10.1.1 图像修复……………198
  - 10.1.2 图像物体识别与检测………199
  - 10.1.3 图像问答……………201
- 10.2 图像物体识别…………………201
  - 10.2.1 数据预处理……………201
  - 10.2.2 生成训练模型……………203
  - 10.2.3 训练模型……………205
  - 10.2.4 评估模型……………206
- 10.3 图片验证码识别………………208
  - 10.3.1 验证码的生成……………208
  - 10.3.2 数据预处理……………209
  - 10.3.3 生成训练模型……………211
  - 10.3.4 训练模型……………212
  - 10.3.5 评估模型……………213
- 10.4 图像物体检测…………………214
  - 10.4.1 物体检测系统……………214
  - 10.4.2 物体检测系统实践………215
- 10.5 看图说话………………………217

- 11.1 人脸识别简介…………………223
  - 11.1.1 人脸图像采集……………223
  - 11.1.2 人脸检测……………224
  - 11.1.3 人脸图像预处理……………224
  - 11.1.4 人脸关键点检测……………224
  - 11.1.5 人脸特征提取……………224
  - 11.1.6 人脸比对……………225
  - 11.1.7 人脸属性检测……………225
- 11.2 人脸验证………………………225
  - 11.2.1 数据预处理……………226
  - 11.2.2 运行FaceNet模型……………226
  - 11.2.3 实现人脸验证……………229
- 11.3 性别和年龄的识别………………231
  - 11.3.1 Adience数据集……………231
  - 11.3.2 数据预处理……………232
  - 11.3.3 生成训练模型……………233
  - 11.3.4 训练模型……………235
  - 11.3.5 评估模型……………236
- 11.4 本章小结………………………237

第1章
机器学习概述

本章介绍人工智能和机器学习的发展,讲解机器学习的主要框架,解释TensorFlow的作用、特性以及开发环境的准备过程。

1.1 人工智能

毫无疑问,目前人工智能在全球的火热与AlphaGo(阿尔法狗)的战绩密不可分。2016年3月,谷歌公司的AlphaGo与职业九段棋手李世石进行围棋人机大战,最终以4比1的总比分获胜,这引起了全球热议。2017年年初,AlphaGo化身为Master,在棋类平台上横扫中日韩围棋高手,取得60连胜,再度引发全民对人工智能的讨论。

虽然人工智能是在AlphaGo战胜李世石之后才成了坊间谈资,引起所有人的关注,但人工智能的提出已经有近百年的历史。

早在20世纪50年代,计算机科学家就提出了"人工智能"的概念,想制造出和人类外形相同、能够与人类正常对话、能够自我学习的机器。阿兰·图灵还提出了著名的"图灵测试"来判定计算机是否智能:如果一台机器能够与人类展开对话而不被辨别出其机器身份,那么称这台机器具有智能。从此以后,人工智能就一直是人们在科研、工业以及电影中努力实现的目标,也确实在不断地发展。

现在,人工智能已经发展为一门广泛的交叉和前沿科学,涉及计算机科学、心理学、哲学和语言学等学科,也被广泛地应用到语音识别、图像识别、自然语言处理等领域。

在国际上,谷歌、微软、IBM等都有自己的人工智能项目,如谷歌的DeepMind、IBM的Watson、微软的Torque等项目。

国内的各大公司也积极投身于人工智能领域。百度成立了Apollo基金和DuerOS基金,推动中国AI的发展;腾讯创建了人工智能实验室AI Lab,专注于人工智能的基础研究;阿里巴巴成立的人工智能实验室,主要面向消费级的AI产品研发;搜狗向清华大学捐赠1.8

亿元，一起成立了"天工智能计算研究院"等。目前这些公司也陆续推出了各自的产品：腾讯开发的机器人"Dreamwriter"，百度的无人驾驶，搜狗、科大讯飞等公司的"语音识别"，旷视科技的"Face++"人脸识别等。

1.2 机器学习

1.2.1 机器学习的发展

为了让计算机能够实现类似人类的智能，在计算机的实际实现上出现了两种完全不同的方向：一种是采用传统的编程技术，使系统呈现智能的效果；另一种是采用计算机训练学习的方式来实现智能的效果。一般来说，现在我们使用的机器学习都是通过算法来解析数据、学习数据的，然后据此对真实世界中的事件做出决策和预测。

"机器学习"这一术语由IBM的科学家亚瑟·塞缪尔提出。他在1952年开发了一个跳棋程序，该程序能够观察当前位置，并学习一个隐含的模型，从而为后续动作提供更好的指导，并且随着该程序运行时间的增加，可以实现越来越可靠的后续指导。他针对这种计算机的实现能力提出了"机器学习"。

在机器学习领域，计算机科学家不断探索，基于不同的理论创建出不同的机器学习模型。从发展历程来说，大致经历了三个阶段：符号主义时代、概率论时代以及联结主义时代。

- 符号主义时代(1980年左右)。以知识工程为主要理论依据，使用服务器或大型机进行架构运算，通过符号、规则和逻辑来表征知识和进行逻辑推理，常用的算法有规则和决策树，实用性有限。
- 概率论时代(1990—2000年)。以概率论为主要理论依据，使用小型服务器集群进行架构运算，通过获取发生的可能性来进行概率推理，常用的算法有朴素贝叶斯或马尔可夫算法，具有可扩展的比较或对比功能，对许多任务都表现得足够好。
- 联结主义时代(2010年左右)。以神经科学和概率为主要理论依据，使用云计算架构，通过使用概率矩阵和加权神经元来动态地识别和归纳模式，常用的算法有神经网络，能够让计算机"看懂图像""听懂语言"，甚至能够分析人类在语言背后表达的情绪。

不同算法在不同应用场景下有着不同的表现，每一个阶段仅仅取得了某些领域的突破性进展，并没有完全颠覆前一阶段的成果。相信在后续的发展中，将会把符号规则理论、概率论、神经科学和进化论等理论相融合，并演变出不同的算法，通过多种学习方式获得知识或经验，推动机器学习继续发展。

1.2.2 机器学习的分类

机器学习是计算机进行数据处理，找到数据间映射关系的过程。在进行数据处理分析时，对于输入的数据，有的是经过人工来定义数据标签的，方法是先找到数据的特征与其标签的映射关系，再凭借这种映射关系，对未进行标签定义的数据进行标签定义。输入的初始数据也有一些是没有经过人工定义数据标签的，只是单纯依靠数据处理分析来找到数据之间的标签映射关系。

可以按照输入的数据本身是否已被标定特定的标签将机器学习区分为有监督学习、无监督学习以及半监督学习三类。

1. 有监督学习

有监督学习(Supervised Learning)就是样本数据集中的数据，包括样本数据以及样本数据的标签。

进行学习的目的就是找到样本数据与样本数据标签的映射关系。通过对样本数据的不断学习、不断修正学习中的偏差，使得找到的映射关系更准确，从而不断提高学习的准确率。当学习完成后，再给予新的未知数据，能够依据学习的映射关系计算出相对正确的结果。由于样本数据中既包括数据也包括标签，因此训练的效果往往都不错。

有监督学习主要用于解决两大类问题：回归问题(Regression Problem)和分类问题(Classification Problem)。

回归问题就是通过对现有数据的分析，找到映射关系，对以后的事情进行预测的情况。比如，我们想预测未来房价会是多少。我们获取以前的房价与时间的数据，可以将这些数据看作多维度坐标系中的坐标点，通过回归分析，建立数据的关系模型，求出一个最符合这些已知数据集的解析函数，然后通过这个解析函数来预估未来的房价。对于解决回归问题，主要有线性回归(Linear Regression)、决策树(Decision Tree)、随机森林(Random Forest)、梯度提升决策树(Gradient Boosting Tree)、神经网络(Neural Network)等算法可供使用。

分类问题就是通过对现有数据的分析，找到数据间的联系与区别，对数据进行分类。比如，判断某地房价的"涨"与"跌"的问题。我们获取以前的房价、地区、户型和时间等数据，通过这些数据建立数据与"涨"和"跌"的关系模型。当输入新的值时，能够根据关系模型判断房价是"涨"还是"跌"了。对于解决分类问题，主要有逻辑回归(Logistics Regression)、决策树(Decision Tree)、随机森林(Random Forest)、梯度提升决策树(Gradient Boosting Tree)、核函数支持向量机(Kernel SVM)、朴素贝叶斯(Naive Bayes)、SVM线性分类(Linear SVM)、神经网络(Neural Network)等算法可供使用。

2. 无监督学习

无监督学习(Unsupervised Learning)就是在样本数据中只有数据，而没有对数据进行标记。无监督学习的目的就是让计算机对这些原始数据进行分析，让计算机自己去学习、找到数据之间的某种关系。

无监督学习与有监督学习的明显区别就是在样本数据中只有数据，没有标记。由于没有对数据进行标记，因此学习的结果也难以验证是否正确，也难以对学习的模型进行正确率的判断。对于无监督学习的这种特点，学习的思路和目的主要有两类：聚类(Clustering)和强化学习(Reinforcement Learning，RL)。

聚类就是对于未标记的数据，在训练时根据数据本身的数据特征进行训练，呈现出数据集聚的形式，每一个集聚群中的数据，彼此都有相似的性质，从而形成分组。比如我们使用的今日头条，它每天会收集大量的新闻，然后把它们全部聚类，就会自动分成娱乐、科技和政治等几十个不同的组，每个组内的新闻都具有相似的内容结构。

强化学习是游戏中常用的一种学习方式，是指在学习中增加一种延迟奖赏机制。通过学习过程中的延迟奖赏激励函数，可以让机器学习到当前状态下，执行哪一种操作使得最终的奖赏最多，从而让机器学习获得一种类似于决策的能力，比如AlphaGo也使用了这种强化学习方式。

用于无监督学习的经典算法有聚类算法、EM算法和深度学习算法等。

3. 半监督学习

半监督学习(Semi-Supervised Learning)是介于有监督学习和无监督学习之间的学习。一般来说，在半监督学习输入的数据样本中，存在一部分进行了标记的数据，但是大量存在的是没有进行标记的数据。

为了利用未标记的样本，必须先对未标记样本揭示的数据分布信息与类别进行假设，最常见的两种假设方式是聚类假设(Cluster Assumption)和流形假设(Maniford Assumption)。

对于聚类假设，是假设数据存在簇结构，同一个簇的样本属于同一个类别。对标记数据和未标记数据进行聚类，如果待预测样本与标记样本聚在一起，则认为待预测样本属于标记样本类。

对于流行假设，是假设数据分布在一种流行结构上，邻近的样本拥有相似的输出值。邻近的程度常用相似程度进行刻画。流行假设对输出值没有限制，相对于聚类假设而言，它的适用范围更广，可用于更多类型的学习任务。

1.2.3 机器学习的经典算法

随着机器学习的不断发展，出现了许多经典算法，这些算法为我们解决实际问题提供了强大的支持。

1. 线性模型

线性模型就是使用简单的公式通过一组数据点来查找最优拟合线。然后，通过已知的变量方程，求出需要预测的变量。对于不同形式的线性模型算法，主要包括线性回归(Linear Regression)和逻辑回归(Logistic Regression)。

线性回归从二维几何平面的角度可以理解为，在平面中存在已知的数据点，通过学习处理，找到一条线能够建立这些点之间的关系的模型。线性回归用于解决回归问题，是最简单的线性模型，易于理解。同时，由于模型太简单而不能反映变量之间复杂的关系，因此容易出现过拟合的情形。

逻辑回归是给定样本属于类别"1"和类别"−1"的概率，用于解决分类问题，与线性回归的特点一样，易于理解但无法反映变量间的复杂关系，易出现过拟合的情形。

2. 树型模型

树型模型用于探索数据集中数据的特性，并且能够对数据按照数据特征进行分类处理，可以用于解决分类和回归问题。树型模型高度精确、稳定且易于解释，可以映射非线性关系以求解问题，主要包括决策树(Decision Tree)、随机森林(Random Forest)和梯度提升决策树(Gradient Boosting Tree)。

决策树是使用分支方法来显示决策的每个可能结果的图，它对所有的可能性进行梳理。这种算法易于理解和实现，但是由于决策树有时太简单，无法处理复杂的数据，因此一般不会单独使用。

随机森林是许多决策树的平均，每个决策树都用数据的随机样本训练。森林中每个独立的树都比完整的决策树弱，但是通过将它们结合在一起，可以通过多样性获得更高的整体表现。该算法非常容易构建并且表现往往良好，但是相比于其他算法输出预测可能较慢。

梯度提升决策树和随机森林类似，都是由弱决策树构成的，但最大的区别在于：梯度提升决策树中，树是一个接一个被相继训练的，每个随后的树主要用被先前树错误识别的数据进行训练。这使得梯度提升更少地集中于容易预测的情况并更多地集中于困难的情况。该算法训练速度快且表现非常好，但是训练数据即使出现小的变化，也会在模型中产生彻底的改变，因此可能会产生不可解释的结果。

3. 支持向量机

支持向量机(SVM)基于统计学理论而提出，是机器学习中一种大放光彩的经典算法。

支持向量机算法通过给予严格的优化条件获得分类界线，并且通过与高斯核等核函数的结合，通过非线性映射，把样本空间映射到高维乃至无穷维的特征空间，使得原来样本空间中非线性可分的问题转变为特征空间中线性可分的问题。它几乎不增加计算的复杂性，而且在某种程度上避免了"维数灾难"，训练较为简单，是一种广泛应用的机器学习方式。

4. 人工+神经网络

人工+神经网络算法起步较早，但是发展坎坷。

在20世纪20年代就已经提出了人工神经网络模型以及关键的反向传播算法。但是由于受当时计算机运算能力的限制，难以在多层神经网络中进行训练，通常都是只有一层隐层节点的浅层模型。这种模型的神经网络算法比较容易出现过训练现象，而且训练速度比较慢。在层次比较少的情况下，训练效果往往不如其他算法。

在2006年，Hinton提出了深度学习算法，增加了神经网络的层数和一些处理技巧。在丰富的训练数据以及强劲的计算机运行能力的帮助下，神经网络的能力大大提高。

目前，深度学习模型在目标识别、语音识别、自然语言处理等领域取得了突飞猛进的成果，是目前最热门的机器学习方法，也是本书讲解的主要内容。但是也有使用前提，一是深度学习模型需要大量的训练数据，才能展现出神奇的效果；二是深度学习对计算能力要求更高。在有些领域采用传统的、简单的机器学习方法可以很好地解决问题，就没必要非得使用复杂的深度学习方法。

1.2.4 机器学习入门

对某个领域进行学习的第一步就是要尽快了解全貌以搭建出整体的知识体系，然后在实践中不断提升对该领域的认识。对于机器学习领域，整体的知识体系如下。

1. 数学知识

机器学习的目标是通过现有数据构建和训练模型，用于数据的分析与预测。计算机能够做的只有计算，而如何将训练过程抽象为数学函数就是需要我们掌握的能力。在现有的经典算法中涉及概率统计、矩阵运算、微积分导数等数学知识。对于这些知识学过最好，没有学过也没关系，本书会讲解在实际应用中所需要的原理和结论，其中会涉及必要的公式推导证明。

2. 编程语言

Python是一种面向对象的解释型高级编程语言，众多的机器学习框架都支持Python，因此它成了机器学习的首选语言。本书也将使用Python作为实现语言进行讲解，希望读者已经掌握了Python语言。

3. 经典机器学习理论和基本算法

经典的机器学习算法包括线性回归、逻辑回归、SVM支持向量机、神经网络算法等，以及通过各种基本算法处理数据时存在的正则化需求、过拟合现象等基本的算法特性和适用环境。本书将对这些基本算法进行详解并通过实例来说明这些算法的使用。

4. 动手实践机器学习

掌握了机器学习的基础知识后，就可以动手实践机器学习模型。首先需要选择一个开源的机器学习框架。在选择机器学习框架方面的主要考虑因素就是哪个框架的使用范围广、使用人数多。目前，TensorFlow由于由谷歌进行开源推广且有着大量的开发者群体，更新和发布速度非常快，是非常不错的选择。

1.3 TensorFlow简介

TensorFlow是谷歌公司推出的机器学习开源神器，是谷歌基于DistBelief进行研发的第二代人工智能学习系统。DistBelief是谷歌内部开发和使用的机器学习框架，但是它严重依赖于Google内部硬件，仅适用于开发神经网络算法等，因此难以广泛使用。谷歌在DistBelief的基础上，提高了运算效率、框架的灵活性和可移植性，形成了TensorFlow框架。目前，TensorFlow已被广泛用于文本处理、语音识别和图像识别等多项机器学习和深度学习领域。

1.3.1 主流框架的对比

在机器学习的开源框架中，Google(谷歌)、Microsoft(微软)、Facebook(脸书)和Amazon(亚马逊)等巨头都有着自己的机器学习框架并进行了一定程度的开源。此外，还有伯克利大学的贾扬清主导开发的Caffe、蒙特利尔大学Lisa Lab团队开发的Theano以及其他个人或商业组织贡献的框架。可以说，各种开源的深度学习框架层出不穷。

1. 基本情况

TensorFlow是Google的可移植机器学习和神经网络库，可扩展性强。TensorFlow对Python有着良好的编程语言支持，支持CPU、GPU和Google TPU等硬件，并且已经拥有各种各样的模型和算法，在深度学习上有非常出色的表现。另外，TensorFlow由谷歌进行主导，在文档和实例方面也有着良好的支持。

MXNet是亚马逊的机器学习框架，具有较强的可移植性和可扩展性，对Python、R、Scala、Julia和C++等编程语言有着不同程度的支持。

Deeplearning4j(DL4J)是一个专注于深度神经网络的Java库，可以与Hadoop和其他基于Java的分布式框架集成。

Microsoft Cognitive Toolkit(CNTK)是微软的开源深度学习框架，支持Python编程语言，拥有各种各样的神经网络模型，并且支持强化学习、生成对抗网络等，是一个功能强大的工具。但是由于交流的社区小，在文档和实例方面的学习资料很少。

Caffe深度学习项目最初是一个用于解决图像分类问题的框架，后来逐步成长为一个强大的机器学习框架。但是由于其创始人现已离开项目，有一段时间已不再进行更新。该项目的下一步进展不明确，建议不再使用。

Torch是Facebook主推的机器学习框架，基于Lua语言进行开发，广泛支持各种机器学习模型和算法。但是由于Lua语言是机器学习中相对冷门的语言，因此增加了学习成本。

Theano由蒙特利尔大学机器学习研究所(MILA)创建。Theano支持Python语言，并且能够支持其他的深度学习框架。但因为它由研究机构开发，在API方面并不完善，若要写出效率高的Theano框架，需要对隐藏在框架背后的算法也相当熟悉，所以它只在研究中极为流行，但在项目开发方面难度相对较大。

Keras由Francis Chollet编写和维护，基于Python进行编写，能够运行在Theano或TensorFlow上，可以将它看成对Theano或TensorFlow的再一次封装。Keras由于水平高，对用户友好，因此能够更加便捷地编写卷积神经网络、递归神经网络等机器学习模型。目前，TensorFlow将Keras添加为TensorFlow核心中的高级框架，成为TensorFlow的默认API。

对于这些主要的机器学习框架，基本情况的对比如表1.1所示。

表1.1　各主流框架基本情况的对比

框架名	开发或支持	主要开发语言	GitHub地址
TensorFlow	Google	Python、C++	https://github.com/tensorflow/tensorflow
MXNet	Amazon	Python、C++	https://github.com/apache/incubator-mxnet
DL4J	Eclipse	Python、Java	https://github.com/deeplearning4j/deeplearning4j
CNTK	Microsoft	Python、C#	https://github.com/Microsoft/CNTK
Caffe	贾扬清	Python、C++	https://github.com/BVLC/caffe
Torch	Facebook	Lua	https://github.com/torch/torch7
Theano	蒙特利尔大学	Python	https://github.com/Theano/Theano
Keras	个人，作为TensorFlow的支持库	Python	https://github.com/keras-team/keras

2. 运行性能

在性能方面，对主流框架在AlexNet上单GPU的情况进行了性能评测[1]，结果如表1.2所示。

表1.2　各主流框架的性能评测

Library(库)	Class(类)	总时间(ms)	前馈时间(ms)	反馈时间(ms)
CuDNN[R4]-fp16 (Torch)	cudnn.SpatialConvolution	71	25	46
Nervana-neon-fp16	ConvLayer	78	25	52
CuDNN[R4]-fp32 (Torch)	cudnn.SpatialConvolution	81	27	53
TensorFlow	conv2d	81	26	55
Nervana-neon-fp32	ConvLayer	87	28	58
fbfft (Torch)	fbnn.SpatialConvolution	104	31	72
Chainer	Convolution2D	177	40	136
cudaconvnet2	ConvLayer	177	42	135
CuDNN[R2]	cudnn.SpatialConvolution	231	70	161
Caffe (native)	ConvolutionLayer	324	121	203
Torch-7 (native)	SpatialConvolutionMM	342	132	210
CL-nn (Torch)	SpatialConvolutionMM	963	388	574
Caffe-CLGreenTea	ConvolutionLayer	1442	210	1232

可以看出，TensorFlow的性能已经处于领先水平。

3. 受欢迎程度

主要的机器学习框架都在GitHub上进行了开源。截至2018年4月，流行的机器学习框架在GitHub上的情况如图1.1所示。

---

[1] 参考https://github.com/soumith/convnet-benchmarks。

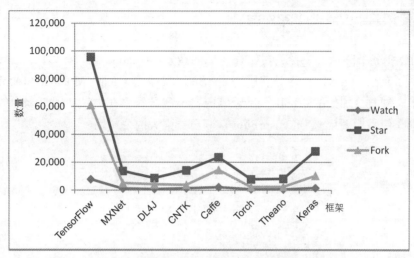

图1.1 主流机器学习框架受欢迎程度对比

从中可以看到，TensorFlow在Watch数量、Star数量、Fork数量等方面都完胜其他框架。

综合来说，TensorFlow本身在编程语言上对主流的Python进行支持，并且能够支持各种硬件平台，能够采用集中部署和分布式部署方式，能够部署在移动端、云端、服务器端等不同的应用环境中。最关键的是它由Google主导，Google强大的人工智能研发水平，让大家对Google的深度学习框架充满信心。而且Google丰富的项目经验，使得TensorFlow能够进行快速的迭代更新，Google的工程师和其他广大的开发者也能组织成活跃的社区，进行积极反馈，形成良性循环，可以说TensorFlow框架是我们进行机器学习的首选。

1.3.2 TensorFlow的发展

TensorFlow从2015年开源以来，不断地迭代更新，主要的更新版本如下。

2015年11月9日，Google在GitHub上开源了TensorFlow。

2016年4月13日，TensorFlow 0.8版本发布，支持分布式计算。

2016年4月29日，开发AlphaGo的DeepMind团队转向TensorFlow，增强了TensorFlow的力量。

2016年5月12日，开源基于TensorFlow的最准确语法解析器SyntaxNet。

2016年6月27日，TensorFlow 0.9版本发布，增强了移动设备支持。

2016年8月30日，TF-Slim库发布，可以更简单、快速地定义模型。

2017年2月15日，TensorFlow 1.0版本发布，提高了框架的速度和灵活性。

2017年8月17日，TensorFlow 1.3版本发布，将Estimate估算器加入框架。

2017年11月2日，TensorFlow 1.4版本发布，将Keras等高级库加入核心功能。

另外，TensorFlow具有出色的版本管理和细致的官方文档，活跃的社区也在不断促进TensorFlow的发展。

1.3.3 使用TensorFlow的公司

谷歌作为TensorFlow的主导公司，在自己的搜索、Gmail、翻译、地图和YouTube等产品中均使用了TensorFlow，这也是谷歌DeepMind人工智能项目的AlphaGo和AlphaGo Zero的底层技术。同时，国外的airbnb、ebay和Dropbox等公司也在尝试使用，国内的京东、小米等公司也在使用。图1.2摘自TensorFlow官网日益强大的公司墙。

图1.2　使用TensorFlow的公司

1.4 TensorFlow环境准备

TensorFlow站建立在"巨人"的肩膀上，它的正常运行需要依赖较多的底层工具。主要的安装方式有三类：一是通过Python包管理工具安装，二是通过Java安装；三是通过源代码进行编译安装；由于当前Python是进行科学计算的标配，因此我们通过Python包管理工具来进行安装。

TensorFlow在早期只支持Linux和Mac系统，在TensorFlow 0.12及后续版本中才添加对Windows系统的支持。TensorFlow的安装过程大体可分为准备Python环境、安装沙箱环境与安装TensorFlow三步。接下来，我们逐步实现不同环境下TensorFlow环境的搭建。

1.4.1　Windows环境

在官网上提供了5种安装TensorFlow的方法。

1) Pip安装：在本地环境中安装TensorFlow，在安装的过程中可能会升级以前安装的Python包，这会影响本机现有的Python程序。

2) Virtualenv安装：设置一个独立的目录，在其中安装TensorFlow，这样不会影响到本机上任何现有的Python程序。

3) Anaconda安装：在本机中安装并运行Anaconda，在Anaconda中创建虚拟环境来安装TensorFlow，这样不会影响本机上现有的Python程序。

4) Docker安装：在本机中建立一个与本机上所有其他程序隔离的Docker容器，在该容器中运行TensorFlow。

5) 从源代码安装：通过构建pip下载源码来安装TensorFlow。

由于Anaconda是一个使用Python语言编写的用于科学计算的平台，因此它可以很方便地解决Python版本、第三方包安装等问题。为了后续实际开发的便捷性，推荐大家使用Anaconda方式进行安装。

1. Anaconda安装

Anaconda支持 Linux、Mac和Windows系统，在Windows系统中的安装步骤如下。

(1) 下载Anaconda

从Anaconda官网(https://www.anaconda.com/download/)选择对应的版本进行下载，如图1.3所示。软件不算小，大约有500MB。如果遇到某些原因，也可以选择国内的镜像地址进行下载，比如清华大学的镜像地址(https://mirrors.tuna.tsinghua.edu.cn/anaconda/archive/)。

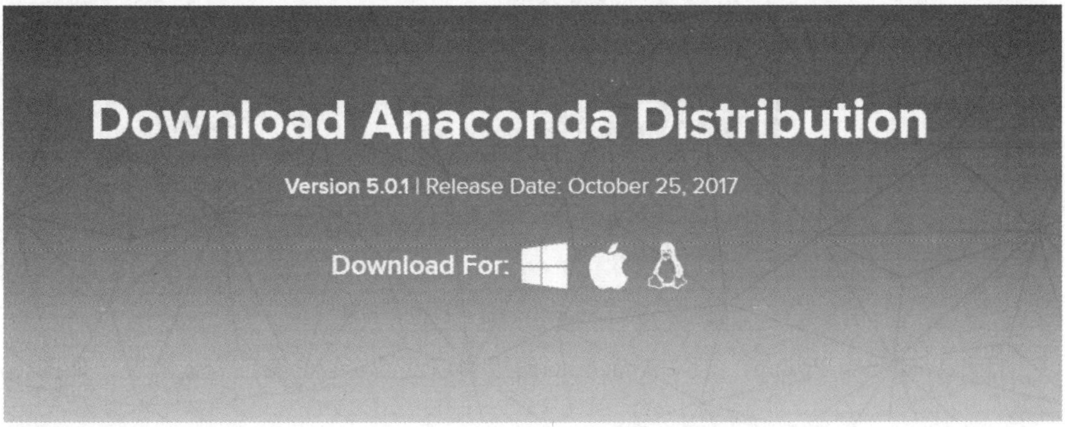

图1.3　下载Anaconda

(2) 安装Anaconda

和安装其他软件一样，如果没有什么特别的需求，基本选择默认安装即可，如图1.4所示。唯一需要注意的是，需要将Python 3.6添加到系统环境变量中。

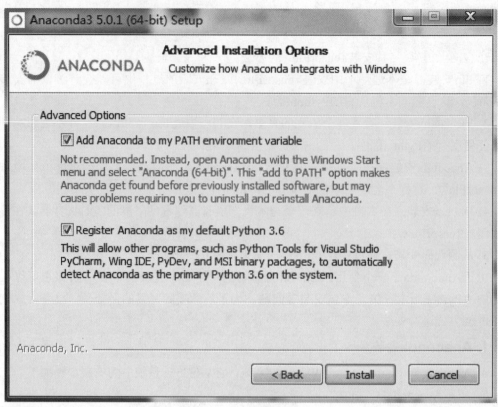

图1.4 安装Anaconda

(3) 验证是否安装成功

安装完毕后，在Windows的"开始"菜单中就能看到已成功安装的Anaconda了，如图1.5所示。

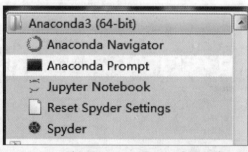

图1.5 验证Anaconda是否已成功安装

打开Anaconda Prompt，查看Anaconda的版本以及已安装的第三方依赖包，如图1.6所示。

```
01  conda -version
02  conda list
```

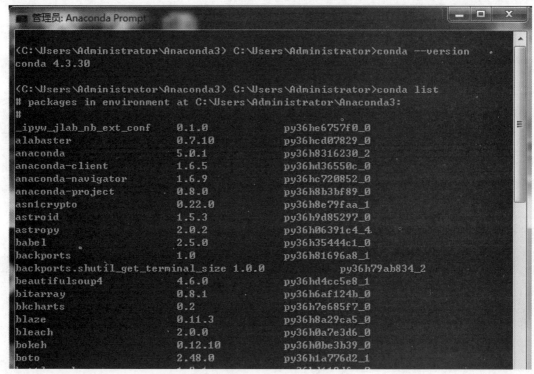

图1.6 Anaconda的第三方依赖包

在第三方依赖包中，可以看到已经安装NumPy、matpltlib、SymPy、scikit-image等常用的包。

(4) 配置更新地址

由于Anaconda默认的代码仓库镜像地址是国外的镜像地址，因此下载速度比较慢。建议将镜像地址改为清华大学的开源软件镜像站，对Anaconda Prompt进行配置，如图1.7所示。

```
01  conda config --add channels https://mirrors.tuna.tsinghua.edu.cn/anaconda/pkgs/free/
02  conda config --set show_channel_urls yes
```

图1.7 配置Anaconda更新地址

添加完成后，可以在当前配置信息中查看，输入：

conda info

关注channel URLs字段内容是否已成功添加清华大学提供的镜像地址，如图1.8所示。

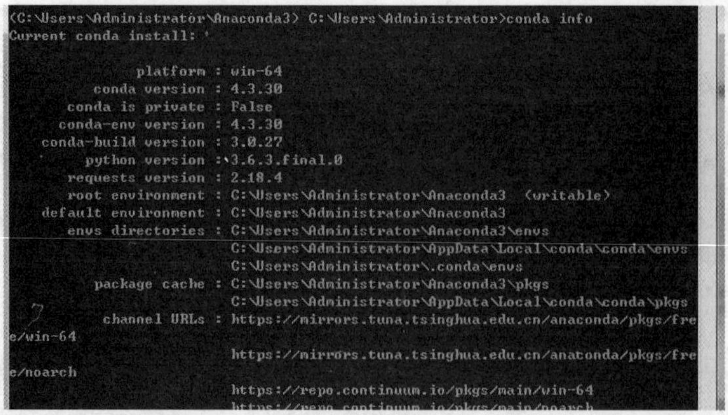

图1.8　查看Anaconda更新地址

2. 创建Anaconda沙箱环境

Anaconda可以创建自己的计算环境，这样可以将TensorFlow的环境与其他环境进行隔离，不必来回修改各种环境变量，也不必担心破坏之前的环境。创建步骤如下所示。

(1) 创建Conda计算环境

在Anaconda Prompt中创建一个名为tensorflow的沙箱环境，如图1.9所示，输入：

conda create –n tensorflow python=3.6

根据不同版本的Python更改对应的版本参数。在创建过程中，如果出现下载速度慢甚至不成功的情况，可查看镜像地址是否配置成功。

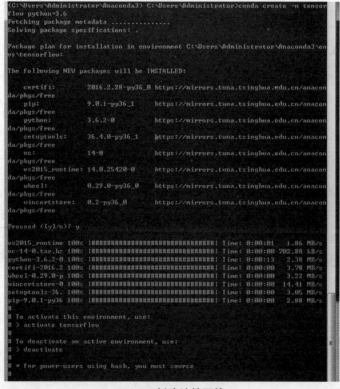

图1.9　创建沙箱环境

创建成功后，可以打开Windows系统中的Anaconda Navigator，单击左侧的Environments，就可以看到tensorflow沙箱环境，如图1.10所示。

图1.10　查看沙箱环境

(2) 激活tensorflow沙箱环境

如图1.1所示，在命令行中继续输入：

activate tensorflow

```
(C:\Users\Administrator\Anaconda3) C:\Users\Administrator> activate tensorflow
(tensorflow) C:\Users\Administrator>_
```

图1.11　激活沙箱环境

可以看到，用户名的前面有<tensorflow>标识。这实际上表明我们已经更换到名为tensorflow的沙箱环境中。

当不使用tensorflow时，需要使用deactivate tensorflow进行关闭。

3. 安装TensorFlow的CPU版本

TensorFlow分为CPU版本和GPU版本。对于使用来说，主要区别在于运算速度，一般来说GPU速度更快。这是由于CPU和GPU针对的用途不一样，在最初的设计上也不一样。在GPU设计上用于图形图像的处理，在矩阵运算、数值计算，特别是浮点和并行计算上能优于CPU设计上数百倍的性能。在机器学习中，经常会用到许多的卷积运算、矩阵运算等，所以一般来说GPU速度更快。但是，当进行计算的数据集较小时，两者的速度差别并不大，甚至由于数据传输的问题，GPU可能更慢。

CPU版本的安装更简单，我们先讲解CPU版本的安装。

(1) 使用pip进行安装

在TensorFlow的沙箱环境中，使用pip进行安装，输入：

pip install --ignore-installed --upgrade tensorflow

下载速度可能会比较慢，如果不在意是否为最新版本，则建议使用国内镜像地址进行安装。在https://mirrors.tuna.tsinghua.edu.cn/tensorflow/网页中找到需要安装的TensorFlow版本地址，例如：

```
pip install -i https://pypi.tuna.tsinghua.edu.cn/simple/
https://mirrors.tuna.tsinghua.edu.cn/tensorflow/windows/cpu/tensorflow-1.3.0rc0-cp36-cp36m-win_amd64.whl
```

安装成功后，在控制台中会显示安装成功的信息，如图1.12所示。

图1.12　安装TensorFlow

(2) 验证是否成功

在控制台中，输入：

```
01  python
02  >>> import tensorflow as tf
03  >>> hello = tf.constant('Hello, TensorFlow!')
04  >>> sess = tf.Session()
05  >>> print(sess.run(hello))
b'Hello, TensorFlow!'
```

若最后能够成功输入"b' Hello, TensorFlow!'"，则表示安装成功，完成开发环境的准备工作。

(3) 集成到IDE中

Python的集成开发工具很多，但是对于数据处理来说，可以选用Spyder，因为我们安装的Anaconda对它提供很好的支持。

打开Anaconda Navigator界面，单击左侧的Environments，查看是否已经安装Spyder。若未安装，则选中复选框，并单击右下角的Apply按钮进行安装，如图1.13所示。

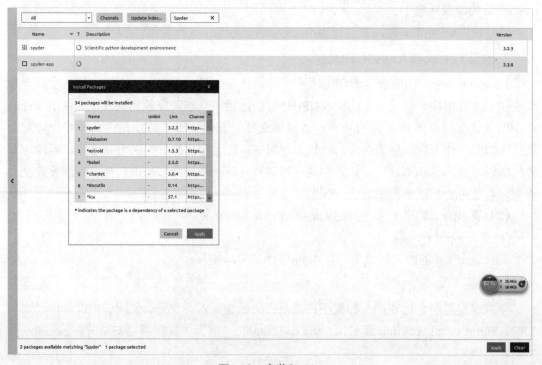

图1.13　安装Spyder

在Anaconda Prompt界面中启动tensorflow沙箱环境，并运行Spyder(如图1.14所示)，输入：

activate tensorflow
Spyder

图1.14　运行Spyder

等待一会儿就会出现Spyder界面，如图1.15所示。

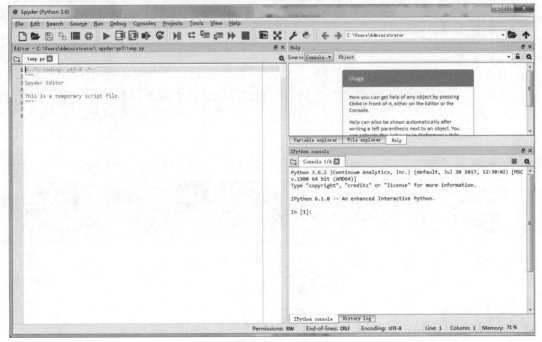

图1.15　Spyder界面

其中，也需要验证是否关联了tensorflow沙箱环境。在编辑框中输入如下代码：

```
01  import tensorflow as tf
02  hello = tf.constant('Hello, TensorFlow!')
03  sess = tf.Session()
04  print(sess.run(hello))
```

运行后，若能够成功输入"b' Hello, TensorFlow!'"，则表示配置成功，如图1.16所示。

```
In [1]: runfile('C:/Users/Administrator/.spyder-py3/temp.py', wdir='C:/Users/
Administrator/.spyder-py3')
b'Hello, TensorFlow!'

In [2]:
```

图1.16　运行Spyder

需要注意的是，一定要启用创建的tensorflow沙箱环境，并从该环境中打开Spyder，才能够关联到TensorFlow的开发环境，否则会出错。

4. 安装TensorFlow的GPU版本

由于使用GPU进行机器学习运算时，效率更高，因此接下来我们讲解如何安装tensorflow的GPU版本。

安装时需要使用两个关联程序，分别是CUDA和cuDNN。由于TensorFlow是Google开发的，CUDA和cuDNN是NVIDIA开发的，因此在安装的版本选择和顺序上非常重要，否则会出现安装失败的情况。本书使用的是Python 3.6、TensorFlow 1.3、CUDA 8.0、cuDNN 6.0。下面详细介绍安装过程。

(1) 安装CUDA

由于TensorFlow的GPU版本依赖于CUDA，因此我们首先查看使用的GPU是否支持CUDA加速，一般来说NVIDIA都是支持的。我们可以通过官网进行查询，也可以通过在NVIDIA的控制面板中，单击"系统信息"进行查询。在"系统信息"对话框的"组件"选项卡中找到NVCUDA.DLL，只要能够找到NVCUDA.DLL组件，就代表支持CUDA，如图1.17所示。

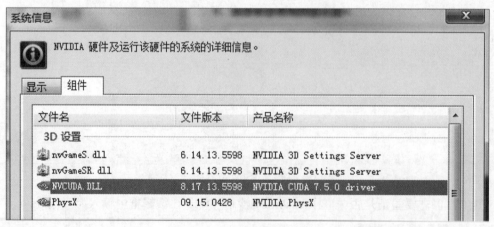

图1.17　CUDA系统信息

从NVIDIA官网可以下载CUDA，在https://developer.nvidia.com/cuda-toolkit-archive上有所有的历史版本。由于TensorFlow的更新不一定对应到CUDA的最新版本，因此建议下载已通过验证的版本组合。在其中选择对应的操作系统、硬件支持类型、操作系统版本和安装类型后，再下载安装文件，如图1.18所示。

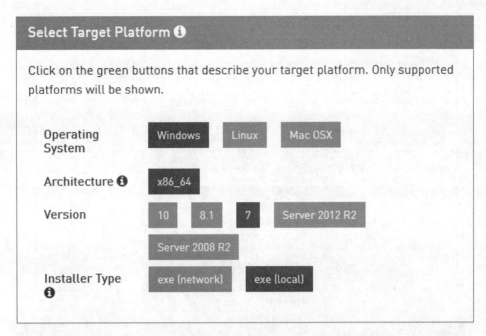

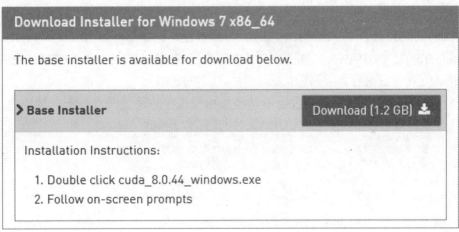

图1.18　CUDA版本选择

下载完毕后，和安装其他软件一样，如果没有什么特别的需求，基本选择默认安装即可。

(2) 下载cuDNN

cuDNN是连接TensorFlow和CUDA的纽带，我们可以从NVIDIA官网下载cuDNN，网址为https://developer.nvidia.com/rdp/form/cudnn-download-survey。要先进行用户注册并填写调查问卷，再选择与上一步安装的CUDA版本相匹配的cuDNN版本，如图1.19所示。

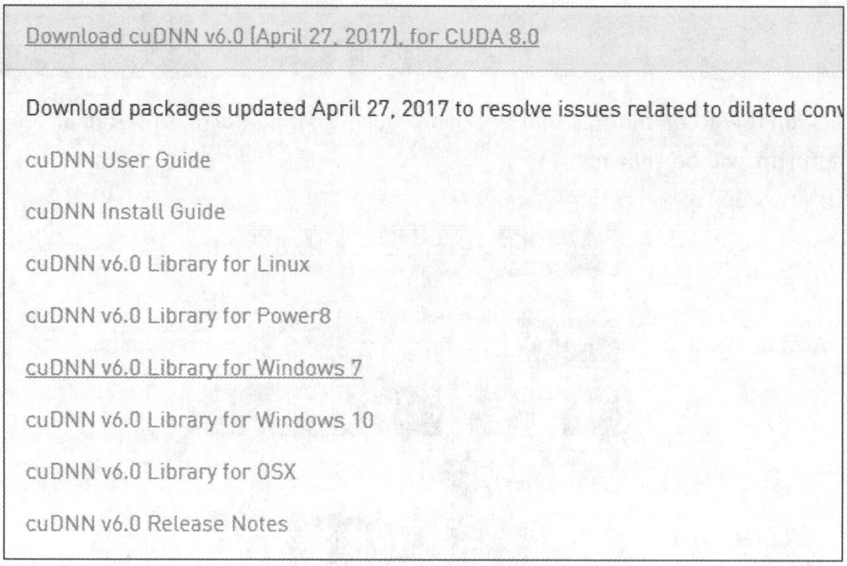

```
Download cuDNN v6.0 (April 27, 2017), for CUDA 8.0

Download packages updated April 27, 2017 to resolve issues related to dilated conv

cuDNN User Guide

cuDNN Install Guide

cuDNN v6.0 Library for Linux

cuDNN v6.0 Library for Power8

cuDNN v6.0 Library for Windows 7

cuDNN v6.0 Library for Windows 10

cuDNN v6.0 Library for OSX

cuDNN v6.0 Release Notes
```

图1.19 下载cuDNN

(3) 配置cuDNN

下载cuDNN后解压，其文件夹下有3个子文件夹，分别是bin、lib和include。找到CUDA的安装路径，若未做修改，则一般的路径是C:\Program Files\NVIDIA GPU Computing Toolkit\CUDA\v8.0。将这3个子文件夹复制到该目录中，与CUDA已有的bin、lib和include子文件夹进行合并。

查看Windows的环境变量是否已成功添加相关程序路径。在"系统变量"中，找到"Path"变量，查看其值是否包含CUDA文件的路径，例如：

C:\Program Files\NVIDIA GPU Computing Toolkit\CUDA\v8.0\lib\x64
C:\Program Files\NVIDIA GPU Computing Toolkit\CUDA\v8.0\include
C:\Program Files\NVIDIA GPU Computing Toolkit\CUDA\v8.0\bin
C:\Program Files\NVIDIA GPU Computing Toolkit\CUDA\v8.0\libnvvp

如果未包含，请将相关路径添加到"Path"变量中。

(4) 安装GPU版本

为了保证使用的环境与CPU版本的环境相隔离，我们重新创建一个沙箱环境，进行GPU版本的安装。在Anaconda Prompt中依次输入：

```
01  conda create -n tensorflowGPU python=3.6
02  activate tensorflowGPU
03  pip install tensorflow-gpu==1.3.0
```

下载速度可能会比较慢。如果不在意是否为最新版本，可以使用国内镜像地址进行安装。在https://mirrors.tuna.tsinghua.edu.cn/TensorFlow/网页上找到需要安装的TensorFlow对应版本的地址，安装成功后，在控制台中会显示有关安装成功的信息。

(5) 验证是否成功

在控制台中，输入：

```
01  python
02  >>> import tensorflow as tf
03  >>> hello = tf.constant('Hello, TensorFlow!')
04  >>> sess = tf.Session()
05  >>> print(sess.run(hello))
b'Hello, TensorFlow!'
```

如果能够成功输入"b' Hello, TensorFlow!'",则表示安装成功,完成了开发环境的准备工作。

最后,参照安装Spyder开发环境的过程,对Spyder开发环境进行安装。

1.4.2 Linux环境

前面详细讲解了Windows环境下TensorFlow的安装过程。在Linux环境下,TensorFlow的安装过程与Windows环境下类似,分为三步:(1)安装Anaconda;(2)建立Anaconda沙箱环境;(3)安装TensorFlow。

(1) 安装Anaconda

首先从Anaconda官网(https://www.anaconda.com/download/)选择对应的版本进行下载。

然后打开终端,输入相应的命令进行安装,例如:

```
bash /home/TensorFlow/Downloads/Anaconda2-5.1.0-Linux-x86_64.sh
```

(2) 建立Anaconda沙箱环境

重新打开终端后,输入conda创建命令,例如:

```
conda create -n tensorflow python=3.6
```

(3) 安装TensorFlow

首先激化创建的沙箱环境,输入命令:

```
source activate tensorflow
```

然后在tensorflow沙箱环境中,使用pip进行安装,输入:

```
pip install --ignore-installed --upgrade tensorflow
```

完成安装后,同样在控制台中输入如下代码:

```
01  python
02  >>> import tensorflow as tf
03  >>> hello = tf.constant('Hello, TensorFlow!')
04  >>> sess = tf.Session()
05  >>> print(sess.run(hello))
b'Hello, TensorFlow!'
```

如果最后能够成功输入"b' Hello, TensorFlow!'",则表示安装成功,完成了开发环境的准备工作。

需要注意的是,每次需要激活tensorflow沙箱环境后才能正常运行tensorflow程序。

1.4.3　Mac OS环境

使用Mac OS进行环境配置时，可以对照Linux下的安装过程，首先安装Anaconda，然后建立Anaconda沙箱环境，最后完成TensorFlow的安装。

```
shell $ conda create –n tensorflow
shell $ source activate tensorflow
shell (tensorflow)$ pip install l --ignore-installed --upgrade tensorflow
```

1.5　常用的第三方模块

TensorFlow的一大特性就是支持大量的第三方模块。例如，在运行中由于经常会处理各种科学计算，因此会使用NumPy；为了处理图像、音频、自然语言等，会使用matplotlib、scikit-image、librosa NLTK Keras等优秀的第三方模块。在实际开发环境中也会安装常用的第三方模块。

1. NumPy

NumPy系统是Python的一种开源的数值计算扩展，用来存储和处理大型矩阵运算，比Python自身的嵌套列表结构要高效得多，主要包括N维数组对象Array、实用的线性代数、傅里叶变换和随机数生成函数等。

2. matplotlib

matplotlib是Python中最常用的可视化工具之一，利用它可以非常方便地创建各种类型的2D图表和一些基本的3D图表。仅使用几行代码，便可生成绘图、直方图、功率谱、条形图、错误图和散点图等。

3. scikit-image

scikit-image是图像处理和计算机视觉的算法集合。相比OpenCV库而言，scikit-image是一个精简轻便的框架且易于安装，非常适合用于TensorFlow中图像的预处理。

4. librosa

librosa是Python的一个工具包，在音频信号分析中经常用到，是进行音频特征提取的第三方库。

5. NLTK

NLTK是一个高效的Python工具，用来处理人类自然语言数据。它包括50多个语料库和词汇资源，并能够很方便地完成对词语的分类、标记化、词干标记、解析和语义推理等自然语言处理任务。

6. Keras

Keras原本是基于TensorFlow和Theano进行的模块化封装，提供较为上层的API，允许可配置的模块，可以非常容易地实现深度学习的原型。后来，TensorFlow将其添加到TensorFlow核心的高级别框架中，成为TensorFlow的默认API。

1.6 本章小结

本章主要讲解了人工智能、机器学习的发展过程和入门方法。对比了目前主流的机器学习框架，介绍了TensorFlow的优势和发展过程。最后，详细讲解了TensorFlow开发环境的准备过程，以及在实际开发过程中常用的第三方模块。

第2章 TensorFlow基础

第1章介绍了机器学习的基础知识，准备了TensorFlow的开发环境。接下来，将具体讲解机器学习算法中最普遍使用的学习框架TensorFlow，并通过一个TensorFlow程序讲解基本概念以及可视化方面的基础知识。

2.1 TensorFlow基础框架

2.1.1 系统框架

虽然TensorFlow框架的版本在不断更新，但是其系统架构并没有发生根本性的改变。它以不同功能需求进行分层处理，以统一接口屏蔽具体实现，从而集中各自的关注层次，更好地提升TensorFlow的适用性，系统架构如图2.1所示。

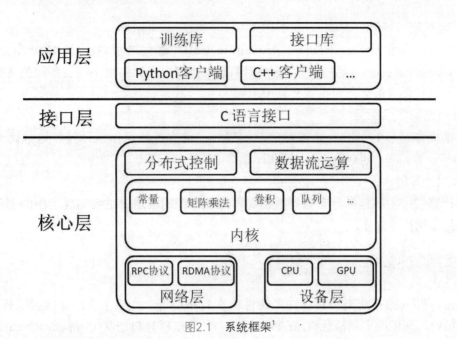

图2.1 系统框架[1]

从中可以很明显地看出，TensorFlow系统框架分为三层，由上而下依次是应用层、接口层和核心层。

1. 应用层

应用层是TensorFlow框架的最上层，主要提供了机器学习相关的训练库、预测库以及针对Python、C++和Java等编程语言的编程环境，便于不同编程语言在应用层通过接口层调用TensorFlow核心功能以实现相关实验和应用。可以将应用层理解为系统的前端，这样便于使用Python等语言进行编程，主要实现对计算图的构造。

2. 接口层

接口层是对TensorFlow功能模块的封装，便于其他语言平台调用。

3. 核心层

核心层是TensorFlow进行运算学习的最重要部分，包括设备层、网络层、数据操作层和图计算层。可以将核心层理解为系统的后端，它对前端提出的计算命令进行具体的计算。

(1) 设备层

设备层主要包括TensorFlow在不同硬件设备上的实现，主要支持CPU、GPU和Mobile等不同设备。通过在不同的硬件设备上实现计算命令转换，给上层提供统一的接口，实现程序的跨平台功能。

---

1 参考https://tensorflow.google.cn/extend/architecture。

(2) 网络层

网络层主要包括RPC(Remote Procedure Call，远程过程调用)和RDMA(Remote Direct Memory Access，远程直接内存访问)通信协议，主要实现不同设备间的数据传输和更新，这些协议都会在分布式计算中用到。

(3) 数据操作层

数据操作层以Tensor为处理对象，实现Tensor的各种操作或计算。这些操作包括MatMul等计算操作，也包含Queue等非计算操作。

(4) 图计算层

图计算层中主要包括分布式计算图和本地计算图的实现，主要实现了图的创建、编译、优化和执行等部分。

2.1.2 系统的特性

TensorFlow的系统架构具备许多特性，在官网中着重介绍了它的高度灵活性(Deep Flexibility)、真正的可移植性(True Portability)、连接研究与产品(Connect Research and Production)、自动微分(Auto-Differentiation)、多语言选择(Language Options)以及最大化性能(Maximize Performance)六大特性。

1. 高度灵活性

TensorFlow不是一个死板的神经网络库，只要能够将计算表示成数据流图，驱动计算的内部循环就可以使用TensorFlow来实现。除了系统提供的神经网络中的常见子图外，还要能编写TensorFlow之上的库，这样可以极大地减少重复代码量。

2. 真正的可移植性

TensorFlow可以运行在CPU和GPU上，也可以在桌面端、服务器、移动端、云端服务器和Docker等各类终端上运行。只要有实现机器学习的想法，无需任何特定的硬件就能完成基础的尝试。

3. 连接研究与产品

可以让产品研究人员更快地将想法变为产品，可以让学术研究人员更直接地共享代码，具有更大的科学产出率。过去将机器学习想法从研究转变成产品时，一般都需要大量的代码重写工作，现在研究人员在TensorFlow中进行新算法的实验，产品团队用TensorFlow来训练模型并实时地使用模型为真实的消费者服务。

4. 自动微分

TensorFlow能够自动完成微分计算操作。在基于梯度的机器学习算法中求微分是重要的步骤，使用TensorFlow完成机器学习，只需要定义预测模型的计算结构、目标函数，然后添加数据便能完成微分计算。

5. 多语言选择

TensorFlow附带了Python、C++和Java等接口来构建用户程序，后续还会附带Lua、JavaScript或R等。

6. 最大化性能

TensorFlow对线程、队列和异步计算具有一流的支持，可以让你最大限度地利用可用硬件，即使拥有具有32核CPU和4块GPU的工作站，TensorFlow也可以将TensorFlow中的计算需求分配到CPU和GPU中，实现同时计算的效果，从而最大化地利用硬件资源。

2.1.3 编程模型

TensorFlow有自己的设计理念和编程模型，理解其编程模型是后续进行机器学习的基础。

TensorFlow的设计理念以数据流为核心，当构建相应的机器学习模型后，使用训练数据在模型中进行数据流动，同时将结果以反向传播的方式反馈给模型中的参数，以进行调整，使用调整后的参数对训练数据再次进行迭代计算。

所以，可以将TensorFlow理解为一张计算图中"张量的流动"，其由Tensor和Flow两部分组成。Tensor(张量)代表了计算图中的边，Flow(流动)代表了计算图中因节点所做的操作而形成的数据流动。

下面通过一张基础的数据流图来说明数据流图中的各个要素，如图2.2所示。

该图的计算过程是回归模型计算，在图中数据由下向上运行，主要包括输入(Input)、重塑(Reshape)、ReLu层(ReLu Layer)、Logit层(Logit Layer)、Softmax方法、交叉熵(Cross Entropy)、梯度(Gradient)、SGD训练(SGD Trainer)等步骤。

计算过程从输入开始，经过重塑成为统一格式，然后进行下一步运算。

在ReLu层有两个参数：W_{h1}和b_{h1}。使用ReLu层的激活函数进行非线性计算处理后，进入Logit层。

在Logit层有另外两个学习参数：W_{sm}和b_{sm}，用于存储计算的结果。

完成计算后使用Softmax方法计算出各类输出结果的概率分布。同时，用交叉熵度量源样本概率分布和输出结果概率分布之间的相似性。然后使用W_{h1}、b_{h1}、W_{sm}和b_{sm}以及交叉熵结果来计算梯度，随后进入SGD训练。

在SGD训练中，通过梯度计算值反向传播，依次更新b_{sm}、W_{sm}、b_{h1}和W_{h1}，然后再次进行计算，不断地进行迭代学习。

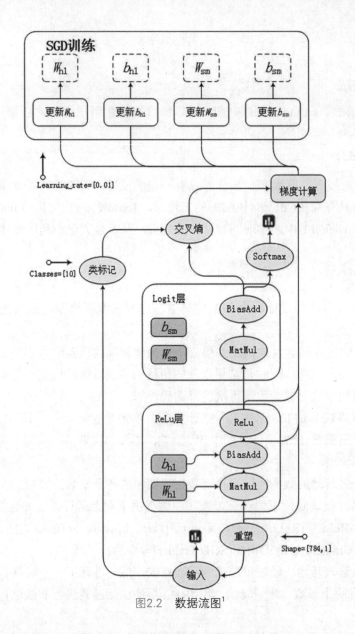

图2.2 数据流图[1]

2.1.4 编程特点

TensorFlow除了以数据流为核心外，在编程实现过程中还具备两大特点。

1. 将图的定义和图的运行完全分开

使用TensorFlow进行编程与使用Python等进行编程有明显的区别。在使用Python进行编程时，只要定义了相关变量以及运算，在程序运行时就会直接执行相关运算得到结果。但是，在TensorFlow中，需要预先定义各种变量，建立相关数据流图，在数据流图中定义各种变量之间的计算关系，以此完成图的定义。此时，图只是运算规则，没有任何实际数

1　参考http://tensorfly.cn/images/tensors_flowing.gif。

据，需要把运算的输入数据放进去后，才会形成输出值。

2. 图的计算在会话中执行

TensorFlow的相关计算在图中进行定义，而图的具体运行环境在会话(Session)中。只有开启会话后，才可以使用相关数据去填充节点，这样才能开始计算；关闭会话后，就不能再进行计算了。

为了更直观地感受TensorFlow编程的特点，下面分别使用Python的编程思路和TensorFlow的编程思路来实现简单的数学计算。

例如，我们需要计算y=a*b+c，其中a=3，b=4，c=5。

在Python中，直接进行变量以及运算的定义，最后打印输出，具体实现如下：

```
01  a=3
02  b=4
03  c=5
04  y=a*b+c
05  print(y)
```

运行上述代码后会直接输出最终的计算结果17。

在TensorFlow中，我们也输入类似的代码：

```
01  import tensorflow as tf
02  a=3
03  b=4
04  c=5
05  y=tf.add(a*b、c)
06  print(y)
```

运行上述代码，具体输出如下：

Tensor("Add:0"、shape=()、dtype=int32)

可以看出并没有输出运算结果，而是输出了一个Tensor，这是因为我们仅仅完成了图的定义，而没有具体进行运算。

如果需要在TensorFlow中实现该运算，就需要满足TensorFlow中计算的几个阶段，首先定义计算图，然后创建会话，最后完成计算。具体实现如下：

```
01  import tensorflow as tf            #引用TensorFlow
02  #创建图
03  a=tf.constant(3、tf.float32)       #定义常数变量a
04  b=tf.constant(4、tf.float32)
05  c=tf.constant(5、tf.float32)
06  y=tf.add(a*b、c)                   #定义计算公式
07  print(y)
08  #创建会话
09  sess = tf.Session()
10  #计算
11  print( sess.run(y))
12  sess.close()                       #关闭会话
```

为了便于对比，在完成图的创建后以及计算完成后分别输出了结果，详细的代码含义

将在后续章节中讲解，运行结果如下：

Tensor("Add_2:0"、shape=()、dtype=float32)
17.0

可以看出，只有在会话中完成计算后才会输出计算结果17。

TensorFlow采用这样的设计主要是因为它是针对机器学习的框架，消耗最多的是对输入数据的训练。这样设计的好处在于当进行计算时，图已经确定，计算就是一个不断迭代优化的过程。

2.2 TensorFlow源代码结构分析

前面介绍了TensorFlow的特点，为了更深入地理解TensorFlow的设计，以便后续更好地掌握各种机器学习模型，下面梳理一下TensorFlow的源代码。

2.2.1 源代码下载

TensorFlow的源代码在GitHub上进行了开源，在GitHub中将Tags选择为1.6版本，如图2.3的左图所示。跳转到1.6版本后，对源代码进行下载并解压到本地，如图2.3的右图所示。

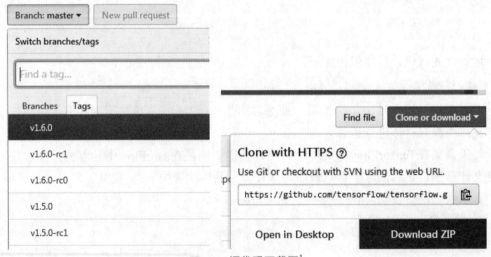

图2.3 源代码下载图[1]

2.2.2 TensorFlow目录结构

我们以TensorFlow 1.6版本为例，看看其代码结构。

```
——tensorflow              #主目录，核心文件夹
——third_party             #第三方库，主要包括eigen3、gpus、hadoop和jpeg等
```

---

[1] 源代码下载地址为https://github.com/tensorflow/tensorflow/。

```
├──tools                          #工具,最新功能
├──util/python
├──ACKNOWLEDGMENTS                #版权说明
├──ADOPTERS.md                    #使用TensorFlow的人员或组织列表
├──AUTHORS                        #TensorFlow作者的官方列表
├──BUILD
├──CODEOWNERS                     #代码贡献者
├──CODE_OF_CONDUCT.md             #行为准则
├──CONTRIBUTING.md                #贡献指南
├──ISSUE_TEMPLATE.md              #ISSUE模板
├──LICENSE                        #版权许可
├──README.md
├──RELEASE.md                     #版本更新说明
├──WORKSPACE
├──arm_compiler.BUILD
├──configure
├──configure.py
├──models.BUILD
```

其中,最重要的源代码保存在tensorflow目录中,目录结构如下:

```
├──c
├──cc                             #使用C++实现的训练样例
├──compiler
├──contrib                        #封装了常用功能的高级API
├──core                           #使用C++实现的主要目录
├──docs_src                       #文档
├──examples                       #各种示例,已调整为独立的模型
├──g3doc                          #源代码文档,已不再存放在此文件夹中
├──go
├──java
├──python
├──stream_executor                #流处理
├──tools                          #工具
├──user_ops
├──.clang-format
├──BUILD
├──SECURITY.md                    #安全说明
├──__init__.py
├──tensorflow.bzl
├──tf_exported_symbols.lds
├──tf_version_script.lds
├──workspace.bzl
```

2.2.3 重点目录

下面介绍tensorflow目录中的几个重要目录。

1. contrib

contrib目录中保存的是TensorFlow中经常用到的功能,其中常用的几个功能如下。

- Android

新增加的功能，主要提供了在Android系统上对TensorFlow的支持。

- cudnn_rnn

实现基于cuDNN的循环神经网络。

- framework

公共框架方法，包括大量函数的定义，也包括一些被废弃的函数。

- layers

TensorFlow中分层的实现，主要包括initializers.py、layers.py、optimizers.py、regularizers.py和summaries.py等文件。其中initializers.py主要是完成对变量初始化的函数，layers.py主要是关于层操作和权重偏置变量的函数，optimizers.py主要包括损失函数和global_step张量的优化操作，regularizers.py主要包括带有权重的正则化操作。

- learn

主要是进行深度学习的API，主要包括训练模型和评估模型、读取批处理数据和队列功能的封装。

- slim

TensorFlow-Slim(TF-Slim)是一个轻量级的库，主要用于定义、训练和评估TensorFlow中的模型。

- tensorboard

主要是对TensorFlow训练图表可视化工具的数据记录。

2. core

core目录中保存的是TensorFlow的底层实现，是C语言文件，包括公共运行库、基础功能模块和核心操作等。下面介绍它的两个重要功能。

- protobuf

用于传输时的数据序列化。谷歌公司创建了一种新的数据序列化工具Protocol Buffer，而不是使用XML等方式来对结构化数据进行序列化。在TensorFlow中就是使用Protocol Buffer来完成RPC数据传递的。

- framework

主要包括设备、节点、操作及属性等基层功能模块。

3. examples

examples目录中提供了深度学习的一些示例，特别是，该目录中的android目录是在Android系统中实现的移动端应用。但是某些示例已被调整到独立的models项目中。

4. python

python目录中提供了机器学习中经常用到的激活函数、池化函数、损失函数以及循环神经网络函数等。

2.3 TensorFlow基本概念

在前面章节中，我们介绍了TensorFlow的设计理念，了解到具有自身特点的张量、节点、占位符和会话等概念。在本节中，将对这些基本概念进行详解。

2.3.1 Tensor

Tensor即张量，是最基本的概念，也是TensorFlow中最主要的数据结构。张量用于在计算图中进行数据传递，但是创建了一个张量后，不会立即在计算图中增加该张量，而需要将该张量赋值给一个变量或占位符，之后才会将该张量增加到计算图中。Tensor中存储的数据类型如表2.1所示。

表2.1 Tensor中的数据类型

数据类型	Python 类型	描述
DT_FLOAT	tf.float32	32位浮点数
DT_DOUBLE	tf.float64	64位浮点数
DT_INT64	tf.int64	64位有符号整型
DT_INT32	tf.int32	32位有符号整型
DT_INT16	tf.int16	16位有符号整型
DT_INT8	tf.int8	8位有符号整型
DT_UINT8	tf.uint8	8位无符号整型
DT_STRING	tf.string	可变长度的字节数组，每一个张量元素都是一个字节数组
DT_BOOL	tf.bool	布尔型
DT_COMPLEX64	tf.complex64	由两个32位浮点数组成的复数：实数和虚数
DT_QINT32	tf.qint32	用于量化操作的32位有符号整型
DT_QINT8	tf.qint8	用于量化操作的8位有符号整型
DT_QUINT8	tf.quint8	用于量化操作的8位无符号整型

张量的生成方式有很多种，例如固定张量、相似张量、序列张量和分布函数张量等，具体实现如下：

```
01  import tensorflow as tf
02  row=3.0
03  col=4.0
04  zero_tsr= tf.zeros([row、col])                          #值为0，指定维度的张量
05  ones_tsr=tf.ones([row、col])                            #值为1，指定维度的张量
06  filled_tsr=tf.fill([3、4], 2.0)                         #指定填充数值2.0，指定维度的张量
07  constant_tsr=tf.constant([1、2、3])                     #已知常数张量
08  zeros_similar=tf.zeros_like(constant_tsr)               #所有元素为0，与constant_tsr类型一致的张量
09  ones_similar=tf.ones_like(constant_tsr)                 #所有元素为1，与constant_tsr类型一致的张量
10  liner_tsr=tf.linspace(start=0.0、stop=2.0、num=3)       #创建指定区间、等间距的张量
11  integer_seq_str=tf.range(start=0、limit=5、delta=1)     #创建指定区域、间隔的张量
```

```
12  randunif_tsr=tf.random_uniform([3、4]、minval=0、maxval=2)      #创建均匀分布随机数的张量
13  randnorm_tsr=tf.random_normal([3、4]、mean=0.0、stddev=1.0)     #创建正态分布随机数的张量
14  runcnorm_tsr=tf.truncated_normal([3、4]、mean=0.0、stddev=1.0)  #创建指定边界的正态分布张量
```

其中，第10行表示在0和2之间，包括2，等间距地取3个值的张量。

第11行表示在0和5之间，不包括5，间距为1进行取值后组成的张量。

第12行表示从最小值minval(包括)到最大值maxval(不包括)取均匀分布随机数的张量。

第13行表示取的随机数符合指定均值的正态分布张量。

第14行表示取的正态分布随机数位于指定均值到两个标准差之间的张量。

在环境中查看实际输出张量的结果，在代码中增加会话，具体实现如下：

```
01  print ('zero_tsr tensor is '、zero_tsr)
02  init_op = tf.global_variables_initializer()
03  sess = tf.Session()
04  with tf.Session() as sess:
05      sess.run(init_op)
06      print ('zero_tsr is '、sess.run(zero_tsr))
07  sess.close()
```

有关会话的相关内容将在后面章节中介绍，在此只查看输出结果，如图2.4所示。

```
zero_tsr tensor is  Tensor("zeros_1:0", shape=(3, 4), dtype=float32)
zero_tsr is [[ 0.  0.  0.  0.]
 [ 0.  0.  0.  0.]
 [ 0.  0.  0.  0.]]
ones_tsr is [[ 1.  1.  1.  1.]
 [ 1.  1.  1.  1.]
 [ 1.  1.  1.  1.]]
filled_tsr is [[ 2.  2.  2.  2.]
 [ 2.  2.  2.  2.]
 [ 2.  2.  2.  2.]]
constant_tsr is  [1 2 3]
zeros_similar is  [0 0 0]
ones_similar is  [1 1 1]
liner_tsr is [ 0.  1.  2.]
integer_seq_str is [0 1 2 3 4]
randunif_tsr is [[ 0.0780561   0.03203201  1.27613521  0.23588586]
 [ 1.05239773  0.51797462  0.66219854  1.67205572]
 [ 1.98739982  1.79006505  1.03210258  1.83870769]]
randnorm_tsr is [[-1.78995657  1.57353461 -0.05314546  0.13447268]
 [-1.59547877 -0.75308609 -0.42012325 -0.29929173]
 [ 0.46082702  0.68286467  0.88711965  0.8505106 ]]
runcnorm_tsr is [[-0.35975182  0.77057737 -0.26349056 -1.34077311]
 [-1.01365018  0.9510414  -1.34152007 -1.58084857]
 [ 0.97464138 -0.1860951  -0.31274313 -0.32637995]]
```

图2.4　Tensor的输出结果

2.3.2　Variable

Variable即变量，一般用来表示图中的各个计算参数，包括矩阵和向量等，它在计算图中有固定的位置。一般我们在TensorFlow中通过调整这些变量的状态来优化机器学习算法。

创建变量应使用tf.Variable()函数，通过输入一个张量，返回一个变量。变量声明后需要进行初始化才能使用。通过打印张量和变量，可对比它们不同之处，具体实现如下：

```
01  #Variable
02  tensor = tf.zeros([1、2])                          #声明张量
03  m_var = tf.Variable(tensor)                       #声明变量
04  init_op = tf.global_variables_initializer()
05  sess = tf.Session()
06  with tf.Session() as sess:
07      print('tensor is '、sess.run(tensor))         #打印张量结果
08      print('m_var first is '、sess.run(m_var))     #打印变量结果，会报错
09      sess.run(init_op)                             #初始化变量
10      print('m_var second is '、sess.run(m_var))    #打印变量结果
```

其中，在第08行第一次打印变量的结果，此时还没有对其进行初始化，会报错。

在第09和第10行，对所有变量进行了初始化，这样能够成功打印结果，如图2.5所示。

```
tensor is [[ 0.  0.]]
Traceback (most recent call last):

FailedPreconditionError: Attempting to use uninitialized value Variable_1
    [[Node: _retval_Variable_1_0_0 = _Retval[T=DT_FLOAT, index=0, _device="/job:localhost/replica:0/task:0/device:CPU:0"](Variable_1)]]

tensor is [[ 0.  0.]]
m_var second is [[ 0.  0.]]
```

图2.5　Variable的输出结果

2.3.3　Placeholder

Placeholder即占位符，用于表示输入输出数据的格式，允许传入指定类型和形状的数据。占位符仅仅声明了数据位置，告诉系统这里有一个值、向量或矩阵等，现在还没法给出具体数值。占位符通过会话的feed_dict参数获取数据，在计算图运行时使用获取的数据进行计算，计算完毕后获取的数据就会消失。

例如，给出一维数组X[1.0,2.0]和Y[10.0,11.0]中对应值相加的计算结果，使用占位符的具体实现如下：

```
01  #placeholder
02  x=tf.placeholder(tf.float32)                      #声明占位符x
03  y=tf.placeholder(tf.float32)                      #声明占位符y
04  z=tf.add(x、y)                                    #相加计算
05  sess = tf.Session()
06  with tf.Session() as sess:
07      print(sess.run( [z], feed_dict={x:[1.0、2.0]、y:[10.0、11.0]} ))  #获取数据进行计算
```

运行上述代码，计算结果如图2.6所示。

```
[array([ 11.,  13.], dtype=float32)]
```

图2.6　Placeholder的输出结果

占位符和变量都是TensorFlow计算图的关键工具，请务必理解两者的区别及正确的使用方法。

2.3.4 Session

Session即会话，是TensorFlow中计算图的具体执行者，与图进行实际的交互。一个会话中可以有多个图，会话的主要目的是将训练数据添加到图中进行计算，当然也可以修改图的结构。

对于会话有两种调用方式：一种方式是明确地调用会话的生成函数和关闭函数，具体实现如下。

```
01  sess = tf.Session()
02  sess.run(...)
03  sess.close()
```

使用这种调用方式时，要明确调用sess.close()，以释放资源。如果程序异常退出，关闭函数就不能被执行，从而导致资源泄漏。

另一种方式是利用上下文管理机制自动释放所有资源，具体实现如下：

```
01  with tf.Session() as sess:
02      sess.run(...)
```

使用这种调用方式时不需要再调用sess.close()来释放资源，在退出with语句时，会话会自动关闭并释放资源。

2.3.5 Operation

Operation即操作，是TensorFlow图中的节点，它的输入和输出都是Tensor。它的作用是完成各种操作，包括运算操作、矩阵操作和神经网络构建操作等。主要操作如表2.2所示。

表2.2 主要操作

操作组	操 作
数学运算操作	Add、Sub、Mul、Div、Exp、Log、Greater、Less、Equal
数组运算操作	Concat、Slice、Split、Constant、Rank、Shape、Shuffle
矩阵运算操作	MatMul、MatrixInverse、MatrixDeterminant
神经网络构建操作	Softmax、Sigmoid、ReLU、Convolution2D、MaxPool
检查点操作	Save、Restore
队列和同步操作	Enqueue、Dequeue、MutexAcquire、MutexRelease
张量控制操作	Merge、Switch、Enter、Leave、NextIteration

TensorFlow不仅提供了常见的数学运算、数组运算、矩阵运算等数学操作，更重要的是提供了针对神经网络的操作，包括激活函数、池化函数、数据标准化函数、分类函数、

损失函数、卷积函数和循环神经网络等，具体内容将在后续章节中介绍。

2.3.6 Queue

Queue即队列，也是图中的一个节点，是一种有状态的节点。Queue主要包含入列(enqueue)和出列(dequeue)两个操作。enqueue操作返回计算图中的一个Operation节点，dequeue操作返回一个Tensor值，需要放在Session中运行才能获得真正的数值。

根据实现方式的不同，队列主要实行了两种队列方式：一是按入列顺序出列的队列FIFOQueue；二是按随机顺序出列的队列RandomShuffleQueue。

FIFOQueue方式就是创建一个先进先出的队列，在需要读入的训练样本有序时使用，例如处理语音、文字样本时。

例如，创建一个长度为10的队列，并将一些数字入队，然后逐一出队，具体实现如下：

```
01  import tensorflow as tf
02  q = tf.FIFOQueue(10, "float")              #声明顺序队列
03  init = q.enqueue_many(([1.0, 2.0, 3.0,4.0,5.0,6.0],))   #入队
04  with tf.Session() as sess:
05      sess.run(init)                          #运行入队操作
06      quelen = sess.run(q.size())
07      for i in range(quelen):
08          print ('q',sess.run(q.dequeue()))   #输出出队值
```

运行上述代码，就能看到有序的输出队列，结果如下：

q 1.0
q 2.0
q 3.0
q 4.0
q 5.0
q 6.0

RandomShuffleQueue方式就是创建一个随机队列，在出队列时以随机的顺序输出元素。随机队列在需要读入的训练样本无序时使用，例如，处理一些图像样本时。

例如，创建一个长度为10的队列，并将一些数字入队，然后逐一出队，具体实现如下：

```
01  import tensorflow as tf
02  q=tf.RandomShuffleQueue(capacity=10, min_after_dequeue=0,dtypes="float")  #声明队列
03  init = q.enqueue_many(([1.0, 2.0, 3.0,4.0,5.0,6.0],))   #入队
04  with tf.Session() as sess:
05      sess.run(init)                          #运行入队操作
06      quelen = sess.run(q.size())
07      for i in range(quelen):
08          print ('q',sess.run(q.dequeue()))   #输出出队值
```

其中，在第02行声明了一个队列长度为10、出队后最小长度为0、数据类型为float的随机队列。运行上述代码，就能看到输出队列的结果如下：

q 1.0
q 4.0
q 6.0
q 2.0
q 5.0
q 3.0

在随机队列中，我们定义了队列长度以及出队后的最小长度。当队列长度等于最小值时，不再执行出队操作，如果此时还要求执行出队操作，就会发生阻断，程序不再执行。同理，当队列长度等于最大值时，还要求执行入队操作也会发生阻断。

对于一个队列长度为10、出队后最小长度为2的队列，仍然入队6个数，出队6次，具体实现如下：

```
01  import tensorflow as tf
02  q=tf.RandomShuffleQueue(capacity=10, min_after_dequeue=2,dtypes="float")  #声明队列
03  init = q.enqueue_many(([1.0, 2.0, 3.0,4.0,5.0,6.0],))
04  run_options=tf.RunOptions(timeout_in_ms=10000)                            #定义10s超时
05  with tf.Session() as sess:
06      sess.run(init)
07      quelen =  sess.run(q.size())
08      for i in range(quelen):
09          try:
10              print('q''''''',sess.run(q.dequeue(),options=run_options))   #输出出队值
11          except tf.errors.DeadlineExceededError:
12              print('timeout')                                              #超时输出
```

运行上述代码，就能看到输出队列的结果如下：

q 1.0
q 6.0
q 2.0
q 5.0
timeout
timeout

2.3.7 QueueRunner

QueueRunner即队列管理器。在TensorFlow运行时，计算所使用的硬件资源，主要包括CPU、GPU、内存以及读取数据时计算机使用的其他硬件资源。因为涉及磁盘操作，所以速度远低于前者。因此，在实际操作中不会像之前那样在主线程中进行入队操作，通常会使用多个线程来读取数据，然后使用一个线程来使用数据。使用队列管理器可管理这些读写队列的线程。

创建QueueRunner需要使用方法tf.train.QueueRunner._init_(queue, enqueue_ops)，其中，queue代表指定的队列，enqueue_ops代表指定的操作，一般都是多个操作，每个操作会使用一个线程。

声明了QueueRunner列队管理器后，还需要创建线程来具体执行队列管理操作。使用方法tf.train.QueueRunner.create_threads(sess, coord=None, daemon=False, start=False)来完成线程的创建。

例如，创建一个队列管理器，进行两个操作。一个操作完成计数器的自增，另一个操作将计数器的值入队。我们通过出队观察入队的数值，具体实现如下：

```
01  import tensorflow as tf
02  q = tf.FIFOQueue(10, "float")
03  counter = tf.Variable(0.0)                              #计数器
04  increment_op = tf.assign_add(counter, 1.0)              #给计数器加1
05  enqueue_op = q.enqueue(counter)                         #将计数器加入队列
06                                                          # 创建QueueRunner，有两个操作
07  qr = tf.train.QueueRunner(q, enqueue_ops=[increment_op, enqueue_op] * 1)
08                                                          # 主进程
09  with tf.Session() as sess:
10      sess.run(tf.global_variables_initializer())
11      qr.create_threads(sess, start=True)                 # 启动队列管理器操作
12      for i in range(8):
13          print (sess.run(q.dequeue()))
```

运行上述代码，实际输出如下：

7.0
12.0
14.0
22.0
27.0
32.0
183.0
185.0
ERROR:TensorFlow:Exception in QueueRunner: Session has been closed.
ERROR:TensorFlow:Exception in QueueRunner: Session has been closed.
Exception in thread QueueRunnerThread-fifo_queue_2-fifo_queue_2_enqueue:

显然，输出的结果并非自然数列。这是因为计数器自增操作和入队操作在不同线程中且不同步，可能计数器自增操作执行了很多次之后，才进行了一个入队操作。

另一方面，最后程序报错了。这是因为主程序的出队操作和线程中的入队操作是异步的。当出队结束后，主程序结束，自动关闭了会话。但是入队线程并没有结束，所以程序报错。如果显式地采用sess.run()和sess.close()方法，则整个程序最后会产生阻断，无法结束。

2.3.8 Coordinator

在前面中使用QueueRunner时，由于入队和出队由各自的线程完成，且未进行同步通信，因此导致程序无法正常结束。为了实现线程间的同步，使用Coordinator(协调器)来处理。

在使用QueueRunner.create_threads()创建线程时，指定一个协调器。当主线程完成操

作后，使用Coordinator.request_stop()方法，通知所有的线程停止当前线程，并等待其他线程结束后返回结果。

下面对2.3.7节中的QueueRunner示例进行重构，加入协调器。具体实现如下：

```
01  import tensorflow as tf
02  q = tf.FIFOQueue(10, "float")
03  counter = tf.Variable(0.0)                                    #计数器
04  increment_op = tf.assign_add(counter, 1.0)                    # 给计数器加1
05  enqueue_op = q.enqueue(counter)                               # 将计数器加入队列
06  coord=tf.train.Coordinator()                                  #定义协调器
07  qr = tf.train.QueueRunner(q, enqueue_ops=[increment_op, enqueue_op] * 1)
08                                                                #主线程
09  with tf.Session() as sess:
10      sess.run(tf.global_variables_initializer())
11      #qr.create_threads(sess, start=True)
12      queue_thread=qr.create_threads(sess,coord=coord,start=True)   #指定协调器
13      for i in range(8):
14          print (sess.run(q.dequeue()))
15      coord.request_stop()                                      #通知线程关闭
16      coord.join(queue_thread)                                  #等待线程结束
```

与2.3.7节的代码进行对比，我们注释掉第11行的原有队列管理器创建语句。修改为第12行的队列管理器语句，指定对应的线程协调器。

对于线程的协调，使用coord进行。如第15行，通知其他线程关闭；第16行，等待其他线程结束。

运行上述代码，实际输出如下：

```
0.0
0.0
0.0
4.0
8.0
14.0
19.0
27.0
```

通过这样的实现，在主进程结束后，其他线程也可以相应地结束，不会再出现会话已结束的程序错误。

2.4 第一个TensorFlow示例

前面介绍了TensorFlow的系统框架和特点，下面通过一个简单的程序来直观感受TensorFlow的编写和运行。

2.4.1 典型应用

前面章节中介绍了一些最基础的TensorFlow程序，但是TensorFlow本身被设计用于分析大量的数据，极少用于常数的计算。一个典型的TensorFlow程序需要进行的步骤可以分为以下四步：加载训练数据、构建训练模型、进行数据训练、评估和预测。

对于这四大步骤，在TensorFlow的具体编程过程中可以细分为如下流程。

1. 加载训练数据

数据是机器学习处理的对象，加载训练数据是机器学习的第一步，可以细分为如下流程。

(1) 生成或导入样本数据集

所有的机器学习都是对数据的处理，依赖于样本数据集。

(2) 归一化数据

导入的样本数据各种各样，一般来说都不符合TensorFlow希望处理的数据样式，所以需要转换数据格式以满足TensorFlow。大部分机器学习算法希望的输入样本数据是归一化数据。在TensorFlow中有对应的归一化数据处理函数，例如：

```
data= tf.nn.batch_norm_with_global_normalization()
```

(3) 划分样本数据集为训练样本集和测试样本集

训练样本集用于机器学习过程中的模型训练，测试样本集用于对构建的机器学习模型进行测试。一般来说，这两个数据集包含不同的数据。

2. 构建训练模型

构建训练模型是指构建TensorFlow中图的过程，涉及图中使用的所有变量以及运算规则，可以细分为如下流程。

(1) 初始化超参数

在机器学习中经常要有一系列的常量参数，例如学习率、迭代次数或者其他固定参数，我们称之为超参数。一般情况下，我们会一次性初始化所有的机器学习参数，例如：

```
01  learning_rate=0.001                                  #学习率
02  training_epochs=1000                                 #训练次数
```

(2) 初始化变量和占位符

机器学习的过程就是根据样本数据集不断优化权重值的过程。TensorFlow通过占位符设置数据节点，并在训练过程中调整这些变量的值。

TensorFlow中有常量节点、变量节点和占位符等，例如：

```
01  a=tf.constant(3、tf.float32)                         #常量节点
02  b = tf.placeholder(tf.float32)                       #占位符
03  c = tf.Variable(0.0)                                 #变量节点
```

(3) 定义模型结构

定义模型结构主要是针对数据设计或使用不同的机器学习算法，这部分也是我们后续

讲解的重点,例如线性模型:

  y = tf.matmul(W、x_data) + b

(4) 定义损失函数

损失函数指定预测值与实际值之间的差距。损失函数可以是TensorFlow实现的常见损失函数,也可以是自定义的函数。常见的损失函数有Sigmoid交叉熵、Softmax交叉熵等,例如线性模型中自定义的损失函数:

  loss = tf.reduce_mean(tf.square(y – y_data))   #损失函数

3. 进行数据训练

TensorFlow中的数据训练是指使用训练集中的数据,对设计的模型图进行计算的过程,可以细化为以下流程。

(1) 初始化模型

初始化模型主要完成对计算图的运算环境的初始化,包括创建计算图实例、对占位符等进行赋值,例如:

```
01   init =tf.global_variables_initializer()              # 初始化所有变量
02   with tf.Session() as sess:
03       sess.run(init)                                   #变量初始化
```

(2) 加载数据并进行训练

训练的过程就是从样本数据中提取数据并在计算图中计算的过程,例如:

```
01   feed = {x:x_s、y_:y_s}
02   for i in range(steps):
03       sess.run(train_step, feed_dict=feed)
```

4. 评估和预测

评估和预测是对机器学习模型学习效果的评价。一般通过对训练样本集和测试样本集的评估,确定学习模型是过拟合还是欠拟合,调优后进行发布和预测新的未知数据,可以细化为以下流程。

(1) 评估机器学习模型

对机器学习模型的评估主要有平均准确率、识别的时间和loss下降变化等指标。

(2) 调优超参数

大部分时候,我们会不断调整机器学习模型的超参数来重复训练模型,以获得效果最佳的学习模型。

(3) 预测结果

机器学习模型的最终目的是预测新的未知数据的结果。

在后面的章节中,将针对这些过程进行讲解,构建自己的机器学习模型。

2.4.2 运行TensorFlow示例

前面我们讲解了一个典型应用所要进行的步骤，接下来运行TensorFlow官方提供的一个示例。TensorFlow示例代码同样在GitHub中进行了开源，TensorFlow 1.3及之前的版本都存放在tensorflow目录的examples子目录中，1.4及之后的版本就存放在单独的目录中[1]。我们下载了与TensorFlow版本一致的示例代码版本。

在官方示例代码中，有一个对MNIST数据集进行处理的示例。MNIST是一个入门级的计算机视觉数据集，它包含各种手写数字图片，由美国国家标准与技术研究所(National Institute of Standards and Technology，NIST)提供，其训练集由250个不同人手写的数字构成，其中50%是高中学生，50%是人口普查局的工作人员。

下面以1.4版本的TensorFlow为例，讲解如何运行MINST的官方示例代码。

将下载的models文件解压，在其official\mnist目录下就是我们需要运行的代码。使用Spyder打开目录中的mnist.py文件。

直接运行该文件，会直接链接到https://storage.googleapis.com/cvdf-datasets/mnist/以下载运行所需的数据集。如果无法正常下载，可以手动链接到http://yann.lecun.com/exdb/mnist/，下载以下四个文件：

t10k-images-idx3-ubyte.gz
t10k-labels-idx1-ubyte.gz
train-images-idx3-ubyte.gz
train-labels-idx1-ubyte.gz

对于mnist.py文件也需要做相应的修改。一方面将数据来源修改为下载后保存到本地的地址，例如C:\mnist_data。另一方面，由于TensorFlow的可视化工具TensorBoard在Windows系统下有错误，因此只能正确读取C盘下的可视化文件，将过程记录文件也存储在C盘中，例如C:\log\mnist_model。对mnist.py的具体修改如下：

```
01  parser.add_argument(
02      '--data_dir'、
03      type=str、
04      #default='/tmp/mnist_data'、              #原数据地址，注释
05      default='C:\mnist_data'、                 #添加本地数据源
06      help='Path to directory containing the MNIST dataset')
07  parser.add_argument(
08      '--model_dir'、
09      type=str、
10      #default='/tmp/mnist_model'、             #原记录数据存放位置，注释
11      default='C:\log\mnist_model'、            #修改记录数据存放位置
12      help='The directory where the model will be stored.')
```

直接运行该文件，运行过程如图2.7所示。

---

[1] 源代码地址为https://github.com/TensorFlow/models。

```
In [1]: runfile('D:/快盘/notes/2018tensorflow机器学习/models-1.4.0/official/mnist/mnist.py',
wdir='D:/快盘/notes/2018tensorflow机器学习/models-1.4.0/official/mnist')
INFO:tensorflow:Using default config.
INFO:tensorflow:Using config: {'_model_dir': '/tmp/mnist_model', '_tf_random_seed': None,
'_save_summary_steps': 100, '_save_checkpoints_steps': None, '_save_checkpoints_secs': 600,
'_session_config': None, '_keep_checkpoint_max': 5, '_keep_checkpoint_every_n_hours': 10000,
'_log_step_count_steps': 100, '_service': None, '_cluster_spec':
<tensorflow.python.training.server_lib.ClusterSpec object at 0x0000000013202E48>, '_task_type':
'worker', '_task_id': 0, '_master': '', '_is_chief': True, '_num_ps_replicas': 0,
'_num_worker_replicas': 1}
download filepath is %s C:\mnist_data\train-images-idx3-ubyte
download filepath is %s C:\mnist_data\train-labels-idx1-ubyte
INFO:tensorflow:Create CheckpointSaverHook.
INFO:tensorflow:Saving checkpoints for 1 into /tmp/mnist_model\model.ckpt.
INFO:tensorflow:train_accuracy = 0.08
INFO:tensorflow:loss = 2.3133812, step = 1
INFO:tensorflow:global_step/sec: 4.72161
INFO:tensorflow:train_accuracy = 0.485 (21.179 sec)
INFO:tensorflow:loss = 0.32802442, step = 101 (21.178 sec)
INFO:tensorflow:global_step/sec: 4.86188
INFO:tensorflow:train_accuracy = 0.63666666 (20.569 sec)
INFO:tensorflow:loss = 0.216316, step = 201 (20.568 sec)
```

图2.7　MNIST运行过程

在后续章节中将逐步讲解具体的代码实现。

为了更直观地看到TensorFlow的继续学习过程，TensorFlow自带了TensorBoard这一强大的可视化工具。针对该例，我们使用TensorBoard查看效果。

在Anaconda Prompt中启用TensorBoard，输入相应的命令，具体如下：

```
01  activate tensorflowCpu                              #启用tensorflow沙箱环境
02  tensorboard --logdir C:\log\mnist_model             #可视化训练过程
```

执行该命令后，就会出现正常启动的提醒信息，如下所示：

TensorBoard 0.4.0 at http://USER-20151007LN:6006 (Press Ctrl+C to quit)

在浏览器中访问本地计算机的6006端口，例如http://USER-20151007LN:6006，就能成功打开TensorBoard界面，如图2.8所示。

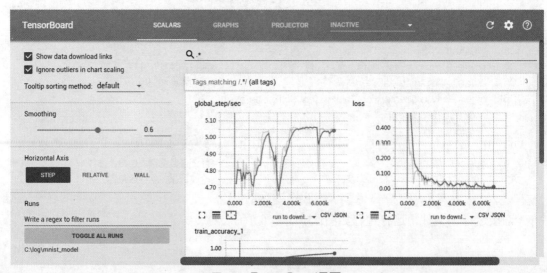

图2.8　TensorBoard界面

2.5 TensorBoard可视化

TensorBoard是TensorFlow自带的一个强大的可视化工具。在TensorFlow的代码实现中，只要将所需保存的数据放置到summary operations中，并运行所有的summary节点，最后将输出的数据都保存到本地磁盘中，就可以使用TensorBoard进行可视化查看。详细的实现过程将在后续章节中讲解。

2.4节讲解了TensorBoard的启动，本节将详细讲解TensorBoard的可视化功能。TensorBoard中自带了8种可视化：SCALARS、GRAPHS、IMAGES、AUDIO、DISTRIBUTIONS、HISTOGRAMS、PROJECTOR和TEXT。

- SCALARS(标量)

展示训练过程中准备率、损失值、权重、偏差值等的变化情况。

- GRAPHS(计算图)

展示训练过程中的计算数据流图，可以展示每个节点的计算关系以及各个设备上消耗的内存和时间等。

- IMAGES(图片)

展示训练过程中记录的图片。

- AUDIO(音频)

展示训练过程中的音频。

- DISTRIBUTIONS(数据分布图)

展示训练过程中记录的数据的分布图。

- HISTOGRAMS(直方图)

展示训练过程中记录的数据的直方图。

- PROJECTOR(投影分布)

之前的版本为Embeddings。展示训练过程中数据的投影分布，用于在二维或三维空间对高维数据进行探索。

- TEXT(文本)

新增加的功能，显示保存的一小段文本。

2.5.1 SCALARS面板

打开TensorBoard时默认直接进入SCALARS面板，并且默认使用.* 正则表达式显示所有图像。在面板的顶部导航栏中只展示能够可视化展示的模块，其他模块则会收起到INACTIVE中，如图2.9所示。

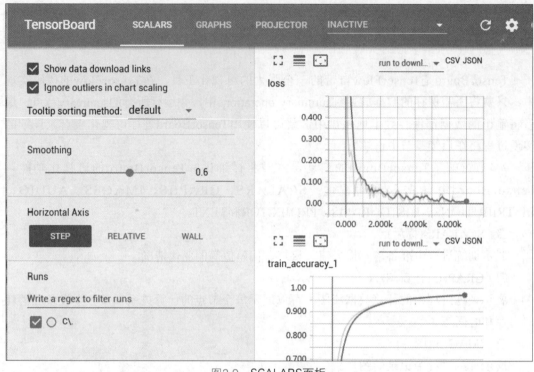

图2.9 SCALARS面板

SCALARS面板的左边有对应的处理选项。

- Show data download links：显示数据的下载链接。可以把TensorBoard绘图用的数据下载下来，单击后在图的右下角可以看到下载链接，下载格式支持CSV和JSON。
- Ignore outliers in chart scaling：是否排除异常点，默认为选中状态。
- Tooltip sorting method：用于显示每个run对应点的值的显示顺序，有default、descending(降序)、ascending(升序)和nearest四个选项。
- Smoothing：绘图时曲线的平滑程度，0表示不平滑处理，1表示最平滑，默认值是0.6。一般采用默认值。如果不进行平滑处理，有些曲线波动很大，难以看出趋势。
- Horizontal Axis：绘图时横轴的设置，有STEP、RELATIVE和WALL三种设置。其中STEP是默认选项，指横轴显示的是训练迭代次数；RELATIVE指相对时间，相对于训练开始的时间，也就是训练用时；WALL指训练的绝对时间。
- Runs：列出记录的不同run，可以选择只显示某个或某几个。

SCALARS面板中右边的绘图显示了各个单个值的变化趋势。每张图的左下角都有三个小图标：第一个表示查看大图，第二个表示是否对y轴对数化，第三个表示如果拖动或缩放坐标轴，就会重新回到原始位置。如果图中的某一段需要放大查看，可以用鼠标框选以进行放大处理。

2.5.2 GRAPHS面板

GRAPHS面板是理解模型逻辑最常用的面板。在机器学习的神经网络模型很复杂且包含很多层时，该面板能展示出你所构建的网络整体结构，显示数据流的方向和大小，也可以显示训练时每个节点的用时、耗费的内存大小以及参数，如图2.10所示。

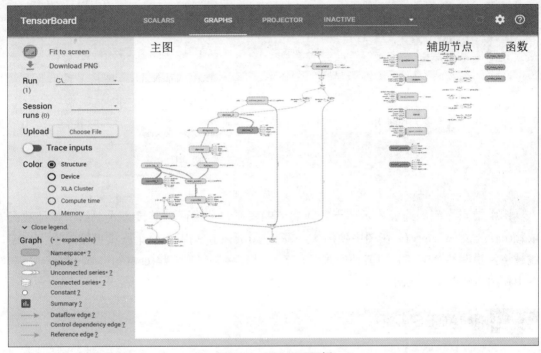

图2.10　GRAPHS面板

GRAPHS面板分为左侧功能区和右侧显示图区。

其中，左侧功能区中对应的处理选项如下。

- Fit to screen：将图缩放直至适合屏幕。
- Download PNG：将图保存到本地。
- Run：显示不同训练过程的结果。
- Session runs：显示不同迭代步数时的结果。
- Color：对数据流图进行不同方式的着色。Structure为默认方式，指对整个数据流图的结构着色；Device指训练过程中使用不同设备进行着色；Compute time指显示节点的计算时间；Memory指显示节点的内存消耗。
- Graph：针对右侧显示图区中各类图示的说明。

右侧显示图区是我们分析的重点，默认显示的图分为两部分：主图(Main Graph)和辅助节点(Auxiliary Node)。其中，主图显示的是网络结构，辅助节点显示的是初始化、训练和保存节点等。

对于图中的节点，可以平移、缩放、拖动、自动平移到节点位置。单击节点后，会在右上角的卡片中显示详情，包括节点的输入、输出和参数等，如图2.11所示。双击某个节点或者单击节点右上角的+可以展开查看其中的情况，也可以对齐进行缩放。

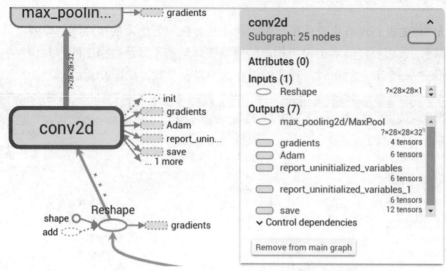

图2.11　conv2d界面

图中节点之间的连线表示节点之间的依赖关系，分为两种链接方式：第一种是数据依赖(data dependency)，在图中使用实心箭头(solid arrow)表示两个张量直接的操作，连线越粗，说明两个节点之间流动的张量越多；另一种是控制依赖(control dependency)，在图中使用点线箭头(dotted line)表示。

2.5.3　IMAGES面板

IMAGES面板展示的是训练数据集和测试数据集经过预处理后图片的样子，如图2.12所示。

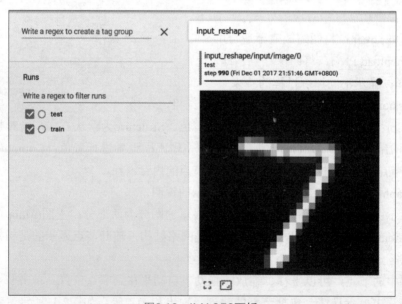

图2.12　IMAGES面板

2.5.4 AUDIO面板

AUDIO面板展示的是训练数据集和测试数据集经过预处理后的音频数据。

2.5.5 DISTRIBUTIONS面板

DISTRIBUTIONS面板用平面方式表示特定层在激活前后、权重和偏置的数据分布，如图2.13所示。

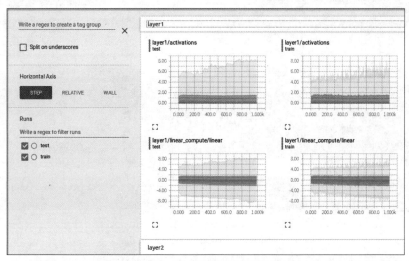

图2.13　DISTRIBUTIONS面板

2.5.6 HISTOGRAMS面板

HISTOGRAMS面板用立体的方式表示特定层在激活函数前后、权重和偏置的数据分布，如图2.14所示。

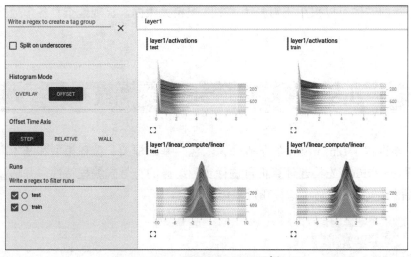

图2.14　HISTOGRAMS面板

2.5.7 PROJECTOR面板

PROJECTOR面板表示数据的投影分布，用于在二维或三维空间对高维数据进行探索，如图2.15所示。

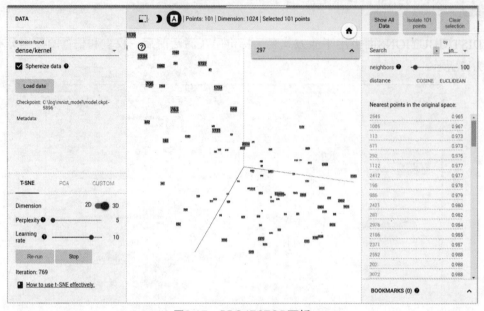

图2.15　PROJECTOR面板

该面板分为左侧、中间、右侧三部分，其中左侧是功能区、中间为显示区、右侧为数据筛选区。该面板左侧的对应处理选项如下。

- 选择降维方式：有T-SNE、PCA和CUSTOM三种降维方式。
- 图像显示方式：可以在二维和三维间切换。
- Perplexity：困惑度。手动调整相关参数，比较不同的概率分布或概率模型。
- Learning rate：学习率。手动调整相关参数，分析学习过程。

在该面板的右侧可以采用正则表达式来匹配相关数据，直观地查看各个数据之间的距离关系。

2.6 本章小结

本章主要讲解了TensorFlow的基础知识，包括基础框架、编程模型和基本概念，旨在让读者理解TensorFlow先构建计算机再进行实际运算的符号式编程特性，并通过运行示例直观感受TensorFlow的编写、运行和可视化。

第3章
TensorFlow进阶

前面介绍了TensorFlow机器学习的基础知识，也提到了TensorFlow的典型应用需要经历加载训练数据、构建训练模型、进行数据训练、评估和预测四步。本章将针对这四大步骤进行介绍。

3.1 加载数据

在TensorFlow中加载数据的方式一共有三种：预加载数据、填充数据以及从CSV文件读取数据。

3.1.1 预加载数据

预加载数据就是在TensorFlow图中定义常量或变量来保存所有数据，例如：

```
01  a=tf.constant([1,2])
02  b=tf.constant([3,4])
03  y=tf.add(a,b)
```

因为常量会直接存储在数据流图的数据结构中，所以在训练过程中这个结构体可能会被复制多次，从而导致消耗大量内存。

3.1.2 填充数据

TensorFlow提供的数据填充机制允许在TensorFlow的计算图训练过程中，将数据填充到任意张量中。可通过会话的run()函数中的feed_dict参数获取数据，例如：

```
01  x=tf.placeholder(tf.float32)                    #声明占位符
02  y=tf.placeholder(tf.float32)
```

```
03  z=tf.add(x,y)
04  x_data=[1.0,2.0]                                              #生成数据
05  y_data=[10.0,11.0]
06  init_op = tf.global_variables_initializer()
07  sess = tf.Session()
08  with tf.Session() as sess:
09       print(sess.run( [z],feed_dict={x:x_data,y:y_data} ))      #获取数据进行计算
```

当数据量大时，填充数据的方式也存在消耗内存的缺点。

3.1.3 从CSV文件读取数据

TensorFlow从文件中读取数据的方式主要有两种，一种是直接从原始文件中读取数据，另一种是将原始文件格式转换为TensorFlow定义的TFRecords格式后再进行读取。TensorFlow提供了如下对应方法。

- class tf.TextLineReader：读取文件中的一行文本，返回两个Tensor对象，如(key,value)。
- class tf.WholeFileReader：读取整个文件，返回两个值，分别是文件名称和文件内容。
- class tf.IdentityReader：以key和value的形式输出一个work队列。
- class tf.FixedLengthRecordReader：从二进制文件中读取固定长度的记录。
- class tf.TFRecordReader：读取TFRecords格式的文件。

对于从文件中读取数据，首先使用读取器将数据读取到队列中，然后从队列中获取数据并进行处理。下面以读取CSV格式的文件来讲解TensorFlow从源文件中直接读取数据的具体过程。

1. 创建队列

TensorFlow提供了队列的创建方法：

tf.train.string_input_producer(string_tensor, num_epochs=None, shuffle=True, seed=None, capacity=32, name=None)。

其中，string_tensor是读取的文件名列表，num_epochs是文件的训练次数，shuffle表示是否对文件进行乱序处理。需要注意的是，返回队列的队列管理器与文件读取器的线程是分开的。

从airline.csv文件中读取数据，创建队列的具体实现如下：

```
01  import tensorflow as tf
02  file_name_string="airline.csv"                                #要读取的CSV格式的文件名
03  filename_queue = tf.train.string_input_producer([file_name_string])   #创建队列
```

2. 创建读取器获取数据

在TensorFlow中，针对不同的文件格式，提供了不同的文件读取器。在文件读取器中提供了read()方法，用于获取文件内容和文件的表征值key，从而将内容转换为张量，用于TensorFlow的解析。

例如在图3.1中，airline.csv文件中的每行数据都包含6个浮点数据。

```
1948.000008, 1.213999987, 0.243000001, 0.145400003, 1.414999962, 0.611999989
1949.000008, 1.353999972, 0.25999999, 0.218099996, 1.383999944, 0.559000015
1950, 1.569000006, 0.277999997, 0.315699995, 1.388000011, 0.573000014
1951, 1.947999954, 0.296999991, 0.393999994, 1.549999952, 0.56400001
1952, 2.265000105, 0.310000002, 0.35589999, 1.802000046, 0.574000001
1953, 2.730999947, 0.321999997, 0.359299988, 1.925999999, 0.711000025
1954, 3.025000095, 0.335000008, 0.402500004, 1.963999987, 0.776000023
1955, 3.562000036, 0.349999994, 0.396100014, 2.115999937, 0.827000022
1956, 3.979000092, 0.361000001, 0.382200003, 2.434999943, 0.800000012
1957.000364, 4.420000076, 0.379000008, 0.304500014, 2.707000017, 0.921000004
1958.000968, 4.563000202, 0.391000003, 0.328399986, 2.70600009, 1.067000031
1959.000961, 5.385000229, 0.425999999, 0.385600001, 2.845999956, 1.082999945
1960, 5.553999901, 0.441000015, 0.319299996, 3.088999987, 1.480999947
1961, 5.465000153, 0.460000008, 0.307900012, 3.121999979, 1.735999942
1962, 5.824999809, 0.485000014, 0.378300011, 3.184000015, 1.925999999
1963, 6.875999928, 0.505999982, 0.418000013, 3.263000011, 2.040999889
1964, 7.822999954, 0.537999988, 0.516300023, 3.411999941, 1.996999979
1965, 9.119999886, 0.56400001, 0.587899983, 3.622999907, 2.256999969
1966.000826, 10.51200008, 0.586000025, 0.536899984, 4.073999882, 2.742000103
1967.000017, 13.02000046, 0.621999979, 0.444299996, 4.710000038, 3.563999891
1968.000962, 15.26099968, 0.666000009, 0.305200011, 5.217000008, 4.767000198
1969.000236, 16.31299973, 0.731000006, 0.233199999, 5.568999767, 6.511000156
```

图3.1　airline.csv文件

对于该文件中数据的读取，分为创建读取器、获取数据和解析数据三个步骤。

对于CSV文件中数据的读取，使用TextLineReader来创建读取器。

使用读取器的read()方法来获取数据。

对于数据的解析，需要根据读取的CSV文件的数据格式和数据类型来定义格式。然后使用decode_csv()方法来解析内容。具体实现如下：

```
01  reader = tf.TextLineReader()                                    #每次一行
02  key,value = reader.read(filename_queue)                         #获取数据
03  record_defaults = [[1.0],[1.0], [1.0], [1.0], [1.0], [1.0]]     #定义数据形式
04  col1, col2, col3, col4, col5, col6 = tf.decode_csv(value, record_defaults=record_defaults)
```

其中，第03行根据读取文件的数据类型构造对应的数据类型，而且必须是list形式。

第04行将每一行读取的内容(value)按照数据类型(record_defaults)解析到张量col1、col2、col3、col4、col5和col6中。

3. 处理数据

在此对获取的数据进行打印输出。需要注意的是，由于队列管理器与文件阅读器的线程是相互独立的，因此需要先启用队列，再使用线程协调器来管理这两个线程。具体实现如下：

```
01  with tf.Session() as sess:
02      #线程协调器
03      coord = tf.train.Coordinator()
04      #启动线程
05      threads = tf.train.start_queue_runners(coord=coord)
06      is_second_read=0
07      line1_name=bytes('%s:1' % file_name_string, encoding='utf8')
08      print (line1_name)
09      while True:
10          #x1是第一个数据，x2是第二个数据，line_label中保存当前读取的行号
```

```
11      x1,x2,x3,x4,x5,x6,line_label = sess.run([col1, col2, col3, col4, col5, col6,key])
12      #若当前line_label第二次等于line1_name，则说明读取完，跳出循环
13      if is_second_read==0 and line_label==line1_name:
14          is_second_read=1
15      elif is_second_read==1 and line_label==line1_name:
16          break
17      print ( x1,x2,x3,x4,x5,x6,line_label)
18  coord.request_stop()
19  coord.join(threads)                    #循环结束后，请求关闭所有线程
```

运行上述代码，结果如图3.2所示。

```
b'airline.csv:1'
1948.0 1.214 0.243 0.1454 1.415 0.612 b'airline.csv:1'
1949.0 1.354 0.26 0.2181 1.384 0.559 b'airline.csv:2'
1950.0 1.569 0.278 0.3157 1.388 0.573 b'airline.csv:3'
1951.0 1.948 0.297 0.394 1.55 0.564 b'airline.csv:4'
1952.0 2.265 0.31 0.3559 1.802 0.574 b'airline.csv:5'
1953.0 2.731 0.322 0.3593 1.926 0.711 b'airline.csv:6'
1954.0 3.025 0.335 0.4025 1.964 0.776 b'airline.csv:7'
1955.0 3.562 0.35 0.3961 2.116 0.827 b'airline.csv:8'
1956.0 3.979 0.361 0.3822 2.435 0.8 b'airline.csv:9'
1957.0 4.42 0.379 0.3045 2.707 0.921 b'airline.csv:10'
1958.0 4.563 0.391 0.3284 2.706 1.067 b'airline.csv:11'
1959.0 5.385 0.426 0.3856 2.846 1.083 b'airline.csv:12'
1960.0 5.554 0.441 0.3193 3.089 1.481 b'airline.csv:13'
1961.0 5.465 0.46 0.3079 3.122 1.736 b'airline.csv:14'
1962.0 5.825 0.485 0.3783 3.184 1.926 b'airline.csv:15'
```

图3.2 输出结果

将输出结果与源文件airline.csv进行对比，可以很明显地看到差异。

3.1.4 读取TFRecords数据

在机器学习中，处理的数据量都非常巨大，常用的数据读取方式一般都会存在内存占用过高的问题。TensorFlow针对该问题进行了优化，定义了TFRecords格式文件。

TFRecords是一种二进制文件，能更好地利用内存，更方便地进行复制和移动，并且不需要单独标记文件，可以使TensorFlow的数据集更容易与网络应用架构相匹配。采用这种方式读取数据分为如下两个步骤。

①把样本数据转换为TFRecords二进制文件。

②读取TFRecords格式文件。

前一章介绍了MNIST数据集，本节将继续以MNIST数据集为数据源，将其转为TFRecords格式文件，然后读取TFRecords格式文件中的几张图片。

1. 生成TFRecords文件

TFRecords文件中的数据是通过tf.train.Example协议缓冲区的格式存储的。生成TFRecords文件就是将数据填入tf.train.Example协议缓存区，然后将该协议缓冲区序列化为一个字符串，写入TFRecords文件。

tensorflow\core\example目录的example.proto和feature.proto文件中给出了tf.train.

Example协议缓冲区的定义：

```
message Example {
 Features features = 1;
};

message Features{
 map<string,Feature> featrue = 1;
};

message Feature{
   oneof kind{
     BytesList bytes_list = 1;
     FloatList float_list = 2;
     Int64List int64_list = 3;
   }
};
```

从上述代码可以看到，tf.train.Example协议缓冲区的数据结构相对简洁，可以理解成属性名和属性值的对应关系表。其中，属性名是一个字符串，属性值可以是字符串(BytesList)、实数列表(FloatList)或整数列表(Int64List)。

因此，将数据填入tf.train.Example协议缓冲区的过程，就是构建tf.train.Example数据结构的过程。对于MNIST数据集中的数据，我们构建的数据结构中仅保存两个属性：标签和图像。数据结构的具体实现如下：

```
example = tf.train.Example(features=tf.train.Features(
feature={
         'label': _int64_feature(np.argmax(labels[index])),
         'image_raw': _bytes_feature(image_raw)
} ) )
```

通过TFRecordWriter()方法，将缓冲区的数据序列化后写入TFRecords文件。生成TFRecords文件的具体实现如下：

```
01  import tensorflow as tf
02  from tensorflow.examples.tutorials.mnist import input_data
03  import numpy as np
04  from PIL import Image
05  #主程序
06  if __name__ == '__main__':
07      getmnsit_tfreords()                    #生成TFRecords文件
08      read_tfrecords()                       #读取TFRecords文件
09
10  #把传入的value转换为整型的属性，int64_list对应 tf.train.Example 的定义
11  def _int64_feature(value):
12      return tf.train.Feature(int64_list=tf.train.Int64List(value=[value]))
13  #把传入的value转换为字符串类型的属性，bytes_list对应 tf.train.Example 的定义
14  def _bytes_feature(value):
15      return tf.train.Feature(bytes_list=tf.train.BytesList(value=[value]))
16
17  def getmnsit_tfreords():   #将MNIST数据集转为TFRecords文件方法
```

```
18    #读取MNIST数据集
19    mnist = input_data.read_data_sets("./mnist_data", dtype=tf.uint8, one_hot=True)
20    images = mnist.train.images           #训练数据的图像,可以作为属性存储
21    labels = mnist.train.labels           #训练数据所对应的标签,可以作为属性存储
22    num_examples = mnist.train.num_examples    #训练数据的个数
23
24    filename = "./output.tfrecords"              #指定要写入TFRecords文件的地址
25    writer = tf.python_io.TFRecordWriter(filename)   #创建一个writer来写TFRecords文件
26    for index in range(num_examples):
27        image_raw = images[index].tostring()        #把图像矩阵转换为字符串
28        #将一个样例转换为tf.train.Example协议缓冲区,并将所有的信息写入这个数据结构
29        example = tf.train.Example(features=tf.train.Features(feature={
30          'label': _int64_feature(np.argmax(labels[index])),
31          'image_raw': _bytes_feature(image_raw)}))
32        writer.write(example.SerializeToString())#将tf.train.Example协议缓冲区序列化后写入TFRecords文件
33    writer.close()
```

其中,对于从文件中读取的数据,第10~15行定义了将它们转换为与协议缓冲区匹配的整数列表和字符串类型。

第19~22行读取MNIST数据集文件,并获取与数据对应的图像和标签。

运行上述代码,将在代码所在文件夹中生成output.tfrecords文件。使用二进制文件编辑器打开该文件,显示结果如图3.3所示。

图3.3 output.tfrecords文件

2. 读取TFRecords文件

读取TFRecords文件就是使用队列读取TFRecords文件中的数据,可以分为以下两个步骤。

① 获取一个协议缓冲区,解析对应属性,转换为张量。

② 将张量作为输入进行训练处理。

首先,使用队列从TFRccords文件中读取数据,然后使用tf.TFRecordReader的tf.parse_single_example操作将tf.train.Example协议缓冲区解析为张量,具体实现如下:

```
01    #读取TFRecords文件中的数据
02    def read_tfrecords():
03        reader = tf.TFRecordReader()          #创建一个reader来读取TFRecords文件中的样例
04        #通过 tf.train.string_input_producer 创建输入队列
05        filename_queue = tf.train.string_input_producer(["./output.tfrecords"])
```

```
06    #从文件中读取一个样例到队列中
07    _, serialized_example = reader.read(filename_queue)
08    #解析读入的一个样例
09    features = tf.parse_single_example(
10        serialized_example,
11        features={
12            #这里，解析数据的格式需要和上面写入数据的格式一致
13            'image_raw': tf.FixedLenFeature([], tf.string),
14            'label': tf.FixedLenFeature([], tf.int64),
15        })
16    #tf.decode_raw可以将字符串解析成与图像对应的像素数组
17    images = tf.decode_raw(features['image_raw'], tf.uint8)
18    images = tf.reshape(images, [28, 28, 1])
19    #tf.cast可以将传入的数据转换为所希望的数据类型
20    labels = tf.cast(features['label'], tf.int32)
```

由于输入图像的处理可以是无序的，因此使用 **tf.train.shuffle_batch** 生成随机队列以进行多线程的样本处理。具体实现如下：

```
21    sess = tf.Session()
22    #启动多线程处理输入数据
23    coord = tf.train.Coordinator()
24    threads = tf.train.start_queue_runners(sess=sess, coord=coord)
25    num_preprocess_threads = 1   #线程数量
26    batch_size = 1 #每批的样本数
27    min_queue_examples = 50  #队列最小值
28    images_batch, label_batch = tf.train.shuffle_batch(
29        [images, labels],
30        batch_size=batch_size,
31        num_threads=num_preprocess_threads,
32        capacity=min_queue_examples + 3 * batch_size,
33        min_after_dequeue=min_queue_examples)
34    image = tf.reshape(images_batch, [28, 28])
```

最后，将获取的文件张量batch在训练中进行处理。在此将获取的张量转换为图片进行保存。具体实现如下：

```
01    with tf.Session() as sess:
02        init = tf.global_variables_initializer()
03        sess.run(init) #会话初始化
04        coord = tf.train.Coordinator()
05        threads = tf.train.start_queue_runners(sess=sess, coord=coord)
06        for i in range(5):
07            data, label = sess.run([image, label_batch]) #获取数据
08            result = Image.fromarray(data)
09            result.save(str(i) + '.png')#保存图片
10        coord.request_stop()
11        coord.join(threads)
```

运行上述代码，在代码所在文件夹中生成了对应的5个图片文件，结果显示如图3.4所示。

图3.4 图片文件

3.2 存储和加载模型

机器学习中最关键的就是模型的设计与训练。

在模型的设计和训练过程中,会耗费大量的时间。为了降低训练过程中因意外情况发生而造成的不良影响,我们会对训练过程中的模型进行定期存储。

为了保证意外中断的模型能够继续训练以及训练完成的模型在其他数据上能够直接使用,我们会对存储的模型进行加载。

TensorFlow中提供了tf.train.Saver类来实现训练模型的保存和加载。tf.train.Saver类的save()方法将TensorFlow模型保存到指定路径中,该类的restore()方法用来加载这个已保存的TensorFlow模型。

3.2.1 存储模型

TensorFlow模型包括计算图以及计算过程中的值,主要包括计算图中的所有变量、操作等,以及计算过程中的权重、偏差、梯度等值的更新结果。

在TensorFlow中,提供了tf.train.Saver类来完成模型的存储。

```
saver = tf.train.Saver(max_to_keep, keep_checkpoint_every_n_hours)
```

在创建类时,可以指定最多可保留的模型数、训练过程每隔多长时间进行一次自动保存等。

tf.train.Saver类提供了save()方法来实现保存工作。在该方法中需要说明会话、所保存模型的名称,以及每次保存模型时间隔的迭代学习次数等。需要注意的是,一旦调用该方法,其后定义的变量将不会被保存。具体实现如下:

```
saver.save(sess, 'my-model', global_step=step,write_meta_graph=False)
```

接下来,使用saver类保存训练模型,该模型实现了5*(w1+w2)的计算,具体实现如下:

```
01  def Save_model():
02      w1 = tf.placeholder("float", name="w1")
03      w2 = tf.placeholder("float", name="w2")
04      b1= tf.Variable(5.0,name="b1")
05      w3 = tf.add(w1,w2)
```

```
06    w4 = tf.multiply(w3,b1,name="op_to_restore")        #计算(w1+w2)*5
07    feed_dict ={w1:1,w2:2}                              #定义填充数据
08
09    sess = tf.Session()
10    sess.run(tf.global_variables_initializer())
11    saver = tf.train.Saver()                            #定义saver类
12    print (sess.run(w4,feed_dict))                      #计算模型结果
13    saver.save(sess, './my_test_model',global_step=1000) #保存模型
14    sess.close()
15    print('---------------')
16 if __name__ == '__main__':
17    Save_model()                                        #调用模型存储方法
```

上述代码获取值1和2并分别填充到w1和w2中，然后计算其和的5倍。运行该代码，打印输出如下：

15.0

可以看到，不仅有控制台的打印输出，还在代码所在文件夹中出现了四个文件，如图3.5所示。

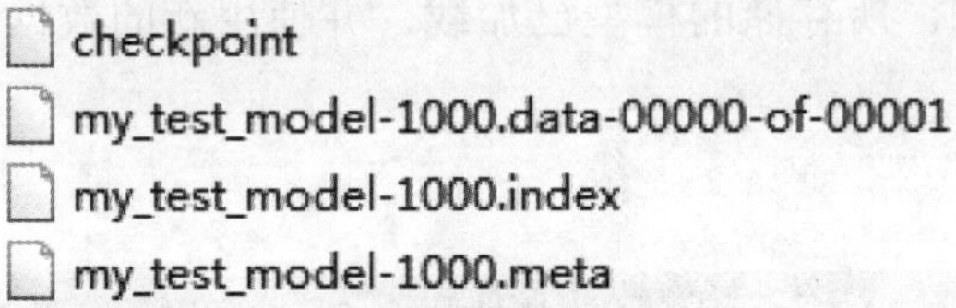

```
checkpoint
my_test_model-1000.data-00000-of-00001
my_test_model-1000.index
my_test_model-1000.meta
```

图3.5 存储的文件

这四个文件分别存储训练过程中的不同信息，其中：
- .meta文件保存TensorFlow计算图的结构信息。
- data和.index文件存储训练好的参数。

3.2.2 加载模型

加载存储好的模型，包括加载模型和加载训练参数两步。

TensorFlow提供了tf.train.import()相关方法来加载已存储的模型，如import_meta_graph()方法：

saver = tf.train.import_meta_graph('my_test_model-1000.meta')

其中，"my_test_model-1000.meta"文件就是已存储的模型文件。

完成计算图的加载后，还需要加载训练过的参数的值，这需要使用restore()方法。

完成模型的加载后，可以将待训练数据放入模型中进行训练。例如，加载刚才存储的模型5*(w1+w2)，将待训练数据13、17分别放入模型的w1和w2中进行计算。具体实现如下：

```
01 def Load_model():
02    sess=tf.Session()
03    saver = tf.train.import_meta_graph('my_test_model-1000.meta')   #加载模型
```

```
04    saver.restore(sess,tf.train.latest_checkpoint('./'))         #加载参数
05    graph = tf.get_default_graph()
06    w1 = graph.get_tensor_by_name("w1:0")                         #获取需要使用的变量
07    w2 = graph.get_tensor_by_name("w2:0")
08    feed_dict ={w1:13.0,w2:17.0}
09    op_to_restore = graph.get_tensor_by_name("op_to_restore:0")
10    print (sess.run(op_to_restore,feed_dict))                     #计算结果
11    sess.close()
12    print('****************')
13 if __name__ == '__main__':
14    Save_model()
15    Load_model()
```

运行上述代码，打印输出(13+17)*5的最终结果，如图3.6所示。

```
15.0
---------------
INFO:tensorflow:Restoring parameters from ./my_test_model-1000
150.0
****************
```

图3.6 打印结果

可以很明显地看到，所存储的模型已加载，并使用新的数据w1=13和w2=17，完成5*(w1+w2)的计算。

3.3 评估和优化模型

在完成模型的基础设计后，为了让模型能够满足实际的生产需要，需要对模型的各种参数进行调整和优化。

3.3.1 评估指标的介绍与使用

模型的评估主要有如下几个指标：准确率、识别的时间和loss下降变化等。

观察这些指标最常用的工具就是TensorFlow提供的可视化工具TensorBoard，TensorBoard提供了对准确率、损失值、权重、偏差值以及各个设备上所消耗内存和时间等的变化情况的观察。在第2章，我们已对相关内容重点进行了介绍。

另一个常用的工具就是Timeline，可以使用它分析在整个模型的计算过程中，每个操作所消耗的时间，由此可以有针对性地优化耗时的操作。

使用Timeline对象获取每个节点的执行时间，主要包括如下步骤。

① 在sess.run()中指定可选的参数options和run_metadata。

② 在Timeline中使用run_metadata.step_stats()创建一个对象。

③ 将该对象数据保存为文件。

下面实现矩阵的乘法，使用timeline()方法进行记录并展示，具体实现如下：

```
01  import tensorflow as tf
02  from tensorflow.python.client import timeline
03  x = tf.random_normal([100, 100])  # 随机矩阵
04  y = tf.random_normal([100, 100])
05  res = tf.matmul(x, y)
06  
07  with tf.Session() as sess:
08      run_options = tf.RunOptions(trace_level=tf.RunOptions.FULL_TRACE)
09      run_metadata = tf.RunMetadata()
10      sess.run(res, options=run_options, run_metadata=run_metadata)
11      tl = timeline.Timeline(run_metadata.step_stats)
12      ctf = tl.generate_chrome_trace_format()
13      with open('timeline.json', 'w') as f:
14          f.write(ctf)
```

运行上述代码，会在代码所在目录中生成一个timeline.json文件。

在谷歌浏览器的地址栏中输入chrome://tracing，将生成的timeline.json文件导入该页面中，显示结果如图3.7所示。

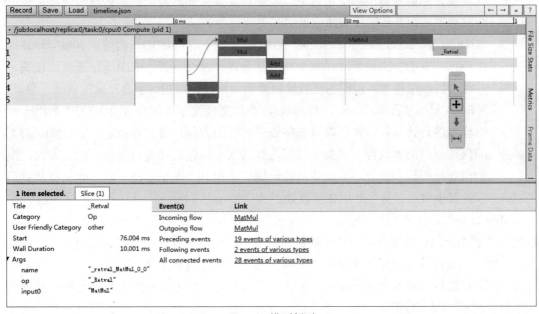

图3.7　模型耗时

图3.7所示界面的顶部就是时间轴，以ms(毫秒)为单位。

从左到右依次为模型一次完整的计算过程中，每个操作在设备上消耗的时间。具体而言，包括该操作的开始时间、结束时间，以及运算操作的输入、名称、类型等。

3.3.2　模型调优的主要方法

对模型评估的准确率、识别的时间、loss下降变化等指标的调优主要包括两类操作：

一类是调整模型算法,另一类是调整参数和重构代码。对于调整模型算法,我们将在后续章节中详细介绍,本节着重讲解调整参数和重构代码。

调整参数和重构代码时需要注意的情形,主要包括以下方面。

1. 调整学习率

学习率是机器学习中最常设定的参数,表示每次学习调整的变化。学习率设置得越大,训练时间就越短,速度就越快;而学习率设置得越小,训练的准确度就越高。在训练模型的调优过程中,对于学习率的设置需要不断地进行尝试。

在目前最流行的神经网络模型中,训练过程的优化方法基本包括梯度下降法、Momentum法、AdaGrad法、RMSprop和Adam等方法。在这些训练方法中,梯度下降法和Momentum法是需要预先设定学习率的,而其他几种方法是自适应学习率的。

梯度下降法最常见的三种分别为BGD、SGD和MBGD。

- BGD(Batch Gradient Descent,批梯度下降)。BGD利用现有参数对整个数据集的输入计算相应的输出y值,然后和实际y值进行比较,进而统计误差、计算评价误差,以及作为更新参数的依据。该方法保证了使用所有的训练数据进行计算,能够收敛,不需要逐渐减少学习率;但是计算起来非常慢,遇到大量的数据集也会非常棘手,而且不能投入新数据实时更新模型。
- SGD(Stochastic Gradient Descent,随机梯度下降)。与BGD一次用所有数据计算梯度相比,SGD每次更新时对每个样本都会进行梯度更新。SGD运行速度比较快,并且可以新增样本,但因为更新比较频繁,可能造成损失值有严重的震荡现象。
- MBGD(Mini-Batch Gradient Descent,小批量梯度下降法)。MBGD每次利用一小批样本进行计算,这样可以降低参数更新时的方差,收敛更稳定。不过MBGD不能保证很好的收敛性。如果学习率选择的太小,收敛速度会很慢;如果太大,损失值就会在极小值处不停地震荡甚至偏离。而且,对于非凸函数,容易收敛到局部的极小值处,甚至被困在鞍点处。

Momentum法则加入速度变量v,更新时在一定程度上保留之前的更新方向,利用当前批次微调本次的更新参数。这样可以使梯度方向不变的维度上的更新速度变快,使梯度方向有所改变的维度上的更新速度变慢,从而加快收敛并减小震荡。

AdaGrad法对低频的参数做较大的更新,对高频的参数做较小的更新。这样在处理稀疏的数据时就能够有较好的表现,但是由于计算时分母会不断积累,因此学习率就会收缩并最终变得非常小。

RMSprop是Geoff Hinton提出的一种自适应学习率方法,用于解决AdaGrad学习率急剧下降的问题,在实践中对于循环神经网络的效果较好。

Adam是另一种计算每个参数的自适应学习率方法,能够根据梯度的一阶矩和二阶矩进行动态调整。

TensorFlow也提供了这些优化方法,主要包括如下几种。

class tf.train.GradientDescentOptimizer
class tf.train.AdagradOptimizer

class tf.train.MomentumOptimizer
class tf.train.AdamOptimizer
class tf.train.FtrlOptimizer
class tf.train.RMSPropOptimizer

2. 优化IO

大家经常接触到的数据读写操作主要有数据预处理、队列以及内存读写等操作。优化IO主要针对这三大数据操作。

第一，在数据预处理阶段，如果数据量比较大，建议在使用TensorFlow官方提供的数据格式TFRecords进行转换后再使用，一般不直接使用feed_dict方式。因为使用feed_dict方式会将所有的输入数据首先全部读取到内存中，然后再执行计算，这样会使数据IO操作和计算操作形成串行。而使用TFRecords格式的数据，由TensorFlow进行调度，TensorFlow会尝试将各种计算操作和数据读取操作在一定程度上形成并行，从而带来性能上的提升。

第二，在处理数据时，最常使用的就是队列。在实际使用中特别需要注意的是min_after_dequeue值的设置。如果该值太大，会使队列试图在内存中保留大量记录，使内存容易达到饱和，从而触发硬盘的交换功能，降低队列的速度。

第三，注意内存的使用，应使整个模型的内存消耗不超出机器内存。如果超出机器内存，必然触发交换功能，从而降低读写速度。

3. 优化计算

对于计算的优化，需要根据实际情况进行处理。主要通过对TensorBoard的可视化以及timeline.json文件进行观察，找到耗时多的操作，通过优化执行顺序、并行操作等方式进行具体优化。

3.4 本章小结

本章主要讲解了使用TensorFlow进行机器学习过程中的加载训练数据、构建训练模型、进行数据训练、评估和预测四大步骤，重点介绍了这四大步骤中常用的方法和技巧。

第4章
线性模型

前面介绍了机器学习的基础知识和TensorFlow的使用。接下来的章节将对经典的机器学习算法进行介绍。本章将讲解机器学习算法中最基础的线性模型,并通过对线性模型的学习进一步熟悉如何使用TensorFlow完成机器学习模型的构建、训练和评估等。

4.1 常见的线性模型

在机器学习中,线性模型是形式最简单、最容易理解的一种模型,也是最基础的一种模型。在数学上,用函数形式可表示为:

$$f(x) = \omega_1 x_1 + \omega_2 x_2 + \cdots + \omega_d x_d + b$$

使用向量方式则可写成:

$$f(x) = \omega^T x + b$$

其中,$\omega = (\omega_1; \omega_2; \ldots; \omega_d)$。

在二维几何平面上可以理解为,在一个平面中存在已知的数据点,通过学习处理,使用一条线能够建立这些点之间的关系,这条线也能够对这个平面上未知的点进行判断。

常见的线性模型有线性回归和逻辑回归两种。虽然它们都是线性模型,但使用环境和使用目的存在明显的差异。

□ 线性回归

线性回归一般用于分析变量之间的关系,并试图通过从给定的数据中学习到的线性模型来预测以后的值。比如,通过房子大小预测房价,通过加油量预测总价等。一般而言,我们认为模型的输入值是连续的,输出值也是连续的。这是一种"回归"算法。

☐ 逻辑回归

逻辑回归也称为对数概率回归，用于判断输入值和比较对象的"是"与"否"关系。比如，房子是大是小，加油是多是少，喜欢玩游戏还是不喜欢玩游戏等。虽然名字中有"回归"两个字，但逻辑回归其实是一种"分类"算法。

接下来，我们将具体讲解线性回归和逻辑回归。

4.2 一元线性回归

我们知道，线性回归试图得到一个线性模型，该模型的预测值应尽可能准确地等于实际值。本节将讲解如何使用TensorFlow完成一元线性回归。

可将一元线性回归理解为对于给出的N个点(x,y)，找到一条直线y=ax+b来拟合这些点。在初中数学中，我们会给定两个点A(x1,y1)和B(x2,y2)来求解出a和b的值，使得直线穿过这两个点。但是，当对多个已知点求解最合适的直线时，我们采用最小化均方差方法，使得所有点到这条直线的欧氏距离之和最小。

在使用TensorFlow进行编程学习时，可以分为以下四步。

① 生成训练数据。
② 定义训练模型。
③ 进行数据训练。
④ 运行总结。

接下来，将通过以上几步来进行一元线性回归。

4.2.1 生成训练数据

首先，模拟生成训练数据。假设最后需要学习的方程是y=3x+5，我们构造满足这个条件的若干个点，并在构造过程中加入偏差噪声点。为了更加便捷和可展示，我们主要使用NumPy和matplotlib两个库来实现，具体实现如下：

```
01  import os
02  os.environ['TF_CPP_MIN_LOG_LEVEL'] = '2'
03  import tensorflow as tf                    #用于模型训练
04  import matplotlib.pyplot as plt            #用于绘制图形
05  import numpy as np                         #用于科学计算
06  np.set_printoptions(threshold='nan')       #打印内容不限长度
07  t_x = np.linspace(-1,1,50,dtype = np.float32)   #生成x
08  noise = np.random.normal(0 , 0.05 , t_x.shape)  #生成噪声点
09  t_y = t_x * 3.0+5.0+noise                  #生成y
10  plt.plot(t_x,t_y,'k.')                     #绘图
11  plt.show()
```

其中，第01和02行定义TensorFlow中日志的显示等级。如果不做任何处理，系统默认

参数为"1",会显示所有的信息;设置参数为"2",只显示警告和错误信息;设置参数为"3",则只显示错误日志信息。

第07行生成50个数,作为50个点的x轴。使用NumPy库的等差数列方法,在-1到1之间生成50个数。

第08行生成噪声点。这里获取的是满足均值为0、方差为0.05的正态分布的随机点。

第09行生成50个数,作为50个点的y轴。这些数在满足$y=3x+5$的基础上增加了一个随机数。

运行这段代码,就可以看到随机生成的训练数据,如图4.1所示。

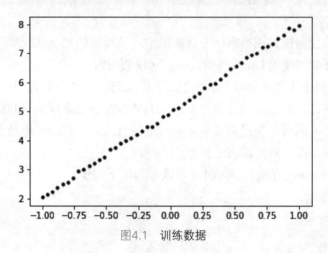

图4.1 训练数据

4.2.2 定义训练模型

完成训练数据的生成后,下面实现线性回归的训练模型。前面已提到过,这可以使用最小化均方误差来实现。具体实现如下:

```
01  x = tf.placeholder(tf.float32)                              #占位符
02  y = tf.placeholder(tf.float32)
03  a = tf.Variable(0.0)                                        #变量节点
04  b = tf.Variable(0.0)
05  curr_y = x * a + b                                          #线性模型
06  loss = tf.reduce_sum(tf.square(curr_y - y))                 #损失函数
07  optimizer = tf.train.GradientDescentOptimizer(learning_rate)
08  train = optimizer.minimize(loss)                            #训练的结果是使损失函数的值最小
```

其中,第06行定义了损失函数。使用线性模型,计算每一个训练值对应的模型的输出值curr_y,计算输出值与该点的实际y值之间的方差。

第07和08行定义了学习优化器,使用梯度下降法,让损失函数的值最小。

4.2.3 进行数据训练

接下来进行正式的数据训练。总共训练1000次,每次的学习率为0.001。为了便于查看训练过程，每训练完20次，输出当前的训练次数、a、b以及损失值，最终绘制训练集的点和拟合的直线，具体实现如下：

```
01  learning_rate=0.001                              #学习率
02  training_epochs=1000                             #训练次数
03  sess = tf.Session()                              #创建 Session
04  sess.run(tf.global_variables_initializer())      #变量初始化
05  for i in range(training_epochs):
06      sess.run(train, {x:t_x, y:t_y})              #从训练集中开始训练
07      if i % 20==0:
08          print (i,sess.run([a,b,loss],{x:t_x, y:t_y}))
09  a_val=sess.run(a)
10  b_val=sess.run(b)
11  print("this model is y=",a_val," * x +",b_val)
12  sess.close()                                     #关闭
13  y_learned=t_x*a_val+b_val
14  plt.plot(t_x,t_y,'k.')                           #绘制点
15  plt.plot(t_x,y_learned,'g-')                     #绘制线
16  plt.show()
17  plt.close()
```

其中，第06行按照训练模型不断进行训练。每次都从训练集t_x中获取一个x，按照训练模型train进行训练，并与对应的t_y进行比较。

4.2.4 运行总结

经过以上步骤，可以看到在训练过程中拟合值的变化情况，如图4.2所示。

从图4.2的左图可以看出，当$i=0$时，拟合的值与目标值差别很大，损失值也很大。当$i=20$、$i=40$、$i=60$时，损失值在不断缩小。

从图4.2的右图可以看出，在训练后期，a和b、损失值都不再发生变化，达到了最佳拟合值。

```
0   [0.10394561, 0.49944523, 1155.4668]
20  [1.5687652, 4.4479647, 50.387043]
40  [2.291677, 4.9280124, 8.9429426]
60  [2.6484456, 4.9863749, 2.2146091]      800 [2.9960759, 4.9944501, 0.11498683]
80  [2.8245161, 4.9934702, 0.62562239]     820 [2.9960759, 4.9944501, 0.11498683]
100 [2.9114101, 4.9943328, 0.23934509]    840 [2.9960759, 4.9944501, 0.11498683]
120 [2.9542933, 4.9944377, 0.1452755]     860 [2.9960759, 4.9944501, 0.11498683]
140 [2.975457, 4.9944501, 0.1223639]      880 [2.9960759, 4.9944501, 0.11498683]
160 [2.9859014, 4.9944501, 0.11678365]    900 [2.9960759, 4.9944501, 0.11498683]
180 [2.991056, 4.9944501, 0.1154246]      920 [2.9960759, 4.9944501, 0.11498683]
200 [2.9935999, 4.9944501, 0.11509348]    940 [2.9960759, 4.9944501, 0.11498683]
220 [2.9948554, 4.9944501, 0.11501306]    960 [2.9960759, 4.9944501, 0.11498683]
240 [2.9954753, 4.9944501, 0.11499324]    980 [2.9960759, 4.9944501, 0.11498683]
260 [2.9957814, 4.9944501, 0.11498839]    this model is y= 2.99608   * x + 4.99445
```

图4.2　打印输出

从图4.3的图形输出中，可以看到生成的数据和拟合的直线。

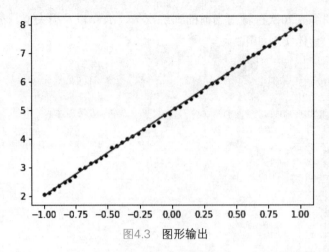

图4.3 图形输出

在本节中，我们第一次真正使用TensorFlow完成了一元线性回归。虽然实现起来比较简单，但最主要的是掌握了使用TensorFlow训练测试数据的方法：通过构建模型使得损失函数达到我们的要求，从而确定模型相关的权重值。

4.3 多元线性回归

前面讲解了一元线性回归，了解了TensorFlow的基本用法。当然，在实际使用中会存在多个因素共同影响结果的情况。例如蛋糕与制作蛋糕的材料有关，也与蛋糕的尺寸有关。房子的总价和房子的大小、位置等都有关系。在本节中，将通过拟合平面来讲解多元线性回归。

4.3.1 二元线性回归算法简介

我们已经知道线性回归算法，其向量方式可写成 $f(x)=\boldsymbol{\omega}^\mathrm{T}\boldsymbol{x}+b$，其中，$\boldsymbol{\omega}=(\omega_1;\omega_2;\ldots;\omega_d)$。

如果是二元情况，使用矩阵形式可以表示为：

$$[y]=[\omega_1\ \omega_2]\begin{bmatrix}x_1\\x_2\end{bmatrix}+[b]$$

可以将二元线性回归理解为使用一个平面 $y=\omega_1 x_1+\omega_2 x_2+b$ 来拟合这些点。与一元线性回归一样，使用TensorFlow进行编程学习时，可分为如下四步。

① 生成训练数据。
② 定义训练模型。
③ 进行数据训练。
④ 运行总结。

4.3.2 生成训练数据

对于训练数据，我们同样通过模拟生成。假设最后需要学习的方程是$y=0.1x_1+0.2x_2+0.3$。因为在TensorFlow中，我们一般使用矩阵运算来实现，学习方程也可以表示为$[y]=\begin{bmatrix}0.1 & 0.2\end{bmatrix}\begin{bmatrix}x_1\\x_2\end{bmatrix}+[0.3]$。在构造模拟数据时，需要使用数组来构造对应的数据，具体实现如下：

```
01  import os
02  os.environ['TF_CPP_MIN_LOG_LEVEL'] = '2'
03  import tensorflow as tf
04  import matplotlib.pyplot as plt
05  from mpl_toolkits.mplot3d import Axes3D        #绘制三维图像
06  import numpy as np
07  learning_rate=0.5                              #学习率
08  training_epochs=1000                           #训练次数
09  np.set_printoptions(threshold='nan')           #打印内容不限长度
    #构造数据
10  x_data = np.float32(np.random.rand(2,100))     #以数组方式随机生成100个值
11  y_data = np.dot(np.float32([0.100, 0.200]), x_data) + 0.300   #生成y值
    #绘制三维散点图
12  fig = plt.figure()
13  ax = fig.add_subplot(111, projection='3d')     #创建三维的绘图工程
14  ax.scatter(x_data[0][:99],x_data[1][:99], y_data[:99], c='r')  #绘制数据点
15  ax.set_zlabel('Z')                             #坐标轴
16  ax.set_ylabel('Y')
17  ax.set_xlabel('X')
18  plt.show()
19  plt.close()
```

其中，第10行生成了一个2行100列的数组，数组中的元素为小于1的随机数。数组中每一列的两个数字就是对应的$x_1\ x_2$，一共100个数。

第11行使用矩阵乘法方式，由x值生成对应的y值。

运行这段代码，可以看到随机生成的训练数据，如图4.4所示。

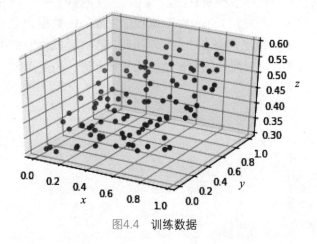

图4.4　训练数据

4.3.3 定义训练模型

完成训练数据的生成后,我们通过使用最小化均方误差来实现线性回归的训练模型,具体实现如下:

```
01  x = tf.placeholder(tf.float32,[None,None],name='x')              #占位符
02  y = tf.placeholder(tf.float32,[None,None],name='y')
03  W = tf.Variable(tf.random_uniform([1, 2], -1.0, 1.0))            #变量节点
04  b = tf.Variable(tf.zeros([1]))
05  y = tf.matmul(W, x_data) + b                                     #二元线性模型
06  loss = tf.reduce_mean(tf.square(y - y_data))                     #损失函数
07  optimizer = tf.train.GradientDescentOptimizer(learning_rate)
08  train = optimizer.minimize(loss)
09  init =tf.global_variables_initializer()                          # 初始化所有变量
```

4.3.4 进行数据训练

接下来进行正式的数据训练。总共训练1000次,每次的学习率为0.05。为了便于查看训练过程,每训练完20次,输出当前的训练次数、ω和b值,具体实现如下:

```
01  with tf.Session() as sess:
02      sess.run(init)                                               #变量初始化
03      for step in range(1,training_epochs):
04          sess.run(train)                                          #训练
05          preW= sess.run(W)
06          preb= sess.run(b)
07          if step % 20 == 0:
08              print (step,'\n',preW[0][0],preW[0][1],'\n',preb[0]) #输出训练值
09  sess.close()
```

4.3.5 运行总结

经过以上步骤后,可以看到训练过程中拟合值的变化情况。从图4.5中可以看出,随着训练的进行,拟合值与目标值不断靠近。

在本节中,我们再一次使用TensorFlow执行了生成训练数据、定义训练模型、进行数据训练和运行总结四个步骤,完成了二元线性回归。在二元线性回归中,最重要的是使用矩阵运算法则构建模型,多元线性回归也是在此基础上进行拓展而来的。

```
20
 0.066384204 0.3652406
 0.23973656
40
 0.10309147 0.23788247
 0.28049332
60
 0.10350467 0.20945708
 0.29369
80
 0.10158254 0.20255636
 0.2979596
100
 0.10059223 0.20073645
 0.29934034
120
 0.100205936 0.20022194
 0.29978675
140
 0.100069165 0.20006886
 0.29993108
```

图4.5　打印输出

4.4　逻辑回归

前面讲解了线性回归，解决的问题是如何通过一个连续方程来预测未来值。针对从给定数据中学习到的线性模型，逻辑回归用来判断以后的输入值与所比较对象间的"是"与"否"关系。

4.4.1　逻辑回归算法简介

对于判断是与否的问题，输出值 $y \in \{0,1\}$，输入值为线性回归产生的预测值 $z = \omega^T x + b$，从而形成将 z 转为 y 的函数关系：

$$y = \begin{cases} 0, & z < 0 \\ 0.5, & z = 0 \\ 1, & z > 0 \end{cases}$$

即预测值小于0，则判断为"否"；预测值大于0，则判断为"是"；预测值为临界值0，则可任意判断，函数图像如图4.6所示。

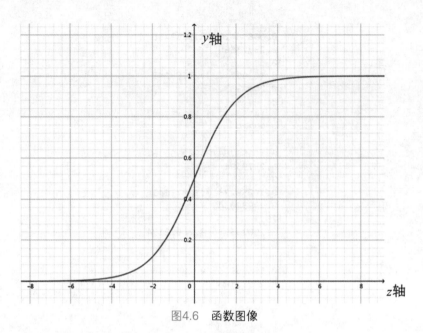

图4.6 函数图像

对于该函数关系，很自然地会想到一个替代函数：

$$y = \frac{1}{1+e^{-z}}$$

这就是我们常说的对数几率函数，也是一种sigmoid函数。

对于该函数，进行展开，计算z值：

$$\omega^T x + b = z = \ln(\frac{y}{1-y})$$

按照二项分布，值取1时概率为p，值取0时概率q=1-p。对该函数概率估计为：

$$p(y=1 \mid x) = \frac{e^{\omega^T x + b}}{1+e^{\omega^T x + b}}$$

$$p(y=0 \mid x) = \frac{1}{1+e^{\omega^T x + b}}$$

通过极大似然法估计ω和b的值，为了计算预测结果与真实结果的切合程度，计算出损失函数为：

$$loss = -\sum_{i=1}^{m}(y_i \log(ypred_i) + (1-y_i)\log(1-ypred_i))$$

理解了逻辑回归算法中最重要的回归模型和损失函数后，使用TensorFlow进行如下四步编程即可完成学习。

① 生成训练数据。
② 定义训练模型。
③ 进行数据训练。
④ 运行总结。

4.4.2 生成训练数据

我们假设平面中存在点$A(x1,x2)$，如果该点满足条件$x1×2+x2 \leq 2$，则认为是一个类型；满足条件$x1×x2+x2>2$的是另一个类型。

对于训练数据，我们同样通过模拟生成。假设在x轴的$(-1,1)$和y轴的$(0,2)$之间随机获取150个点。对于获取的每一个点，依据该点的x轴值$(x1)$和y轴值$(x2)$计算出$x1×2+x2$，然后根据值与2的关系，对该点进行类型标记。当计算值小于或等于2时，标记为0；大于2时，标记为1。对模拟的训练数据根据不同标记绘制不同颜色的点，具体实现如下：

```
01  import tensorflow as tf
02  import matplotlib.pyplot as plt
03  import numpy as np
04  #声明数据数组和标签
05  data=[]
06  label=[]
07  np.random.seed(0)
08  #随机产生训练集
09  for i in range(150):
10      x1=np.random.uniform(-1,1)
11      x2=np.random.uniform(0,2)
12      if x1*2+ x2<=2:
13          data.append([np.random.normal(x1,0.1),np.random.normal(x2,0.1)])
14          label.append(0)
15          plt.plot(data[i][0],data[i][1],'go')
16      else:
17          data.append([np.random.normal(x1,0.1),np.random.normal(x2,0.1)])
18          label.append(1)
19          plt.plot(data[i][0],data[i][1],'r*')
20  #绘制图形
21  data=np.hstack(data).reshape(-1,2)
22  label=np.hstack(label).reshape(-1,1)
23  plt.scatter(data[ :,0], data[ :, 1], c=label, cmap="RdBu", vmin=-.2, vmax=1.2, edgecolor="white")
24  plt.show()
```

运行上述代码，可以看到随机生成的训练数据，如图4.7所示。

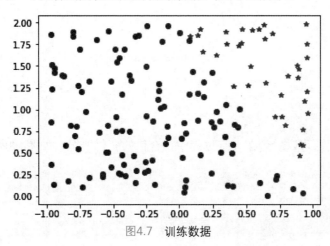

图4.7 训练数据

4.4.3 定义训练模型

我们已经知道逻辑回归模型预测值是对线性回归预测值求sigmoid函数，如下所示：

y = tf.sigmoid(tf.matmul(x, W) + b)

损失函数为预测值与真实值的切合程度，对其求平均值，实现如下：

cross_entropy = -tf.reduce_sum(y_ * tf.log(y) + (1-y_) * tf.log(1-y))/sample_size

在此基础上，完成整个训练模型的具体实现如下：

```
01  #定义变量
02  x=tf.placeholder(tf.float32,shape=(None,2))
03  y_=tf.placeholder(tf.float32,shape=(None,1))
04  W = tf.Variable(tf.zeros([2, 1]))
05  b = tf.Variable(tf.zeros([1]))
06  #逻辑回归模型
07  y = tf.sigmoid(tf.matmul(x, W) + b)
08  #计算损失值
09  sample_size=len(data)
10  cross_entropy = -tf.reduce_sum(y_ * tf.log(y) + (1-y_) * tf.log(1-y))/sample_size
11  #训练模型
12  learning_rate = 0.01    #学习率
13  cost_prev=0
14  train_step = tf.train.GradientDescentOptimizer(learning_rate).minimize(cross_entropy)
15  init = tf.global_variables_initializer()
```

4.4.4 进行数据训练

接下来进行正式的数据训练，获取最终的训练次数时的ω值和b值，具体实现如下：

```
01  sess = tf.Session()
02  sess.run(init)
03  for i in range(40001):
04      sess.run(train_step, feed_dict={x:data, y_:label})
05      train_cost=sess.run(cross_entropy, feed_dict={x:data, y_:label})
06      if np.abs(cost_prev-train_cost)<1e-6:
07          break
08      cost_prev=train_cost
09      if i % 2000==0:
10          print (i,sess.run([W,b,cross_entropy],{x:data, y_:label}))
11  #记录最终的ω值和b值
12  W_val=sess.run(W)
13  b_val=sess.run(b)
14  sess.close()
```

运行上述代码，可以看到在训练过程中拟合值的变化情况，如图4.8所示。

```
0 [array([[ 0.00174148],
       [-0.00151838]], dtype=float32), array([-0.00253333], dtype=float32), 0.69197392]
2000 [array([[ 1.88180876],
       [ 0.38590875]], dtype=float32), array([-1.47581887], dtype=float32), 0.32219344]
4000 [array([[ 2.64844394],
       [ 0.83563882]], dtype=float32), array([-2.23620462], dtype=float32), 0.25254235]
6000 [array([[ 3.12816238],
       [ 1.17445159]], dtype=float32), array([-2.81064558], dtype=float32), 0.21857308]
8000 [array([[ 3.487468  ],
       [ 1.44715154]], dtype=float32), array([-3.27408338], dtype=float32), 0.19758792]
10000 [array([[ 3.78187323],
       [ 1.67448699]], dtype=float32), array([-3.66306329], dtype=float32), 0.18307295]
12000 [array([[ 4.03545713],
       [ 1.86881757]], dtype=float32), array([-3.99857593], dtype=float32), 0.17232466]
14000 [array([[ 4.26054049],
       [ 2.03822899]], dtype=float32), array([-4.29388428], dtype=float32), 0.16398668]
16000 [array([[ 4.46425056],
       [ 2.18828297]], dtype=float32), array([-4.55791616], dtype=float32), 0.1572945]
18000 [array([[ 4.65109348],
       [ 2.32294559]], dtype=float32), array([-4.79694891], dtype=float32), 0.15178165]
20000 [array([[ 4.82413387],
       [ 2.44512153]], dtype=float32), array([-5.01555777], dtype=float32), 0.147146]
22000 [array([[ 4.98558855],
       [ 2.55699348]], dtype=float32), array([-5.21718073], dtype=float32), 0.14318244]
24000 [array([[ 5.13711691],
       [ 2.66023445]], dtype=float32), array([-5.40443754], dtype=float32), 0.13974674]
26000 [array([[ 5.28001976],
       [ 2.75613737]], dtype=float32), array([-5.57939911], dtype=float32), 0.13673414]
28000 [array([[ 5.41532373],
       [ 2.84574389]], dtype=float32), array([-5.74370718], dtype=float32), 0.13406654]
30000 [array([[ 5.54389906],
       [ 2.92988086]], dtype=float32), array([-5.89869642], dtype=float32), 0.13168426]
```

图4.8 拟合值的变化情况

4.4.5 运行总结

经过以上步骤后，我们完成了训练，为了更直观地看到最终的训练结果，绘制模拟的散点图和拟合的直线，具体实现如下：

```
01  #绘制直线和散点图
02  w1=W_val[0,0]
03  w2=W_val[1,0]
04  k=-w1/w2
05  b=-b_val/w2
06  xx=np.linspace(-1,1.2,100)
07  yy=k*xx+b
08  plt.plot(xx,yy)
09  for i in range(150):
10      if( label[i]==0):
11          plt.plot(data[i][0],data[i][1],'go')
12      else:
13          plt.plot(data[i][0],data[i][1],'r*')
14  plt.show()
```

运行上述代码，绘制拟合的直线和模拟的散点图，如图4.9所示。

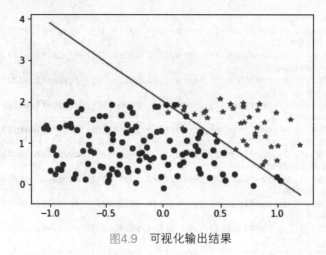

图4.9 可视化输出结果

在本节中,我们讲解了逻辑回归算法和具体实现,并对有不同标识的数据进行了有效分类。

4.5 本章小结

本章主要讲解了机器学习算法中最基础的两种线性模型:一种是用于预测的线性回归模型,另一种是用于分类的逻辑回归模型。本章通过讲解算法的基本原理以及实际使用TensorFlow进行机器学习的四大步骤,进行了实践。

第5章 支持向量机

前面介绍了机器学习中最基础的线性模型,并熟悉了使用TensorFlow完成机器学习训练的基本过程。接下来将讲解机器学习算法中经典的支持向量机。

5.1 支持向量机简介

支持向量机(Support Vector Machine)由Cortes和Vapnik首先提出,建立在统计学习理论的VC维理论和结构风险最小原理基础之上,根据有限的样本信息在模型的复杂性和学习能力之间寻求最佳折中,以期获得最好的使用能力。因此,支持向量机在解决小样本、非线性及高维模式识别中表现出许多特有的优势,并能够推广应用到函数拟合等其他机器学习问题中。

5.1.1 SVM基本型

支持向量机最基本的思想就是,在样本空间中找到线性可分的直线或超平面,将不同类别的样本分开。这样的直线有很多条,而支持向量机认为最佳的直线就是划分两类目标后有最大距离的直线。

在数学上,我们认为在样本空间中,对不同类别样本进行分开的直线或超平面可通过线性方程来描述:

$$y = \omega^T x + b$$

其中,$\omega = (\omega_1; \omega_2; ...; \omega_d)$。如图5.1所示,实线对"+"样本与"−"样本进行了分类。

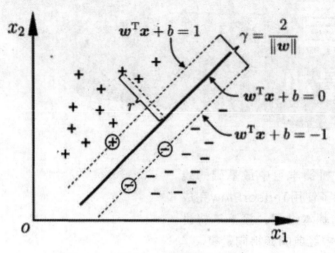

图5.1 支持向量与间隔[1]

样本空间中任意一点 x 到超平面的距离为：

$$r = \frac{|\omega^T x + b|}{||\omega||}$$

由于超平面对样本进行了正确分类，我们将分类的一类样本标识为"+1"，将另一类样本标识为"-1"。则 $y_i = +1$ 时，$\omega^T x + b > 0$；$y_i = -1$ 时，$\omega^T x + b < 0$。当超平面分别向两类样本平移时，距离超平面最近的几个训练样本点会使得如下等式成立：

$$\begin{cases} \omega^T x + b = +1, & y_i = +1 \\ \omega^T x + b = -1, & y_i = -1 \end{cases}$$

此时，将这几个训练样本点称为"支持向量"，而将两个异类支持向量到超平面的距离之和称为"间距"，值为：

$$\gamma = \frac{2}{||\omega||}$$

支持向量机的目的就是找到满足条件且具有最大间距的划分超平面。从公式中可以很明显地看出，为了最大化间距，需要最大化 $||\omega||^{-1}$，可以等价认为是最小化 $||\omega||^2$。

所以，我们对满足假设条件且最大化间距的超平面描述如下：

$$\begin{cases} \min_{\omega, b} \frac{1}{2} ||\omega||^2 \\ y_i(\omega^T x + b) \geq 1, i = 1,2,3,\ldots,m \end{cases}$$

这就是支持向量机的基本型。

---

[1] 请参考 https://en.wikipedia.org/wiki/Suppor_vector_machine。

5.1.2 SVM核函数简介

前面讨论的前提是原始样本空间是线性可分的,但在现实任务中,原始样本空间中并不一定存在能正确划分两类样本的超平面。对于这种非线性情况,SVM的处理方法是将数据映射到高维特征空间,然后在高维特征空间中构造出最优分离超平面,从而解决原始空间中线性不可分的问题。

在数学上,在线性可分的样本空间中,可以找到正确划分的超平面。而对于非线性情况,找到映射函数ϕ,使得样本空间数据映射到高维特征空间后也能找到线性的超平面,可表述为:

$$\begin{cases} \min\limits_{\omega, b} \dfrac{1}{2}\|\omega\|^2 \\ y_i(\omega^T \phi(x_i) + b) \geqslant 1, i = 1,2,3,\ldots,m \end{cases}$$

上述计算公式中未知量的个数取决于参数ω的维度,而ω的维度与变换后样本空间的维度相同,也就是说,求解复杂度与映射后样本的维数正相关。在把原始样本映射到高维特征空间时,可能存在将样本空间映射到无穷维的可能性,从而导致因维度过高而无法求解的情况。

为了解决这样的问题,在实际计算中使用了线性学习器的对偶优化以及数学计算的核技巧(kernel trick),从而降低计算的复杂度,甚至把不可能的计算变为可能。

非线性划分平面的对偶表达式为:

$$\begin{cases} \min(\sum\limits_{i=1}^{m}\sum\limits_{j=1}^{m} a_i a_j y_i y_j \phi(x_i)^T \phi(x_j) - \sum\limits_{i=1}^{n} a_i) \\ \sum\limits_{i=1}^{n} y_i a_i = 0 \end{cases}$$

由于核函数的一个重要性质就是,低维空间中向量的核函数计算结果等于向量在高维空间中的内积运算结果。

$$K(x_i, x_j) = <\phi(x_i) \cdot \phi(x_j)> = \phi(x_i)^T \phi(x_j)$$

也就是说,可以使用核函数直接在样本空间中计算内积。在非线性划分平面的对偶表达式中,可以使用$K(x_i, x_j)$代替$\phi(x_i)^T \phi(x_j)$,从而避免显式的特征变换。

同样,我们求解的平面也可使用核函数进行表述,从而避免显式的特征变换,表述方式为:

$$y = \omega^T \phi(x_i) + b = \sum\limits_{i=1}^{m} a_i y_i \; K(x_i, x) + b$$

总的来说,SVM核函数的目的就是解决将非线性样本空间映射到高维空间时的维灾难问题,也就是使用核函数实现特征从低维到高维的转换,但避免直接进行高维空间中的复杂计算。

常用的核函数包括线性核、多项式核、高斯核(RBF核)和sigmoid核等。

线性核是最简单的核函数,其表达式为:

$$K(x_i, x_j) = x_i^T x_j$$

多项式核是常用的核函数,其表达式为:

$$K(x_i, x_j) = (x_i^T x_j)^d$$

高斯核通常是首选,实践中往往能表现出良好的性能,其表达式为:

$$K(x_i, x_j) = \exp\left(-\frac{\|x_i - x_j\|^2}{2\sigma^2}\right)$$

sigmoid核函数让SVM实现了类似多层神经网络的效果,其表达式为:

$$K(x_i, x_j) = \tanh(\beta x_i^T x_j + \theta)$$

采用sigmoid核函数时,不仅使得SVM能够实现类似多层神经网络的计算效果,而且不会出现过学习现象,因为SVM的理论基础决定了最终求得的是全局最优值而不是局部最小值。

支持向量机主要用于解决分类问题,特别是非线性以及高维度的样本的分类问题。在接下来的章节中,将具体使用SVM算法来解决线性模型中的问题以及更高维度的分类问题。

5.2 拟合线性回归

在前一章中,我们使用TensorFlow,通过采用最小化均方误差的方法实现了对已知点的线性拟合。在本节中将使用SVM算法思想来完成线性回归拟合。

我们拟合的直线使SVM的最大间距能够尽可能多地包含已知点,且我们认为被包含的已知点的损失为0,损失函数可表示为:

$$\max(0, |y_i - (\omega^T x + b)| - \frac{\gamma}{2})$$

接下来,使用TensorFlow具体实现SVM的拟合线性回归。

5.2.1 生成训练数据

首先,模拟生成训练数据。我们构造满足$y=3x+5$关系的若干个点,并在构造过程中加入一些偏差噪声点,具体实现如下:

```
01  import os
02  os.environ['TF_CPP_MIN_LOG_LEVEL'] = '2'
```

```
03  import tensorflow as tf                               #用于模型训练
04  import matplotlib.pyplot as plt                       #用于绘制图形
05  import numpy as np                                    #用于科学计算
06  np.set_printoptions(threshold='nan')                  #打印内容不限长度
07  t_x = np.linspace(-1,1,50,dtype = np.float32)         #生成x
08  noise = np.random.normal(0 , 0.05 , t_x.shape)        #生成噪声点
09  t_y = t_x * 3.0+5.0+noise                             #生成y
10  plt.plot(t_x,t_y,'k.')                                #绘图
11  plt.show()
```

运行代码，可以看到随机产生的训练数据，如图5.2所示。

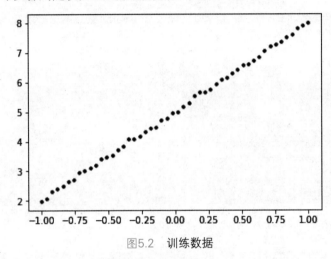

图5.2　训练数据

5.2.2　定义训练模型

完成训练数据的生成后，我们来实现线性回归的训练模型。在前一章的线性模型中，我们选择的损失函数是最小化均方误差；而在SVM模型中，选择的损失函数是间距最小值，具体实现如下。

```
01  x = tf.placeholder(tf.float32)                        #占位符
02  y = tf.placeholder(tf.float32)
03  a = tf.Variable(0.0)                                  #变量节点
04  b = tf.Variable(0.0)
05  curr_y = x * a + b                                    #线性模型
06  epsilon=tf.constant([0.25])                           #拟定间隔宽度
07  #损失函数
08  loss=tf.reduce_sum( tf.maximum(0.,tf.subtract( tf.abs(tf.subtract(curr_y,y)),epsilon)))
09  optimizer = tf.train.GradientDescentOptimizer(learning_rate)
10  train = optimizer.minimize(loss)                      #训练的结果是使损失函数最小
```

5.2.3　进行数据训练

接下来进行正式的数据训练。总共训练1000次，每次的学习率为0.001。为了便于查

看训练过程，每训练完成20次，就输出当前的训练次数、a、b以及损失值，最终绘制训练集的点和拟合的直线，具体实现如下：

```
01  learning_rate=0.001                              #学习率
02  training_epochs=1000                             #训练次数
03  sess = tf.Session()                              #创建 Session
04  sess.run(tf.global_variables_initializer())      #变量初始化
05  for i in range(training_epochs):
06      sess.run(train, {x:t_x, y:t_y})              #从训练集中开始训练
07      if i % 20==0:
08          print (i,sess.run([a,b,loss],{x:t_x, y:t_y}))
09  a_val=sess.run(a)
10  b_val=sess.run(b)
11  print("this model is y=",a_val," * x +",b_val)
12  sess.close()                                     #关闭
13  y_learned=t_x*a_val+b_val
14  plt.plot(t_x,t_y,'k.')                           #绘制点
15  plt.plot(t_x,y_learned,'g-')                     #绘制线
16  linewidth=sess.run(epsilon)                      #获取间距
17  plt.plot(t_x,y_learned+linewidth,'r--')
18  plt.plot(t_x,y_learned-linewidth,'r--')
19  plt.show()
20  plt.close()
```

5.2.4 运行总结

经过以上步骤，我们可以看到在训练过程中拟合值的变化情况如图5.3中的左图所示。已知点和拟合的线条绘制如图5.3中的右图所示。

```
0   [0.0, 0.050000001, 222.71872]
20  [0.0, 1.0500001, 172.71872]
40  [0.025061226, 2.0239997, 125.25589]
60  [0.16569388, 2.8609998, 89.145157]
80  [0.43497968, 3.5199993, 63.718941]
100 [0.78942859, 4.0299993, 44.387306]
120 [1.1972448, 4.3989992, 29.227699]
140 [1.6245914, 4.6629992, 16.604044]
160 [2.0260401, 4.868, 6.4377618]
180 [2.3225095, 4.9649987, 1.476216]
200 [2.4613671, 5.0129986, 0.23773324]
220 [2.5267131, 5.0029993, 0.00077986717]
240 [2.5285907, 5.0029993, 0.0]
260 [2.5285907, 5.0029993, 0.0]
280 [2.5285907, 5.0029993, 0.0]
300 [2.5285907, 5.0029993, 0.0]
320 [2.5285907, 5.0029993, 0.0]
340 [2.5285907, 5.0029993, 0.0]
360 [2.5285907, 5.0029993, 0.0]
380 [2.5285907, 5.0029993, 0.0]
400 [2.5285907, 5.0029993, 0.0]
```

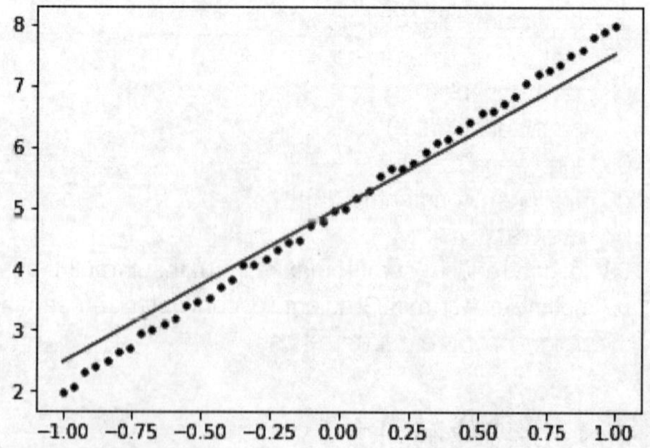

图5.3 拟合结果输出

从图5.3的右图中，我们可以直观地感受到拟合直线与已知点的误差较大。

在定义模型时,将拟定的间距宽度值调小,再次进行训练。训练对比结果如图5.4所示。

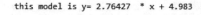

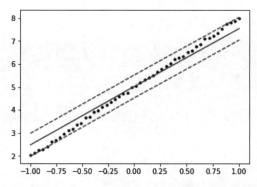 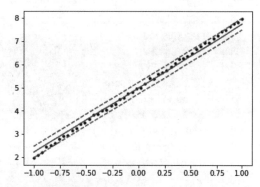

图5.4 调整间距宽度值后进行对比输出

可以很明显地看到,将间距宽度值调小之后拟合直线的误差更小。

5.3 拟合逻辑回归

SVM算法的提出主要是为了解决"是"与"否"这样的二值分类问题,这与我们前一章中讲解的逻辑回归算法一样都用于进行二值预测。在本节中,将使用SVM算法思想来完成线性条件下的分类。

我们知道支持向量机就是希望找到满足分类条件$y_i(\omega^T x + b) \geqslant 1$并且将间距$||\omega||^2$最大化的超平面,这样对于$n$个数据点的损失函数如下:

$$\frac{1}{n}\sum_{i=1}^{n}\max(0,1-y_i(\omega^T x + b)) + a||\omega||^2$$

数据点分割正确时,$y_i(\omega^T x + b)$总大于1,所以左项取的最大值会是0。这种情况下,损失函数只与间距的大小有关。同时,拟合的分类直线也允许存在误差点,该点跨越了分类直线。a值越大,模型就会倾向于尽量将样本分割开;a值越小,就会有更多的误差点存在。

接下来,我们使用TensorFlow具体实现SVM的逻辑分类。

5.3.1 生成训练数据

对于训练数据,我们通过模拟生成。随机获取150个点,如果所获取点的横纵轴的计算值$x1*2+x2$小于或等于1,则标记为0;如果该计算值大于1,则标记为1。对这些点进行随机噪声化,具体实现如下:

```
01  import tensorflow as tf
02  import matplotlib.pyplot as plt
03  import numpy as np
04  #声明数据数组和标签
05  data=[]
06  label=[]
07  np.random.seed(0)
08  ##随机产生训练集
09  for i in range(150):
10      x1=np.random.uniform(-1,1)
11      x2=np.random.uniform(0,2)
12      if x1*2+ x2<=1:
13          data.append([np.random.normal(x1,0.1),np.random.normal(x2,0.1)])
14          label.append(0)
15          plt.plot(x1,x2,'go')
16      else:
17          data.append([np.random.normal(x1,0.1),np.random.normal(x2,0.1)])
18          label.append(1)
19          plt.plot(x1,x2,'r*')
20  ##绘制图形
21  data=np.hstack(data).reshape(-1,2)
22  label=np.hstack(label).reshape(-1,1)
23  plt.show()
```

运行代码，可以看到随机产生的训练数据，如图5.5所示。

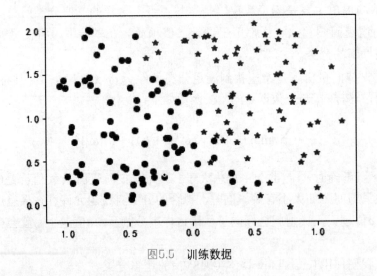

图5.5　训练数据

5.3.2　定义训练模型

前面介绍了算法中的损失函数，如下所示：

$$\frac{1}{n}\sum_{i=1}^{n}\max(0,1-y_i(\omega^T x+b))+a||\omega||^2$$

依据该函数,训练模型的具体实现如下:

```
01 #定义变量
02 x=tf.placeholder(tf.float32,shape=(None,2))
03 y_=tf.placeholder(tf.float32,shape=(None,1))
04 W = tf.Variable(tf.zeros([2, 1]))
05 b = tf.Variable(tf.zeros([1]))
06 #线性平面
07 y = (tf.matmul(x, W) + b)
08 #计算L2范数
09 l2_norm = tf.reduce_sum(tf.square(W))
10 #损失函数
11 alpha = tf.constant([0.1])
12 classification_term = tf.reduce_mean(tf.maximum(0., tf.subtract(1., tf.multiply(y, y_))))
13 cross_entropy = tf.add(classification_term, tf.multiply(alpha, l2_norm))
14 #优化器
15 learning_rate = 0.01    #学习率
16 cost_prev=0
17 train_step = tf.train.GradientDescentOptimizer(learning_rate).minimize(cross_entropy)
18 init = tf.global_variables_initializer()
```

5.3.3 进行数据训练

接下来进行正式的数据训练,获取最终的ω和b值,具体实现如下:

```
01 sess = tf.Session()
02 sess.run(init)
03 for i in range(4000):
04    sess.run(train_step, feed_dict={x:data, y_:label})
05    train_cost=sess.run(cross_entropy, feed_dict={x:data, y_:label})
06    loss_vec.append(train_cost)
07    if i % 200==0:
08       print (i,sess.run([W,b,cross_entropy],{x:data, y_:label}))
09    if np.abs(cost_prev-train_cost)<1e-6:
10       print ('the step:',i,sess.run([W,b,cross_entropy],{x:data, y_:label}))
11       break
12    else:
13       cost_prev=train_cost
14 #记录最终的ω、b值
15 W_val=sess.run(W)
16 b_val=sess.run(b)
17 sess.close()
```

运行上述代码,可以看到在训练过程中拟合值的变化情况,如图5.6所示。

```
0 [array([[ 0.00218556],
       [ 0.00571393]], dtype=float32), array([ 0.0046], dtype=float32), array([ 0.99414521], dtype=float32)]
200 [array([[ 0.21101537],
       [ 0.42050943]], dtype=float32), array([ 0.5544008], dtype=float32), array([ 0.5771203], dtype=float32)]
400 [array([[ 0.20731157],
       [ 0.32980821]], dtype=float32), array([ 0.71160084], dtype=float32), array([ 0.55983382], dtype=float32)]
600 [array([[ 0.17950094],
       [ 0.23625083]], dtype=float32), array([ 0.80026525], dtype=float32), array([ 0.55095559], dtype=float32)]
800 [array([[ 0.14766704],
       [ 0.16895162]], dtype=float32), array([ 0.86692709], dtype=float32), array([ 0.54592812], dtype=float32)]
1000 [array([[ 0.11682301],
       [ 0.12141257]], dtype=float32), array([ 0.91679257], dtype=float32), array([ 0.54303926], dtype=float32)]
1200 [array([[ 0.08591554],
       [ 0.08741403]], dtype=float32), array([ 0.94512248], dtype=float32), array([ 0.54153496], dtype=float32)]
1400 [array([[ 0.0623391 ],
       [ 0.06149883]], dtype=float32), array([ 0.96118468], dtype=float32), array([ 0.54078603], dtype=float32)]
1600 [array([[ 0.04599848],
       [ 0.043007  ]], dtype=float32), array([ 0.97391254], dtype=float32), array([ 0.54039657], dtype=float32)]
the step: 1664 [array([[ 0.04148404],
       [ 0.038268  ]], dtype=float32), array([ 0.97657806], dtype=float32), array([ 0.54031855], dtype=float32)]
```

图5.6 拟合值的变化情况

5.3.4 运行总结

经过以上步骤后，我们完成了训练。为了更直观地看到最终的训练结果，绘制模拟的散点图和拟合的直线，具体实现如下。

```
01  #绘制直线和散点图
02  w1=W_val[0,0]
03  w2=W_val[1,0]
04  k=-w1/w2
05  b=b_val
06  xx=np.linspace(-1,1.2,100)
07  yy=k*xx+b
08  plt.plot(xx,yy)
09  for i in range(150):
10      if( label[i]==0):
11          plt.plot(data[i][0],data[i][1],'go')
12      else:
13          plt.plot(data[i][0],data[i][1],'r*')
14  plt.show()
```

运行上述代码，绘制拟合的直线和模拟的散点图，如图5.7所示。

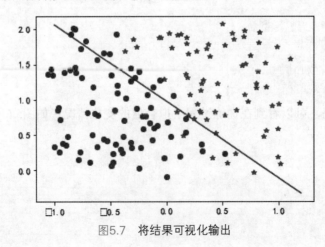

图5.7 将结果可视化输出

SVM算法和第4章中的逻辑回归算法虽然都进行二值预测,但逻辑回归算法试图找到回归直线来最大化概率,SVM算法试图最小化误差并最大化它们之间的间隔。一般来说,如果一个问题的训练集中有大量特征,建议使用逻辑回归;而如果训练集的数据量更大或者数据集是非线性可分的,建议使用带核函数的SVM算法。

5.4 非线性二值分类

在前面的章节中,我们使用SVM方式对线性可分的情况进行了处理。在本节中,将通过高斯核函数对鸢尾花数据集这样的非线性数据进行分类,以区分是否是山鸢尾。

5.4.1 生成训练数据

iris也称鸢尾花数据集,是常用的分类实验数据集。该数据集包括花萼长度、花萼宽度、花瓣长度和花瓣宽度四个属性,以及用于标识鸢尾花属于Setosa(山鸢尾)、Versicolour(杂色鸢尾)和Virginica(维吉尼亚鸢尾)三个种类中哪一类的标签。

scikit learn的datasets模块中包括对该数据集的加载使用,一共有150组数据。data中保存了属性信息,分别是花萼长度、花萼宽度、花瓣长度和花瓣宽度。target中保存了类型标签,分别用0、1、2代表Setosa、Versicolour、Virginica三种类型的花。鸢尾花数据集如图5.8所示。

	data - NumPy array				target - NumPy array
	0	1	2	3	0
0	5.1	3.5	1.4	0.2	0
1	4.9	3	1.4	0.2	0
2	4.7	3.2	1.3	0.2	0
3	4.6	3.1	1.5	0.2	0
4	5	3.6	1.4	0.2	0
5	5.4	3.9	1.7	0.4	0
6	4.6	3.4	1.4	0.3	0
7	5	3.4	1.5	0.2	0
8	4.4	2.9	1.4	0.2	0
9	4.9	3.1	1.5	0.1	0
10	5.4	3.7	1.5	0.2	0
11	4.8	3.4	1.6	0.2	0

图5.8 鸢尾花数据集

作为二值分类,我们使用该数据集中的花萼长度和花萼宽度作为特征,将是否为山鸢尾作为数据的标签。对原始鸢尾花数据集提取两个特征值并对标签进行处理,具体实现如下。

```
01  import matplotlib.pyplot as plt
02  import numpy as np
03  import TensorFlow as tf
04  from sklearn import datasets                          #引入鸢尾花数据集
05  from TensorFlow.python.framework import ops
06  ops.reset_default_graph()
07  from pylab import mpl
08  mpl.rcParams['font.sans-serif'] = ['SimHei']
09  #加载iris数据集,将花萼长度和花萼宽度两个特征存入x_vals,将标签存入y_vals
10  iris = datasets.load_iris()
11  x_vals = np.array([[x[0], x[1]] for x in iris.data])
12  y_vals = np.array([1 if y==0 else -1 for y in iris.target])
13  #将数据按照是否为山鸢尾分为两类,便于后期绘图
14  class1_x = [x[0] for i,x in enumerate(x_vals) if y_vals[i]==1]
15  class1_y = [x[1] for i,x in enumerate(x_vals) if y_vals[i]==1]
16  class2_x = [x[0] for i,x in enumerate(x_vals) if y_vals[i]==-1]
17  class2_y = [x[1] for i,x in enumerate(x_vals) if y_vals[i]==-1]
```

5.4.2 定义训练模型

本节使用高斯核函数SVM来完成非线性分类,高斯核函数的表达式为:

$$K(x_i, x_j) = \exp\left(-\frac{\|x_i - x_j\|^2}{2\sigma^2}\right)$$

而相应的损失函数使用对偶优化,其表达式为:

$$\max \sum_{i=1}^{n} b_i - \frac{1}{2} \sum_{i=1}^{n} \sum_{j=1}^{n} y_i b_i (x_i \cdot x_j) y_j b_j$$

其中:

$$\sum_{i=1}^{n} b_i y_i = 0 \quad \text{且} \quad 0 \leq b_i \leq \frac{1}{2ny}$$

依据高斯核函数以及损失函数,定义训练模型的具体实现如下:

```
01  batch_size = 100
02  x_data = tf.placeholder(shape=[None, 2], dtype=tf.float32)
03  y_target = tf.placeholder(shape=[None, 1], dtype=tf.float32)
04  prediction_grid = tf.placeholder(shape=[None, 2], dtype=tf.float32)
05  b = tf.Variable(tf.random_normal(shape=[1,batch_size]))
06  #高斯核函数只依赖x_data
07  gamma = tf.constant(-10.0)
08  dist = tf.reduce_sum(tf.square(x_data), 1)
09  dist = tf.reshape(dist, [-1,1])
10  sq_dists = tf.multiply(2., tf.matmul(x_data, tf.transpose(x_data)))
11  my_kernel = tf.exp(tf.multiply(gamma, tf.abs(sq_dists)))         #高斯核函数
12  # 损失函数,分别计算前后两部分
```

```
13 model_output=tf.matmul(b,my_kernel)
14 first_term=tf.reduce_sum(b)
15 b_vec_corss=tf.matmul(tf.transpose(b),b)
16 y_target_cross=tf.matmul(y_target,tf.transpose(y_target))
17 second_term=tf.reduce_sum(tf.multiply(my_kernel,tf.multiply(b_vec_corss,y_target_cross)))
18 #损失函数被最小化,对计算公式取负数
19 loss=tf.negative(tf.subtract(first_term,second_term))
20 my_opt = tf.train.GradientDescentOptimizer(0.01)
21 train_step = my_opt.minimize(loss)
```

5.4.3 进行数据训练

为了能够直观地看到训练结果,需要记录每次迭代的损失向量、准备度以及最终使用模型进行训练的预测标签值。预测函数用于计算根据模型计算输出的标签值,用于后期绘制图形。预测核函数与前面的类似,只是使用预测数据点的标签值代替了真实数据点的标签值,具体实现如下。

```
01 #预测核函数
02 rA = tf.reshape(tf.reduce_sum(tf.square(x_data), 1),[-1,1])
03 rB = tf.reshape(tf.reduce_sum(tf.square(prediction_grid), 1),[-1,1])
04 pred_sq_dist = tf.add(tf.subtract(rA, tf.multiply(2., tf.matmul(x_data,
    tf.transpose(prediction_grid)))), tf.transpose(rB))
05 pred_kernel = tf.exp(tf.multiply(gamma, tf.abs(pred_sq_dist)))
06 # 实现预测核函数后,创建预测函数
07 prediction_output = tf.matmul(tf.multiply(tf.transpose( y_target),b), pred_kernel)
08 prediction = tf.sign(prediction_output-tf.reduce_mean(prediction_output))
09 accuracy = tf.reduce_mean(tf.cast(tf.equal(tf.squeeze(prediction),
    tf.squeeze(y_target)), tf.float32))
10 init = tf.global_variables_initializer()
11 sess.run(init)
12 for i in range(300):
13     rand_index = np.random.choice(len(x_vals), size=batch_size)
14     rand_x = x_vals[rand_index]
15     rand_y = np.transpose([y_vals[rand_index]])
16     sess.run(train_step, feed_dict={x_data: rand_x, y_target: rand_y})
17     temp_loss = sess.run(loss, feed_dict={x_data: rand_x, y_target: rand_y})
18     if (i+1)%20==0:
19         print('the step:',i,str(temp_loss))
```

运行上述代码,可以看到在训练过程中损失值的变化情况。

5.4.4 运行总结

经过以上步骤后,我们完成了训练。为了更直观地看到最终的训练结果,绘制真实的数据点图,并依据模型的预测结果实现颜色标识,具体实现如下。

```
01  #依据真实数据集，标记绘图范围
02  x_min, x_max = x_vals[:, 0].min() - 1, x_vals[:, 0].max() + 1
03  y_min, y_max = x_vals[:, 1].min() - 1, x_vals[:, 1].max() + 1
04  xx, yy = np.meshgrid(np.arange(x_min, x_max, 0.02),
         np.arange(y_min, y_max, 0.02))
05  #获取模型预测结果标识
06  grid_points = np.c_[xx.ravel(), yy.ravel()]
07  grid_predictions = sess.run(prediction,
         feed_dict={x_data: rand_x, y_target: rand_y,prediction_grid: grid_points})
08  grid_predictions = grid_predictions.reshape(xx.shape)
09  #绘制图形
10  plt.contourf(xx, yy, grid_predictions, cmap=plt.cm.Paired, alpha=0.8)
11  plt.plot(class1_x, class1_y, 'ro')
12  plt.plot(class2_x, class2_y, 'kx')
13  plt.title('SVM鸢尾花二分类')
14  plt.ylim([1, 5.0])
15  plt.xlim([3.5, 8.5])
16  plt.show()
```

运行上述代码可以直观地看到结果，如图5.9所示。图5.9中的点为山鸢尾，×为非山鸢尾。使用模型进行预测后，用不同颜色对结果进行展示，从而实现非线性划分。

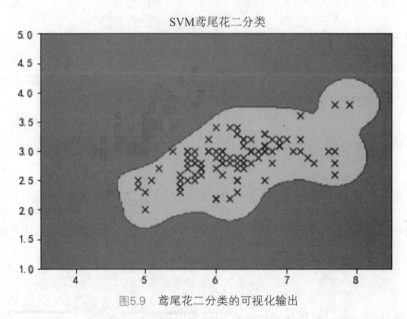

图5.9　鸢尾花二分类的可视化输出

同时，也可以很明显地看出划分边界连续，且弯曲程度较平滑。数据集的分割弯曲部分受高斯核中的gamma值直接影响。如果将训练过程中定义的值由10调整为100，则训练结果如图5.10所示。

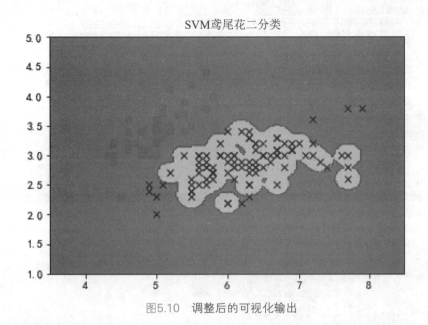

图5.10 调整后的可视化输出

5.5 非线性多类分类

在5.4节中,我们通过高斯核函数来区别鸢尾花数据集中的山鸢尾。但我们知道鸢尾花数据集中标识了三种不同类型的鸢尾花。在本节中就使用SVM算法来实现多种类型的分类。

SVM算法最初被设计为一种二值分类器,可以使用一些方法使其能够实现多类分类。主要有两种方法,分别是"一对一"方法和"一对多"方法。

"一对一"方法指的是在任意两类样本之间创建一个二值分类器。预测类别时,正确率最高的类别便是该位置样本的预测类别。如果类别为k,就必须创建k!/(k−2)!2!个分类器,当k值变大时,计算代价也变大。

"一对多"方法指的是为每一类样本创建一个分类器。最终的预测类别是具有最大SVM间隔的类别。

在本节中将使用"一对多"方法对鸢尾花数据集中的三种鸢尾花进行区别。

5.5.1 生成训练数据

对于鸢尾花数据集,因为被分为三类,所以使用"一对多"方法时需要创建三个分类器。我们采用花萼长度和花萼宽度作为两个特征,另外需要创建三个标签值,分别标识是否为山鸢尾、是否为杂色鸢尾以及是否为维吉尼亚鸢尾,具体实现如下。

```
01  import matplotlib.pyplot as plt
02  import numpy as np
```

```
03  import tensorflow as tf
04  from sklearn import datasets                          #引入鸢尾花数据集
05  from TensorFlow.python.framework import ops
06  ops.reset_default_graph()
07  from pylab import mpl
08  mpl.rcParams['font.sans-serif'] = ['SimHei']          #引入绘图显示中文
09  #加载iris数据集,将花萼长度和花萼宽度两个特征存入x_vals
10  iris = datasets.load_iris()
11  x_vals = np.array([[x[0], x[1]] for x in iris.data])
12  #对三个分类器的标签值进行保存,并以此构建y_vals矩阵
13  y_vals1 = np.array([1 if y==0 else -1 for y in iris.target])
14  y_vals2 = np.array([1 if y==1 else -1 for y in iris.target])
15  y_vals3 = np.array([1 if y==2 else -1 for y in iris.target])
16  y_vals = np.array([y_vals1, y_vals2, y_vals3])
17  #将数据按照鸢尾花类型分为三类,便于后期绘图
18  class1_x = [x[0] for i,x in enumerate(x_vals) if iris.target[i]==0]
19  class1_y = [x[1] for i,x in enumerate(x_vals) if iris.target[i]==0]
20  class2_x = [x[0] for i,x in enumerate(x_vals) if iris.target[i]==1]
21  class2_y = [x[1] for i,x in enumerate(x_vals) if iris.target[i]==1]
22  class3_x = [x[0] for i,x in enumerate(x_vals) if iris.target[i]==2]
23  class3_y = [x[1] for i,x in enumerate(x_vals) if iris.target[i]==2]
```

5.5.2 定义训练模型

使用高斯核函数SVM来完成训练模型的定义,具体实现如下。

```
01  batch_size = 50
02  x_data = tf.placeholder(shape=[None, 2], dtype=tf.float32)
03  y_target = tf.placeholder(shape=[3, None], dtype=tf.float32)
04  prediction_grid = tf.placeholder(shape=[None, 2], dtype=tf.float32)
05  b = tf.Variable(tf.random_normal(shape=[3,batch_size]))
06  # 高斯核函数只依赖x_data
07  gamma = tf.constant(-50.0)
08  dist = tf.reduce_sum(tf.square(x_data), 1)
09  dist = tf.reshape(dist, [-1,1])
10  sq_dists = tf.multiply(2., tf.matmul(x_data, tf.transpose(x_data)))
11  my_kernel = tf.exp(tf.multiply(gamma, tf.abs(sq_dists)))          #高斯核
12  #批量矩阵运算处理
13  def reshape_matmul(mat):
14      v1 = tf.expand_dims(mat, 1)
15      v2 = tf.reshape(v1, [3, batch_size, 1])
16      return(tf.matmul(v2, v1))
17  #损失函数
18  first_term = tf.reduce_sum(b)
19  b_vec_cross = tf.matmul(tf.transpose(b), b)
20  y_target_cross = reshape_matmul(y_target)
21  second_term = tf.reduce_sum(tf.multiply(my_kernel, tf.multiply(b_vec_cross,
    y_target_cross)),[1,2])
22  loss = tf.reduce_sum(tf.negative(tf.subtract(first_term, second_term)))
```

5.5.3 进行数据训练

我们使用"一对多"方法实现对鸢尾花数据集中三种鸢尾花的区分,在使用模型进行预测时,由于类别的判断是根据具有最大SVM间隔的类别进行的,因此使用argmax()来实现该功能。在训练过程中,对每次迭代的损失向量、准备度以及最终使用模型进行训练的预测标签值等信息进行保存,具体实现如下。

```
01  #创建预测核函数
02  rA = tf.reshape(tf.reduce_sum(tf.square(x_data), 1),[-1,1])
03  rB = tf.reshape(tf.reduce_sum(tf.square(prediction_grid), 1),[-1,1])
04  pred_sq_dist = tf.add(tf.subtract(rA, tf.multiply(2., tf.matmul(x_data,
    tf.transpose(prediction_grid)))), tf.transpose(rB))
05  pred_kernel = tf.exp(tf.multiply(gamma, tf.abs(pred_sq_dist)))
06  #创建预测函数
07  prediction_output = tf.matmul(tf.multiply(y_target,b), pred_kernel)
08  prediction = tf.arg_max(prediction_output-
    tf.expand_dims(tf.reduce_mean(prediction_output,1), 1), 0)
09  accuracy = tf.reduce_mean(tf.cast(tf.equal(prediction, tf.argmax(y_target,0)), tf.float32))
10  my_opt = tf.train.GradientDescentOptimizer(0.01)
11  train_step = my_opt.minimize(loss)
12  init = tf.global_variables_initializer()
13  sess.run(init)
14  loss_vec = []
15  batch_accuracy = []
16  for i in range(300):
17      rand_index = np.random.choice(len(x_vals), size=batch_size)
18      rand_x = x_vals[rand_index]
19      rand_y = y_vals[:,rand_index]
20      sess.run(train_step, feed_dict={x_data: rand_x, y_target: rand_y})
21      temp_loss = sess.run(loss, feed_dict={x_data: rand_x, y_target: rand_y})
22      if (i+1)%20==0:
23          print('the step:',i,str(temp_loss))
```

运行上述代码,可以看到在训练过程中损失值的变化情况,如图5.11所示。

```
the step: 19 -294.632
the step: 39 -564.632
the step: 59 -834.632
the step: 79 -1104.63
the step: 99 -1374.63
the step: 119 -1644.63
the step: 139 -1914.63
the step: 159 -2184.63
the step: 179 -2454.64
the step: 199 -2724.64
the step: 219 -2994.64
the step: 239 -3264.64
the step: 259 -3534.64
the step: 279 -3804.64
the step: 299 -4074.64
```

图5.11 损失值的变化情况

5.5.4 运行总结

经过以上步骤后，我们完成了训练。为了更直观地看到最终的训练结果，需要绘制真实的数据点图，并依据模型的预测结果实现颜色标识，具体实现如下。

```
01  # 创建数据点的预测网格，运行预测函数
02  x_min, x_max = x_vals[:, 0].min() - 1, x_vals[:, 0].max() + 1
03  y_min, y_max = x_vals[:, 1].min() - 1, x_vals[:, 1].max() + 1
04  xx, yy = np.meshgrid(np.arange(x_min, x_max, 0.02), np.arange(y_min, y_max, 0.02))
05  grid_points = np.c_[xx.ravel(), yy.ravel()]
06  grid_predictions = sess.run(prediction, feed_dict={x_data: rand_x, y_target: rand_y,
                       prediction_grid: grid_points})
07  grid_predictions = grid_predictions.reshape(xx.shape)
08  plt.contourf(xx, yy, grid_predictions, cmap=plt.cm.Paired, alpha=0.8)
09  plt.plot(class1_x, class1_y, 'ro', label='I. setosa')
10  plt.plot(class2_x, class2_y, 'kx', label='I. versicolor')
11  plt.plot(class3_x, class3_y, 'gv', label='I. virginica')
12  plt.title('SVM实现鸢尾花分类')
13  plt.legend(loc='lower right')
14  plt.ylim([-0.5, 3.0])
15  plt.xlim([3.5, 8.5])
16  plt.show()
```

运行上述代码，可以直观地看到结果，如图5.12所示。

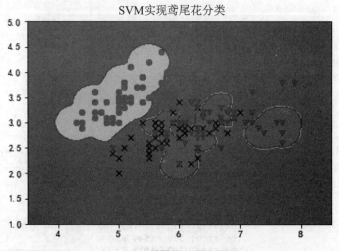

图5.12 鸢尾花分类的可视化

在本节中，我们实现了将鸢尾花数据集一次性划分为三类的分类计算。

可以看出，所选取的特征是花萼长度和花萼宽度，在进行是否为山鸢尾的二值分类时，通过它们能够很好地区别出山鸢尾。但在对山鸢尾、杂色鸢尾、维吉尼亚鸢尾三种分类进行区别时，选择的特征已经出现了大量的数据交叉，很难进行有效的分类。在对鸢尾花数据集进行分类时，可以考虑将花萼和花瓣的属性作为特征进行分类，这会取得不错的效果。

5.6 本章小结

本章主要讲解了TensorFlow中支持向量机的用法、基本原理及核函数。另外，还讲解了使用SVM完成线性回归拟合和逻辑回归分类。对于非线性数据的二值分类和多类分类，介绍了一些具体应用。

第6章 神经网络

神经网络是TensorFlow最擅长的机器学习领域，也是当前机器学习应用中最流行的算法。在本章中，我们将详细介绍神经网络的原理以及基础神经网络、卷积神经网络和循环神经网络等常用的神经网络算法。

6.1 神经网络简介

人工神经网络(Artificial Neural Network，ANN)是指从信息处理的角度对人脑神经元系统进行模拟，建立处理模型。因此，神经网络模型是一种信息处理模型，由大量的神经元节点相互连接而成，如图6.1所示。

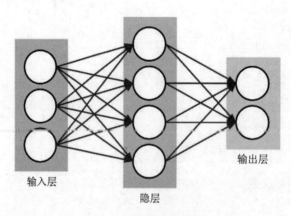

图6.1 神经网络模型

图6.1中的每个圆圈都是一个神经元，每条线表示神经元之间的连接。其中，神经元可以被分成多层，层与层之间的神经元有连接，而层内之间的神经元没有连接。最左边的

层称为输入层,该层负责接收输入数据;最右边的层称为输出层,可以从该层获取神经网络的输出数据。输入层和输出层之间的层称为隐层,用于进行具体的运算处理。

6.1.1 神经元模型

1943年,Warren McCulloch和Walter Pitts提出了MP神经元模型,该模型一直沿用至今,如图6.2所示。

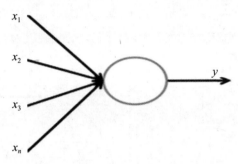

图6.2　MP神经元模型

在神经元模型中,神经元接收来自n个其他神经元传递过来的输入信息$(x_1,x_2,x_3,\cdots,x_n)$,这些信息通过带有权值的连接线$(w_1,w_2,w_3,\cdots,w_n)$进行传递,将神经元接收到的总输入值与神经元的阀值进行比较,然后通过"激活函数"(activation function)处理,从而产生神经元的输出y。

在数学上,我们可以对该过程进行如下描述:

$$y=f(x_1w_1+x_2w_2+x_3w_3+\cdots+x_nw_m+w_b)$$

其中,w_b为该节点的偏置项。对于该过程,我们采用矩阵方式来表示。如果输入矩阵为:

$$\vec{x}=\begin{bmatrix} x_1 & x_2 & x_3 & \cdots & x_n \end{bmatrix}$$

权重向量为:

$$\vec{w}=\begin{bmatrix} w_1 \\ w_2 \\ w_3 \\ \cdots \\ w_n \end{bmatrix}$$

偏置项向量为:

$$\bm{b}=[w_{1b} \quad w_{2b} \quad w_{3b} \quad w_{nb}]$$

则对应节点的输出值就可以表示为:

$$y=f((\vec{x}\cdot\vec{w})+\bm{b})$$

对于激活函数，它将输入值映射为输出值"0"或"1"，分别对应于神经元抑制和神经元兴奋。常见的激活函数多是分段线性函数和具有指数形状的非线性函数，主要包括sigmoid函数、tanh函数和relu函数。

1. sigmoid函数

sigmoid函数是曾经使用范围最广的一类激活函数，具有指数函数形状，其表达式如下：

$$y = \frac{1}{1+e^{-x}}$$

其图像如图6.3所示。

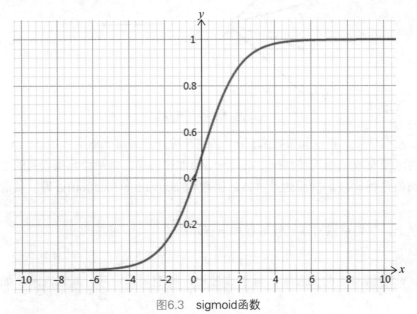

图6.3　sigmoid函数

sigmoid函数从物理意义上最接近生物神经元，可以把它当成神经元的放电率，在中间斜率比较大的地方是神经元的敏感区，在两边斜率很平缓的地方是神经元的抑制区。它的输出映射区间为(0,1)，单调连续、易于求导，在计算分类的概率时非常有用。

但是sigmoid函数也存在一定的缺陷：第一，在神经网络反向传播的过程中，我们需要通过微分的链式法则来计算各个权重的微分。但是反向传播经过激活函数sigmoid时，如果输入值很大或很小，权重的微分就会很小，最后会导致权重对损失函数几乎没有影响，这样不利于权重的优化，从而导致梯度饱和问题；第二，函数输出不是以0为中心的，这样会使权重更新效率降低；第三，sigmoid函数要进行指数运算，而该运算对于计算机来说比较慢。

2. tanh函数

tanh函数即双曲正切函数，其表达式如下：

$$y = \frac{1-e^{-2x}}{1+e^{-2x}}$$

其图像如图6.4所示。

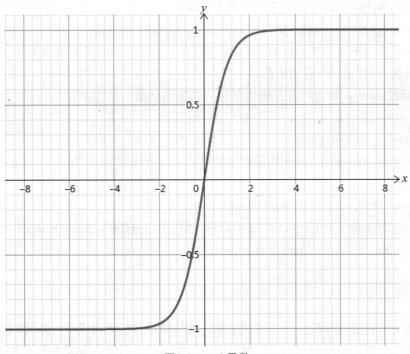

图6.4 tanh函数

可以看出，tanh函数的形态与sigmoid函数的形态比较相近，但它是以0为中心的。因此，它有效地解决了收敛速度问题。同sigmoid函数一样，tanh函数在输入值很大或是很小时，梯度也很小，会导致梯度饱和问题。

3. relu函数

relu函数即修正线性函数，是目前最受欢迎的激活函数，其表达式如下：

$$y = \max(0, x)$$

其图像如图6.5所示。

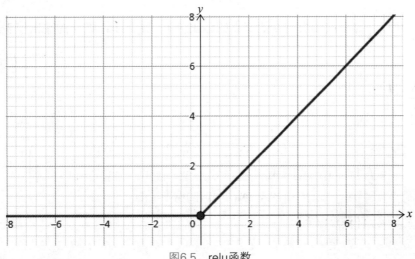

图6.5 relu函数

可以很明显地看出，当输入为正数时，不存在梯度饱和问题；而且relu函数只有线性关系，计算速度比sigmoid和tanh函数都要快很多。

当然，relu函数也有缺陷：第一，当输入值为负数时，relu函数是完全不被激活的，这会导致对应的权重无法更新，称为"神经元死亡"。第二，relu函数的输出要么是0，要么是正数，同样是不以0为中心的函数。

在TensorFlow中，针对神经元提供了对应的激活函数，具体如下：

- tf.sigmoid(x, name=None)
- tf.tanh(x, name=None)
- tf.nn.relu(features, name=None)
- tf.nn.relu6(features, name=None)
- tf.nn.softplus(features, name=None)
- tf.nn.dropout(x, keep_prob, noise_shape=None, seed=None, name=None)
- tf.nn.bias_add(value, bias, name=None)

6.1.2 神经网络层

对神经元节点进行有机结合并相互连接，就构成了神经网络模型，如图6.1所示。

假如输入数据的维度和输入层神经元的个数相同，并且输入向量的元素与输入层的节点一一对应，则可以通过运算获得隐层中每个节点的输出值。同理，可以计算得到输出层每个节点的输出值，从而获得输出层的输出向量。同时，输出向量的维度也和输出层神经元的个数相同。

如图6.1所示，在输入层有三个节点。我们使用数学方式来描述整个计算过程。假设为输入层的三个节点分别输入 x_1、x_2、x_3。隐层中第一个节点的权重值分别为 w_{41}、w_{42}、w_{43}。隐层中节点的激活函数为 $f(x)$，则根据神经元模型可以得出隐层的第一个节点的输出值：

$$A_4 = f(\vec{x} \cdot \vec{w}) + b)$$

同理，可以计算出该隐层的其他节点的输出值 A_5、A_6、A_7，隐层的输出值表达式为：

$$\vec{A} = \begin{bmatrix} A_4 \\ A_5 \\ A_6 \\ A_7 \end{bmatrix}$$

$$= f\left(\begin{bmatrix} x_1 & x_2 & x_3 \end{bmatrix} \cdot \begin{bmatrix} w_{41} & w_{51} & w_{61} & w_{71} \\ w_{42} & w_{52} & w_{62} & w_{72} \\ w_{43} & w_{53} & w_{63} & w_{73} \end{bmatrix} + \begin{bmatrix} w_{4b} & w_{5b} & w_{6b} & w_{7b} \end{bmatrix} \right)$$

$$= f((\vec{x} \cdot \vec{w}) + \vec{b})$$

输出层的结果为：

$$\vec{y} = f\left((\vec{x} \cdot \vec{w}) + \vec{b}\right)$$

在神经网络中进行训练的过程中，就是采取以上方式对样本进行计算。对于训练样本数据集(x,y)，通过输入值x进行计算产生输出层的预测值pre_Y。然后根据pre_Y与实际值y之间的误差，进行权重调整。

对于权重调整，在神经网络中采用误差逆传播(error Back Propagation，BP)算法进行更新调整，如图6.6所示。

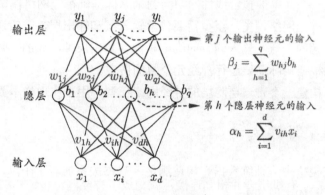

图6.6　BP算法[1]

如图6.6所示，BP算法的核心思路可以分为如下步骤：

① 将每个训练样本提供给输入层，然后通过逐层计算，直到产生输出层的预测值pre_Y。

② 计算输出层的预测值pre_Y与真实值y之间的误差，将误差逆向传播至神经网络的神经元中。

③ 根据误差调整神经元之间的权重和偏差。

④ 在调整后的神经网络中对训练样本进行计算和误差调整，不断进行循环迭代，直到满足停止条件。

在BP算法中，重要的是对损失函数的选择。对于分类问题，最常用的损失函数就是softmax交叉熵损失(softamx cross entropy loss)函数。TensorFlow中也提供了对应的方法：

tf.nn.softmax_cross_entropy_with_logits(logits, labels, name=None)

其中，第一个参数logits就是神经网络中最后一层的输出向量，而且此时的logits未经处理。该方法会对logits使用softmax操作。输出向量的大小为num_classes，如果使用了batch，则大小就是[batchsize，num_classes]。

第二个参数labels就是数据实际的标签值。

需要注意的是，该损失函数的返回值是一个向量而不是一个数。在求损失值时，一般还需要使用tf.reduce_mean操作，对返回值向量求均值。

以上介绍的就是最基础的神经网络模型，在此基础上，还有卷积神经网络和循环神经网络等。神经网络模型可以用于解决回归问题，也可以用于解决分类问题，在自然语言处

1　请参考http://galaxy.agh.edu.pl/~vlsi/AI/backpten/backprop.html。

理、图形图像处理等方面都有突出表现。在接下来的章节中，我们将详细讲解常用的神经网络算法。

6.2 拟合线性回归问题

神经网络模型的应用范围十分广泛，能够解决分类问题，也可以解决回归问题。在本节中，我们将通过一个简单的拟合线性回归问题来掌握基础神经网络模型的构建。

对于最基础的神经网络模型，至少需要包含输入层和输出层，一般还需要若干隐层。其中，输入层神经元的个数与输入向量的维度相同，输出层神经元的个数与输出向量的维度相同，而隐层则根据实际需要进行神经元个数的假定。

在本节中，将构建一个带一层隐层的神经网络模型，用来实现样本数据的线性拟合。

6.2.1 生成训练数据

首先，我们来模拟生成训练数据。构造满足 $y=3x+5$ 关系的若干个点，并在构造过程中加入偏差噪声点，具体实现如下。

```
01  import os
02  os.environ['TF_CPP_MIN_LOG_LEVEL'] = '2'
03  import TensorFlow as tf                         #用于模型训练
04  import matplotlib.pyplot as plt                 #用于绘制图形
05  import numpy as np                              #用于科学计算
06  np.set_printoptions(threshold='nan')            #打印内容不限长度
07  t_x = np.linspace(-1,1,50,dtype = np.float32)   #生成x
08  noise = np.random.normal(0 , 0.05 , t_x.shape)  #生成噪声点
09  t_y = t_x * 3.0+5.0+noise                       #生成y
```

6.2.2 定义神经网络模型

神经网络模型的定义主要可以分为四步，分别是构建输入层、构建隐层、构建输出层和定义损失函数。

很明显，在本例中只需要输入 x 值即可，其定义如下：

x=tf.placeholder(tf.float32,[None,1])

我们知道在神经网络中需要得到输出向量，其计算公式如下：

$$\vec{A} = f\left(\begin{bmatrix} x_1 & x_2 & x_3 \end{bmatrix} \cdot \begin{bmatrix} w_{41} & w_{51} & w_{61} & w_{71} \\ w_{42} & w_{52} & w_{62} & w_{72} \\ w_{43} & w_{53} & w_{63} & w_{73} \end{bmatrix} + \begin{bmatrix} w_{4b} & w_{5b} & w_{6b} & w_{7b} \end{bmatrix} \right)$$

要获取输出向量，需要知道输入向量、输入向量的维度、激活函数和输出数据的维度。在隐层中，首先根据神经元节点的对应连接线的权重和偏置项进行如下处理：

$$y=权重 \times x + 偏置项$$

进行计算后，选择对应的激活函数进行处理即可得到输出向量。所以，通用神经网络层的构建方法如下所示：

```
01  #构建神经网络层
02  def add_layer(input,in_size,out_size,activation_function):
03      Weight=tf.Variable(tf.random_normal([in_size,out_size]))    #权重向量
04      biases=tf.Variable(tf.zeros([1,out_size]))                  #偏置项
05      Wx_plus_b=tf.matmul(input,Weight)+biases                    #计算
06      if activation_function is None:
07          outputs=Wx_plus_b
08      else:
09          outputs=activation_function(Wx_plus_b)
10      return outputs
```

在本例中，总共有输入层、隐层和输出层。

- 输入层用于样本数据的输入，无须进行操作。
- 隐层用于神经网络中的第一次处理。输入的值为x，维度为1。输出值为神经网络的一次处理结果。假定隐层为10个节点，则输出值的维度为10。在激活函数的选择上，采用最常用的relu函数。
- 输出层用于神经网络的预测值pre_Y的输出。输入值为隐层的输出值，数据维度为10。最终的输出数据为预测的y值，维度为1。在激活函数的选择上，不再使用激活函数，而是直接获取预测值。

在对比预测值与真实值之间误差损失函数的选择上，使用线性模型的最小化均方误差。

整个神经网络的具体实现如下：

```
01  y=tf.placeholder(tf.float32,[None,1])
02  #构建隐层，假设有10个神经元，使用relu为激活函数
03  l1=add_layer(x,1,10,activation_function=tf.nn.relu)
04  #构建输出层，输入值为隐层的输出值
05  predition=add_layer(l1,10,1,activation_function=None)
06  #损失函数
07  loss=tf.reduce_mean(tf.reduce_sum(tf.square(y-predition),reduction_indices=[1]))
08  train_step=tf.train.GradientDescentOptimizer(0.1).minimize(loss)
```

6.2.3 进行数据训练

接下来将进行正式的数据训练，总共训练1000次。为了便于查看训练过程，每训练完50次，输出当前的训练次数以及损失值，具体实现如下：

```
01  #训练模型
02  init=tf.global_variables_initializer()
03  sess=tf.Session()
```

```
04  sess.run(init)
05  for i in range(1000):
06      sess.run(train_step,feed_dict={x:t_x,y:t_y})
07      if (i+1)%50==0:
08          print(i,sess.run([loss],feed_dict={x:t_x, y:t_y}))
```

6.2.4 运行总结

经过以上步骤后,可以看到在训练过程中损失值的变化情况,如图6.7所示。

```
49  [0.0064074672]
99  [0.0043427828]
149 [0.003446331]
199 [0.0028689532]
249 [0.0024878336]
299 [0.0023611619]
349 [0.0023192386]
399 [0.0023038092]
449 [0.002297339]
499 [0.0022946629]
549 [0.002292945]
599 [0.0022915555]
649 [0.0022903057]
699 [0.0022891208]
749 [0.0022879795]
799 [0.0022871613]
849 [0.0022866619]
899 [0.002286159]
949 [0.0022856584]
999 [0.0022851571]
```

图6.7 损失值的变化情况

可以很明显地看到,在完成49次训练后,损失值已经非常小了,而学习率则非常高。

通过练习,我们熟悉了构建神经网络模型的重点是构建输入层、隐层、输出层以及定义损失函数。首先,通过输入向量以及输入向量的维度构建输入层。其次,通过隐层层数、每层节点数、每层激活函数的选择构建隐层。再次,通过输出节点数构建输出层。最后,定义损失函数。

6.3 MNIST数据集

MNIST是一个入门级的计算机视觉数据集,它包含各种手写数字图片,由美国国家标准与技术研究所(National Institute of Standards and Technology,NIST)提供,是一个经典的数据集。本章接下来的部分将使用常用的神经网络算法分别对该数据集进行训练和评估。

6.3.1 MNIST数据集简介

MNIST数据集包含以下4个文件：

Training set images: train-images-idx3-ubyte.gz
Training set labels: train-labels-idx1-ubyte.gz
Test set images: t10k-images-idx3-ubyte.gz
Test set labels: t10k-labels-idx1-ubyte.gz

这4个文件分别是训练集图片文件、训练集标记文件、测试集图片文件和测试集标记文件。

训练集有60 000个样本，测试集有10 000个样本，而且对数字已经进行了预处理和格式化，做了大小调整并居中，图片尺寸也进行了固定。在实际训练过程中，训练速度非常快，收敛效果十分明显。

6.3.2 数据集图片文件

数据集图片文件是IDX3格式的文件，其中训练集图片文件train-images-idx3-ubyte的格式如下：

```
TRAINING SET IMAGE FILE (train-images-idx3-ubyte):
[offset]    [type]          [value]             [description]
0000        32 bit integer  0x00000803(2051)    magic number
0004        32 bit integer  60000               number of images
0008        32 bit integer  28                  number of rows
0012        32 bit integer  28                  number of columns
0016        unsigned byte   ??                  pixel
0017        unsigned byte   ??                  pixel
........
xxxx        unsigned byte   ??                  pixel
Pixels are organized row-wise. Pixel values are 0 to 255. 0 means background (white), 255 means foreground (black).
```

很明显，从文件格式中可以看出有60 000个样本，每个图片文件都是28像素×28像素大小。每个像素也将是进行训练时的特征值。

对图片文件代表的图片进行绘制，可以看到数字0~9对应的不同样式的手写体，如图6.8所示。

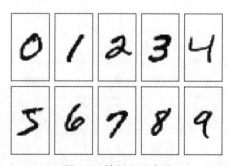

图6.8 绘制图片文件

6.3.3 数据集标记文件

数据集标记文件是IDX1格式的文件，其中训练集标记文件train-labels-idx1-ubyte的格式如下：

```
TRAINING SET LABEL FILE (train-labels-idx1-ubyte):
[offset]    [type]           [value]              [description]
0000        32 bit integer   0x00000801(2049)     magic number (MSB first)
0004        32 bit integer   60000                number of items
0008        unsigned byte    ??                   label
0009        unsigned byte    ??                   label
........
xxxx        unsigned byte    ??                   label
The labels values are 0 to 9.
```

很明显，从文件格式中可以看出有60 000个样本，并且对每一张对应的图片进行了标识，标识的值为0~9。显然，它们分别对应图片中手写体的0~9。

接下来，我们将通过神经网络算法对MNIST数据集进行分类处理。

6.4 全连接神经网络

神经网络模型对于解决分类问题有着优良的性能，在本节中，将通过构建神经网络模型来实现对MNIST数据集的处理。

6.4.1 加载MNIST训练数据

关于MNIST数据集的使用，需要导入input_data.py文件，使用TensorFlow.contrib.learn.python.learn.datasets.mnist中的read_data_sets来加载数据。该方法首先从本地读取MNIST数据集，如果在本地未找到，则从网络中下载。为了保证不受网络状况的干扰，可以先从http://yann.lecun.com/exdb/mnist/下载MNIST数据集。具体实现如下：

```
01  import tensorflow as tf
02  import numpy as np
03  import input_data
04  #加载MNIST数据集
05  print('Download and Extract MNIST dataset')
06  mnist = input_data.read_data_sets('data/', one_hot=True)
07  print("number of train data is %d" % (mnist.train.num_examples))
08  print("number of test data is %d" % (mnist.test.num_examples))
09  trainimg = mnist.train.images
```

```
10  trainlabel = mnist.train.labels
11  testimg = mnist.test.images
12  testlabel = mnist.test.labels
```

运行上述代码,可以看到,在代码所在的目录中增加了一个名为data的文件夹,且该文件夹中保存了MNIST数据集文件,如图6.9所示。

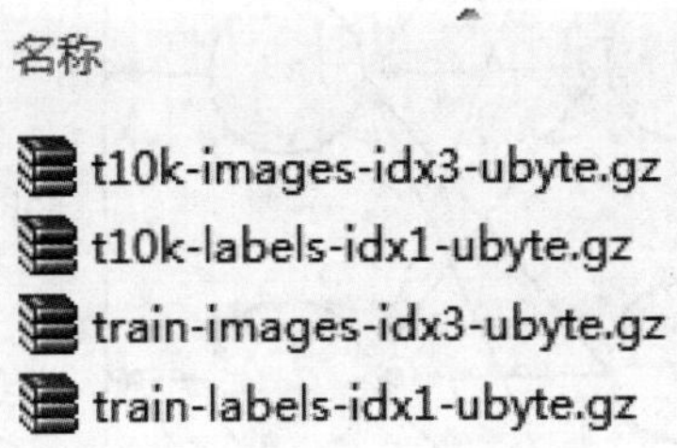

> t10k-images-idx3-ubyte.gz
> t10k-labels-idx1-ubyte.gz
> train-images-idx3-ubyte.gz
> train-labels-idx1-ubyte.gz

图6.9　MNIST数据集文件

6.4.2　构建神经网络模型

神经网络模型的构建主要分为四步,分别是构建输入层、隐层、输出层以及定义损失函数。

在输入层中,只需要明确输入数据的维度即可。对于MNIST数据集来说,输入的是每一个图片文件,维度为28×28=784,定义如下:

```
x_ = tf.placeholder(tf.float32, [None, 784])
```

对于隐层,将首先根据神经元节点的对应连接线的权重和偏置项进行如下处理:

$$y = 权重 \times x + 偏置项$$

然后经过激活函数的非线性化处理,得到输出向量。所以,通用的神经网络模型的构建方法如下:

```
01  #构建神经网络模型
02  def add_layer(input,in_size,out_size,activation_function):
03      Weight=tf.Variable(tf.random_normal([in_size,out_size]))    #权重向量
04      biases=tf.Variable(tf.zeros([1,out_size]))                  #偏置项
05      Wx_plus_b=tf.matmul(input,Weight)+biases                    #计算
06      if activation_function is None:
07          outputs=Wx_plus_b
08      else:
09          outputs=activation_function(Wx_plus_b)
10      return outputs
```

在本例中,构建了一个最简单的神经网络模型,直接从输入层到输出层,中间不增加隐层,整体模型如图6.10所示。

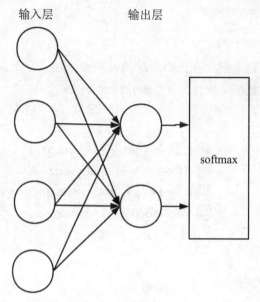

图6.10 神经网络模型的设计

对于输出层,最终输出MNIST数据集中的0~9共10个分类,输出值的维度为10。

对于损失函数,一般选取softmax交叉熵损失函数,TensorFlow中也提供了对应的方法:

tf.nn.softmax_cross_entropy_with_logits(logits, labels, name=None)

其中,参数logits是输出层的输出向量,参数labels就是数据实际的标签值。该方法会同时对输出向量logits使用softmax操作,而softmax操作实现的功能就是将逻辑回归中预测二分类的概率问题推广到n分类的概率问题。

所以,在输出层之前无须增加单独的softmax层来完成softmax操作,只需要在输出层的输出向量之后使用该方法即可。

对于使用softmax回归构建的神经网络模型,具体实现如下:

```
01  x_ = tf.placeholder(tf.float32, [None, 784])
02  y_ = tf.placeholder(tf.float32, [None, 10])
03  #没有隐层,使用通用的神经网络层构建方法构建输入层和输出层
04  predition=add_layer(x_,784,10,activation_function=None)
05  cross_entropy = tf.reduce_mean(
        tf.nn.softmax_cross_entropy_with_logits(labels=y_, logits=predition))   #损失函数
06  train_step = tf.train.GradientDescentOptimizer(0.5).minimize(cross_entropy)
07  init = tf.global_variables_initializer() # 全局参数初始化器
```

6.4.3 进行数据训练

接下来进行正式的数据训练。使用小批量梯度下降法进行优化,共迭代101次,每训练完5次,输出当前的训练次数和损失值,具体实现如下:

```
01  training_epochs = 101      # 所有样本迭代101次
02  batch_size = 100           # 每进行一次迭代,选择100个样本
```

```
03  display_step = 5
04  sess = tf.Session()
05  sess.run(init)
06  for epoch in range(training_epochs):
07      #训练过程
08      avg_cost = 0.
09      num_batch = int(mnist.train.num_examples/batch_size)
10      for i in range(num_batch):
11          batch_xs, batch_ys = mnist.train.next_batch(batch_size)
12          sess.run(train_step, feed_dict={x_: batch_xs, y_: batch_ys})
13          avg_cost += sess.run(cross_entropy, feed_dict={
            x_: batch_xs, y_:batch_ys})/num_batch
```

6.4.4 评估模型

使用测试集数据对神经网络模型进行评估。

在本例中，可以使用tf.argmax(y,1)方法获取根据任意输入x预测到的标记值。将该值与实际值匹配，并将预测值转为浮点数，取平均值得到准确率。具体实现如下：

```
01  #训练一定程度后，用模型预测测试数据
02  if epoch % display_step == 0:
03      correct_prediction = tf.equal(tf.argmax(predition, 1), tf.argmax(y_, 1))
04      accuracy = tf.reduce_mean(tf.cast(correct_prediction, tf.float32))
05      test_acc=sess.run(accuracy, feed_dict={x_: mnist.test.images,
                    y_: mnist.test.labels})
06      print("Epoch: %d/%d cost: %f  TEST ACCURACY: %f"
            % (epoch, training_epochs, avg_cost, test_acc))
07      correct_prediction = tf.equal(tf.argmax(predition, 1), tf.argmax(y_, 1))
08      accuracy = tf.reduce_mean(tf.cast(correct_prediction, tf.float32))
```

运行上述代码，可以看到在训练过程中损失值的变化情况以及模型对测试数据集准确率的提升，如图6.11所示。

```
Epoch: 000/101 cost: 1.080109927    TEST ACCURACY: 0.863
Epoch: 005/101 cost: 0.333300605    TEST ACCURACY: 0.901
Epoch: 010/101 cost: 0.280366158    TEST ACCURACY: 0.911
Epoch: 015/101 cost: 0.257214798    TEST ACCURACY: 0.912
Epoch: 020/101 cost: 0.242295018    TEST ACCURACY: 0.916
Epoch: 025/101 cost: 0.233575399    TEST ACCURACY: 0.917
Epoch: 030/101 cost: 0.227772230    TEST ACCURACY: 0.916
Epoch: 035/101 cost: 0.222964277    TEST ACCURACY: 0.918
Epoch: 040/101 cost: 0.218886445    TEST ACCURACY: 0.915
Epoch: 045/101 cost: 0.214564537    TEST ACCURACY: 0.918
Epoch: 050/101 cost: 0.213363276    TEST ACCURACY: 0.919
Epoch: 055/101 cost: 0.210621012    TEST ACCURACY: 0.920
Epoch: 060/101 cost: 0.209359292    TEST ACCURACY: 0.919
Epoch: 065/101 cost: 0.207296082    TEST ACCURACY: 0.919
Epoch: 070/101 cost: 0.205890206    TEST ACCURACY: 0.922
Epoch: 075/101 cost: 0.204406129    TEST ACCURACY: 0.921
Epoch: 080/101 cost: 0.202895412    TEST ACCURACY: 0.921
Epoch: 085/101 cost: 0.202550599    TEST ACCURACY: 0.922
Epoch: 090/101 cost: 0.201736267    TEST ACCURACY: 0.922
Epoch: 095/101 cost: 0.200965219    TEST ACCURACY: 0.922
Epoch: 100/101 cost: 0.200795886    TEST ACCURACY: 0.922
```

图6.11　损失值的变化情况

可以看到，最终的准确率大概为92.2%。对于这样的准确率，误差还是较大的。

6.4.5 构建多层神经网络模型

在MNIST分类处理中，我们仅仅构造了最简单的神经网络模型，直接从输入层到输出层，中间没有增加隐层。如果在输入层和输出层之间加入隐层，如图6.12所示，看看准确率会有怎样的变化。

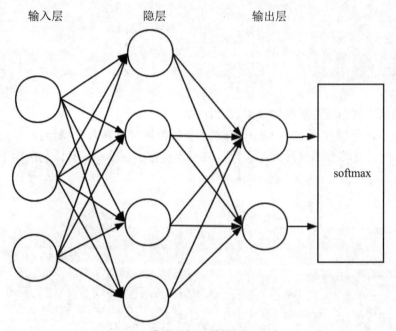

图6.12 多层神经网络模型的设计

对于隐层，我们假设有256个神经元，使用最常用的relu函数为激活函数，具体修改如下：

```
01 #使用一个输入层、一个隐层、一个输出层
02 n_input   = 784#输入层
03 n_hidden_1 = 256
04 n_classes  = 10#输出层
05 #构建隐层
06 l1=add_layer(x_,n_input,n_hidden_1,activation_function=tf.nn.relu)
07 #构建输出层
08 predition=add_layer(l1,n_hidden_1,n_classes,activation_function=None)
```

增加完隐层后，使用优化后的神经网络模型对MNIST进行处理，运行情况如图6.13所示。

```
Epoch: 000/101 cost: 2.870497101    TEST ACCURACY: 0.868
Epoch: 005/101 cost: 0.114470526    TEST ACCURACY: 0.921
Epoch: 010/101 cost: 0.074398114    TEST ACCURACY: 0.929
Epoch: 015/101 cost: 0.054091319    TEST ACCURACY: 0.937
Epoch: 020/101 cost: 0.041263511    TEST ACCURACY: 0.941
Epoch: 025/101 cost: 0.033042676    TEST ACCURACY: 0.945
Epoch: 030/101 cost: 0.027227487    TEST ACCURACY: 0.948
Epoch: 035/101 cost: 0.021811405    TEST ACCURACY: 0.949
Epoch: 040/101 cost: 0.017887731    TEST ACCURACY: 0.949
Epoch: 045/101 cost: 0.014892190    TEST ACCURACY: 0.951
Epoch: 050/101 cost: 0.012180214    TEST ACCURACY: 0.951
Epoch: 055/101 cost: 0.010177442    TEST ACCURACY: 0.951
Epoch: 060/101 cost: 0.008486077    TEST ACCURACY: 0.953
Epoch: 065/101 cost: 0.007336855    TEST ACCURACY: 0.953
Epoch: 070/101 cost: 0.006207679    TEST ACCURACY: 0.954
Epoch: 075/101 cost: 0.005470255    TEST ACCURACY: 0.953
Epoch: 080/101 cost: 0.004743160    TEST ACCURACY: 0.954
Epoch: 085/101 cost: 0.004163101    TEST ACCURACY: 0.955
Epoch: 090/101 cost: 0.003730915    TEST ACCURACY: 0.954
Epoch: 095/101 cost: 0.003379429    TEST ACCURACY: 0.955
Epoch: 100/101 cost: 0.003075576    TEST ACCURACY: 0.954
```

图6.13 损失值的变化情况

可以看到,在增加隐层后,最终的准确率大概为95.5%。

对真实的MNIST数据集使用神经网络模型进行分类处理的过程如下:首先使用softmax交叉熵损失函数直接对数据集进行分类,准确率为92.2%。然后为神经网络模型增加隐层,再次对数据集进行分类,准确率达到95%以上。可以看出,增加隐层确实提高了准确率。

6.4.6 可视化多层神经网络模型

在前面的章节中,我们提到,可以使用TensorBoard对训练过程进行可视化。

如果要实现可视化,需要在训练过程中给必要的节点添加摘要(summary),摘要会收集该节点的数据,并标记第几步、时间戳等信息,然后写入事件文件(event file)。各tf.summary.FileWriter类提供了相关的记录方法,对各方法的说明如下。

- □ summary:所有需要在TensorBoard上展示的统计结果。
- □ tf.name_scope():为Graph对象中的Tensor添加层级,TensorBoard会按照代码指定的层级进行展示,初始状态下只绘制最高层级的效果,单击后可展开层级看到下一层的细节。
- □ tf.summary.scalar():添加标量统计结果。
- □ tf.summary.histogram():添加任意形状的Tensor,统计Tensor的取值分布。
- □ tf.summary.merge_all():添加一个合并操作,表示执行所有summary操作,这样可以避免人工执行每一个summary操作。
- □ tf.summary.FileWriter:用于将summary写入磁盘,需要指定存储路径logdir。如果传递了Graph对象,在Graph Visualization中会显示Tensor Shape Information。执行summary操作后,将返回结果传递给add_summary()方法即可。

在6.4.5节中构造多层神经网络时,我们加入相关的语句来记录相关信息,例如:

```
01  def variable_summaries(var):
02    with tf.name_scope('summaries'):
03      mean = tf.reduce_mean(var)
04      tf.summary.scalar('mean', mean)                    #在scalar中添加均值统计
05      with tf.name_scope('stddev'):
06        stddev = tf.sqrt(tf.reduce_mean(tf.square(var - mean)))
07      tf.summary.scalar('stddev', stddev)                #在scalar中添加标准差统计
08      tf.summary.scalar('max', tf.reduce_max(var))       #在scalar中添加最大值统计
09      tf.summary.scalar('min', tf.reduce_min(var))       #在scalar中添加最小值统计
10      tf.summary.histogram('histogram', var)             #在histogram中添加统计
```

添加完统计项声明后，使用tf.summary.merge_all()方法将各项内容添加到事件文件中，并使用tf.summary.FileWriter()方法指明文件的存放位置。在实际训练数据前添加相关语句：

```
01  merged = tf.summary.merge_all()
02  train_writer = tf.summary.FileWriter(log_dir + '/train', sess.graph)
```

完成训练后，可以在Anaconda Prompt中启用TensorBoard，输入相应的命令，具体如下：

```
01  activate tensorflowCpu                          #启用tensorflow沙箱环境
02  tensorboard --logdir C:\log\mnist_model         #可视化训练过程
```

执行上述命令后，会出现正常启动的提醒信息，如下所示：

TensorBoard 0.4.0 at http://USER-20151007LN:6006 (Press Ctrl+C to quit)

在浏览器中访问本地计算机的6006端口，例如http://USER-20151007LN:6006，就能成功打开TensorBoard显示界面。

可以任意查看需要研究的数据信息，例如隐层中各项记录值的变化情况，如图6.14所示。

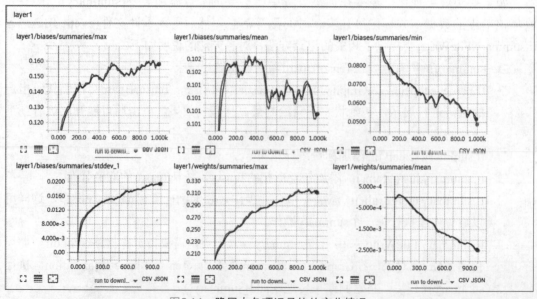

图6.14　隐层中各项记录值的变化情况

还可以查看损失值、准确率的变化情况，如图6.15所示。

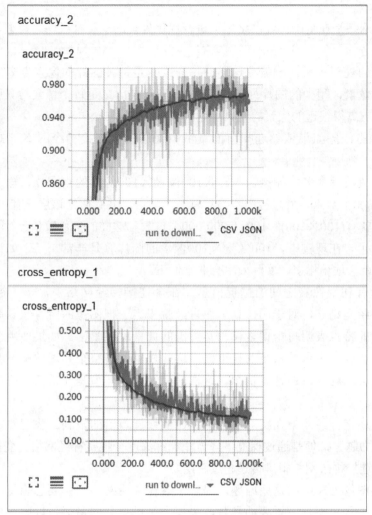

图6.15　准确率、损失值的变化情况

对于TensorBoard可视化，读者在后续实践中可以慢慢体会。

6.5　卷积神经网络

卷积神经网络(Convolutional Neural Network，CNN)是非常重要的一种神经网络模型，它在图像、语音识别领域的应用，使相关领域也都得到重要突破。例如，谷歌的GoogleNet、微软的ResNet等，甚至打败李世石的AlphaGo也用到了这种网络。

接下来将详细介绍卷积神经网络及其训练算法，还将介绍如何使用卷积神经网络实现对MNIST数据集的识别。

6.5.1 卷积神经网络简介

卷积神经网络是在基础神经网络之上进行优化处理的一种神经网络模型,主要关注于图像识别任务。

对于图像的处理来说,一般有这样的特征:一是每种图片的像素点多,小的图片为320像素×480像素,稍大的图片为1024像素×768像素;二是每个像素与其周围像素的联系比较紧密,与离得很远的像素的联系可能就很小了。

对于这样的任务如果依然选择前面章节中使用的全连接神经网络,就会出现以下问题。

第一,参数数量太多。如果输入一张100像素×100像素的小图片,输入层就需要有100×100=10 000个节点。如果神经网络只有一个隐层,并且假定该层只有100个节点,那么仅仅这一层就有(100×100)×100=1 000 000个参数。这样的参数数量已经不小了,计算已经非常复杂了。在现实中,100像素×100像素的图片算是非常小了,如果像素更高一点,参数数量就会成倍增多,实际效率会非常低下。

第二,没有利用像素之间的位置信息。在全连接神经网络中,一个神经元将和上一层的所有神经元相连,对于图像处理而言,就相当于把图像的所有像素等同看待。但是,图像文件的特点表明每个像素仅与其周围的像素联系紧密。如果使用全连接神经网络进行学习,会存在大量非常小的权重值。这些权重值对整个处理效果不会起到决定性的作用,但是会消耗大量的计算资源。这样的神经网络模型是非常低效的,也不符合图片的基本特征。

第三,全连接神经网络在实际应用中存在网络层数上的限制。我们知道,网络层数越多,学习能力越强,但是通过梯度下降方法训练深度全连接神经网络会变得更困难。因此,一般的全连接神经网络很难传递超过三层。

为了解决图像处理中的这些问题,提出了卷积神经网络。主要思想是,针对图像处理的特征,通过尽可能保留重要的参数,去掉大量不重要的参数,以此达到更好的学习效果。

在实际处理中主要采取局部连接、权值共享和下采样三种方式。局部连接指的是每个神经元不再和上一层的所有神经元相连,而只和一小部分神经元相连,从而减少参数数量。权值共享就是一组连接可以共享同一个权重,而不是每个连接都有一个不同的权重,从而进一步减少参数数量。下采样就是使用Pooling来减少每层的样本数,进而减少参数数量。

采用这样的处理方式会在全连接神经网络的基础上增加卷积层(Convolution Layer)和池化层(Pooling Layer),并且使用相同的权重矩阵。所以,典型的卷积神经网络模型如图6.16所示。

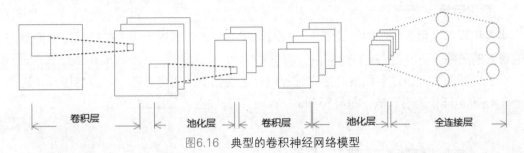

图6.16 典型的卷积神经网络模型

需要特别注意的是,卷积神经网络是一种三维的层结构,每层中的神经元是按照三维排列的,具有宽度、高度和深度。

其中,输入层的宽度和高度对应于输入图像的宽度和高度,深度默认为1。

卷积层完成对原始图像的卷积操作,从而得到特征映射(Feature Map)。在图6.16所示的模型中,在卷积层中设置Filter为3,因此获取到3个特征映射(Feature Map)。

池化层对输入的Feature Map做下采样,减少每层的样本数量,得到3个更小的Feature Map。然后继续进行卷积层、池化层处理。

最后,通过全连接神经网络得到整个网络的输出。

6.5.2 卷积层

在卷积层中,通过在原始图像上平移一块块卷积核来提取特征,每一个特征就是一个特征映射。

1. 卷积操作

卷积层中最重要的操作就是卷积操作。

卷积是泛函分析中的一种积分变换,是通过两个函数f和g生成第三个函数的一种数学运算,表示函数f和g经过翻转和平移后重叠部分的面积。用数学公式可以表示为:

$$(f \cdot g)(\tau) = \int_{-\infty}^{\infty} f(\tau)g(t-\tau)d\tau$$

这种表示方式针对的是变量τ处于连续域的情况,对于离散域来说,对应的数学表达式为:

$$(f \cdot g)[n] = \sum_{m=-\infty}^{\infty} f(m)g(n-m)$$

在离散域中进行操作时,卷积核是非常重要的一个元素。卷积核采取$m \times n$阶矩阵,为了便于计算一般采用$n=m$。

卷积操作主要完成以下操作:首先将相应的元素乘上卷积核,每个像素乘一次,然后将所有的值相加,最后把相加后的结果赋值给中心像素。移动卷积矩阵,应用相同的操作,直到所有的元素都完成遍历。

2. 卷积运算

将卷积操作应用到神经网络计算中，就可以增强像素与其周围像素的联系，而隐藏与其他像素的关系。

对于原始图片，经过卷积核的运算过程可以表述如下：假定存在一张原始图片，选用一个$m \times n$阶矩阵作为卷积核，最终得到$w \times h$阶的特征映射，如图6.17所示。

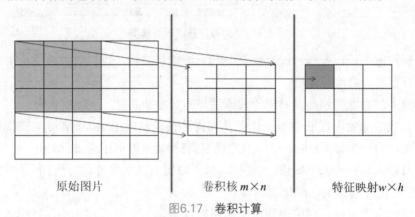

原始图片　　卷积核 $m \times n$　　特征映射 $w \times h$

图6.17　卷积计算

为了便于说明具体的计算过程，我们对各元素进行编号。

- 对图像的每个像素进行编号，假定用$x_{i,j}$表示原始图片中的第i行第j列元素。
- 对卷积核的每个权重进行编号，用$w_{m,n}$表示第m行第n列的权重值，用w_b表示卷积核的偏置项。
- 对生成的特征映射的每个元素进行编号，用$a_{i,j}$表示特征映射的第i行第j列元素。

用f表示激活函数，卷积的计算公式如下：

$$a_{i,j} = f(\sum_{m=0}^{M-1} \sum_{n=0}^{N-1} w_{m,n} x_{i+m,j+n} + w_b)$$

从计算公式可以看出，生成的特征映射中的每个元素只与原始图片中卷积核大小的周围像素有关。特征映射的灰色块只与原始图片中的灰色块有关。

计算得到特征映射中的一个元素值后，再进行下一个元素值的计算，此时因为权重值共享原则，只需要平移卷积核而不需要调整权重值即可进行计算。平移卷积核的步幅可以设置为任意值，一般都默认设置为1。

通过不断地平移卷积核，最终生成$w \times h$阶的特征映射。

生成的特征映射的大小由原始图像大小、卷积核大小以及平移步幅决定。假定卷积的原始图像的宽度是w_1，卷积核的宽度是F，平移步幅是S。在平移时，原始图像的边缘像素可能需要对周围采用补0(Zero Padding)操作才能满足计算要求。Zero Padding数量为P。

卷积后生成的特征映射的宽度w_2可表示为：

$$w_2 = \frac{w_1 - F + 2P}{S} + 1$$

同理，卷积后生成的特征映射的高度h_2可表示为：

$$h_2 = \frac{h_1 - F + 2P}{S} + 1$$

3. 多深度卷积操作

前面已经介绍了深度为1的卷积层计算方法。如果卷积层深度D大于1，对应的卷积核深度也必须为D，即拥有D个不同的卷积核，卷积的计算公式为：

$$a_{d,i,j} = f(\sum_{d=0}^{D-1}\sum_{m=0}^{M-1}\sum_{n=0}^{N-1} w_{d,m,n} x_{d,i+m,j+n} + w_b)$$

在运算过程中，每一个卷积核都需要和原始图像进行卷积运算，从而得到对应的特征映射。所以，经过深度为d的卷积层后，特征映射的深度也是d。

4. TensorFlow卷积函数

卷积操作是构建神经网络的重要支撑，TensorFlow提供了丰富的卷积函数，可便捷地实现卷积计算。

对于二维的图像输入来说，主要包括以下3个卷积函数：

tf.nn.conv2d(input, filter, strides, padding, use_cudnn_on_gpu=None, name=None)
tf.nn.depthwise_conv2d(input, filter, strides, padding, name=None)
tf.nn.separable_conv2d(input, depthwise_filter, pointwise_filter, strides, padding, name=None)

(1) tf.nn.conv2d(input, filter, strides, padding, use_cudnn_on_gpu=None, name=None)

这是最典型的一个卷积函数，用于对输入数据input和卷积核filter进行操作，计算卷积的结果。

□ 参数input

表示输入的图像值，数据格式是张量。张量中的数据类型必须是float32或float64。作为输入数据，张量被限定为数据的格式，格式为[batch, in_height, in_width, in_channels]。其中，batch是输入图片的数量，in_height是图像的高度，in_width是图像的宽度，in_channels是通道数。黑白图像的通道为1，彩色图像的通道为3。

例如，假定输入的图像为9像素×9像素的彩色图像(RGB)，则张量定义为[batch,9,9,3]。

□ 参数filter

表示进行运算时的卷积核，数据格式也是张量。张量中的数据类型必须与输入的数据类型相同。作为运算时的卷积核，也被限定了数据格式，格式为[filter_height, filter_width, in_channels, out_channels]，分别对应于卷积核矩阵的高度、宽度以及输入图像的通道数、卷积核个数。

□ 参数strides

表示每一维对应的是输入中每一维的对应移动步幅，是一个长度为4的一维整型数组。

由于在实际计算过程中，通常不会对原始图片的数据和通道进行卷积操作，即不对输入的第一维和第四维进行卷积操作，因此通常将strides定义为[1, X, X, 1]。

□ 参数padding

表示在进行卷积计算时，采用卷积核提取特征映射的方式，取值为SAME或VALID。

在平移卷积核时，由于移动步幅不一定能整除整个图片的像素宽度，因此将越过边缘取样的方式称为Same Padding，所取样的面积和输入图像的像素宽度一致；将把不越过边缘取样的方式称为Valid Padding，所取样的面积小于输入图像的像素宽度。

SAME对应于Same Padding方式，输入数据维度和输出数据维度相同；VALID对应于Valid Padding方式，输入数据维度和输出数据维度不同。

□ 参数use_cudnn_on_gpu

表示是否使用GPU进行运算，默认情况下为True。

□ 参数name

表示操作的名称，使用时进行自定义。

例如，对10张5像素×5像素的彩色图像(RGB)进行卷积操作。卷积核选择3×3的大小，使用该卷积函数进行简单的计算操作，具体实现如下：

```
01  import tensorflow as tf
02  import os
03  import numpy as np
04  input_data= tf.Variable(np.random.rand(10,5,5,3),dtype=np.float32)
05  filter_data=tf.Variable(np.random.rand(3,3,3,1),dtype=np.float32)
06  y = tf.nn.conv2d(input_data,filter_data,strides=[1,3,3,1],padding='SAME')
07  print('输出的结果为：', y)
```

运行上述代码，显示如下：

输出的结果为：Tensor("Conv2D:0", shape=(10, 2, 2, 1), dtype=float32)

(2) tf.nn.depthwise_conv2d(input, filter, strides, padding, name=None)

同样，该卷积函数也将使用输入维度为[batch, in_height, in_width, in_channels]的张量，通过卷积核维度[filter_height, filter_width, in_channels, channel_multiplier]进行运算。其中，in_channels上的卷积核通道为1，该卷积函数将不同的卷积核独立地应用于通道channel_multiplier上，然后对所有的结果进行汇总。最后的输出有in_channels×channel_multiplier个通道。

使用该卷积函数对10张为5像素×5像素的彩色图像(RGB)进行卷积操作，具体实现如下：

```
01  import tensorflow as tf
02  import os
03  import numpy as np
04  input_data= tf.Variable(np.random.rand(10,5,5,3),dtype=np.float32)
05  filter_data=tf.Variable(np.random.rand(3,3,3,4),dtype=np.float32)
06  y = tf.nn.depthwise_conv2d(input_data,filter_data,strides=[1,3,3,1],padding='SAME')
07  print('输出的结果为：', y)
```

运行上述代码，显示如下：

输出的结果为：Tensor("depthwise:0", shape=(10, 2, 2, 12), dtype=float32)

(3) tf.nn.separable_conv2d(input, depthwise_filter, pointwise_filter, strides, padding, name=None)

该卷积函数利用几个分离的卷积核进行卷积运算。其中，depthwise_filter的数据维度是四维[filter_height, filter_width, in_channels, channel_multiplier]。pointwise_filter的数据维度也是四维[1,1,channel_multipliter*in_channels,out_channels]，是depthwise_filter卷积之后的混合卷积。

使用该卷积函数进行简单的计算操作，具体实现如下：

```
01  import tensorflow as tf
02  import os
03  import numpy as np
04  input_data= tf.Variable(np.random.rand(10,5,5,3),dtype=np.float32)
05  depthwise_filter=tf.Variable(np.random.rand(3,3,3,4),dtype=np.float32)
06  pointwise_filter = tf.Variable(np.random.rand(1,1,12,20),dtype=np.float32)
07  y = tf.nn.separable_conv2d(input_data,depthwise_filter,pointwise_filter, strides=[1,3,3,1],padding='SAME')
08  print('输出的结果为：', y)
```

运行上述代码，显示如下：

输出的结果为：Tensor("separable_conv2d:0", shape=(10, 2, 2, 20), dtype=float32)

(4) tf.nn.atrous_conv2d(value, filter, rate, padding, name=None)

用于计算atrous卷积，又称为扩张卷积。

(5) tf.nn.conv2d_transpose(value, filter, output_shape,strides,padding='SAME',data_format='NHWC',name=None)

用于计算tf.nn.conv2d()的转置。

(6) tf.nn.conv3d(input, filter, strides, padding, name=None)

用于计算多深度卷积计算，使用方法和tf.nn.conv2d()类似，只是input的数据维度shape为五维，多了一维in_depth，格式为[batch, in_depth, in_height, in_width, in_channels]。相应的filter数据维度shape也是五维，多了一维filter_depth，格式为[filter_depth, filter_height, in_channel,channel_multiplier]。同时，strides的维度shape中也为五维，多了一维strides_depth，格式为[strides_batch, strides_depth, strides_height, strides_width, strides_channel]。

(7) tf.nn.conv3d_tranpose(value, filter, output_shape, strides, padding='SAME', name=None)

与tf.nn.conv2d_transpose()类似，用于计算tf.nn.conv3d()的转置。

6.5.3 池化层

池化层一般都被应用于卷积层的下一层，主要的作用是下采样，通过去掉特征映射中不重要的样本，进一步减少参数数量，降低网络的复杂度。

1. 池化操作

池化操作就是利用矩阵窗口在输入张量上进行扫描，将每个矩阵窗口中的值通过池化方法运算后取得相应的值，作为池化后的值，以减少参数。

常用的池化方法有最大值池化(max pooling)和平均值池化(average pooling)两种。其中，最大值池化就是在 $n \times n$ 的样本中取最大值作为采样后的样本值，而平均值池化就是在 $n \times n$ 的样本中取各样本的平均值作为采样后的样本值。

对于深度为 D 的特征映射，各层独立进行池化，因此池化后的深度仍然为 D。

2. 池化函数

池化函数是降低卷积神经网络计算复杂度的重要方法，在TensorFlow中提供了相应的卷积函数来便捷地实现卷积计算。

tf.nn.avg_pool(value, ksize, strides, padding, name=None)
tf.nn.max_pool(value, ksize, strides, padding, name=None)

(1) tf.nn.avg_pool(value,ksize,strides,padding,name=None)

使用平均值池化方法对池化区域中的元素进行操作。

□ 参数value

一般来说，输入值是卷积之后的特征映射，它是一个四维的张量，数据维度为[batch, height, width, channels]。

□ 参数ksize

池化窗口是一个长度不小于4的整型数组，每一位的值对应于输入数据张量中每一维[batch, height, width, channels]的窗口对应值。一般来说，不会在batch和channels上进行池化，所以将这两个维度设为1。这样，参数ksize一般设置为[1, height, weight, 1]。

□ 参数strides

平移步长是一个长度不小于4的整型数组，指定滑动窗口在输入数据张量中每一维上的步长。一般来说，不会在batch和channels上进行池化，所以将这两个维度设为1。这样，参数strides一般设置为[1, stride, stride, 1]。

□ 参数padding

同卷积函数中的padding规则相同，取值为SAME或VALID。

□ 输出

输出为池化降维后的特征映射，数据类型和输入值value保持一致。池化后的维度计算公式为：

$$shape(output) = \frac{shap(value) - ksize + 1}{strides}$$

(2) tf.nn.max_pool(value,ksize,strides,padding,name=None)

使用最大值池化方法对池化区域中的元素进行操作。各参数与tf.nn.avg_pool()方法中的类似。

6.5.4 全连接神经网络层

经过前面的多重卷积层、池化层处理之后，将最终池化层的输出神经元节点与最终的输出层构建成全连接神经网络层即可。

6.5.5 卷积神经网络的发展

卷积神经网络最早由LeCun在1989年提出，其中详尽介绍了什么是卷积神经网络、为什么要卷积以及为什么要池化等相关内容。

LeCun在1998年继续发展卷积神经网络，他提出了LeNet卷积神经网络模型。LeNet卷积神经网络模型包括两个卷积层、两个池化层和一个全连接层，这与本节中讲解的卷积神经网络基础模型相似。但由于当时运算速度受限，没有得到足够的重视和实际应用。

直到2012年，AlexNet卷积神经网络模型的提出，才带来卷积神经网络在图形处理方面的突破。

AlexNet卷积神经网络由5个卷积层、5个池化层和3个全连接层组成，最后通过全连接层的输出被发送到1000维的softmax层，产生1000类的标记分布。网络结构如图6.18所示。

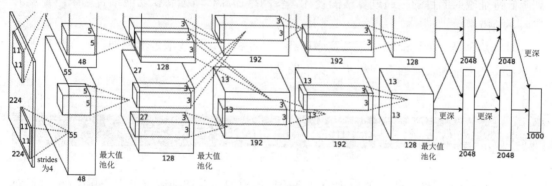

图6.18 AlexNet卷积神经网络模型

在该模型中，主要在以下三方面进行了改进。

(1) 进行数据增强

增加训练数据可以有效提升算法的准确率，而且也是避免过拟合的好方法。在训练数据有限的情况下，可以通过对一些数据进行变形生成新的数据。比如针对图片的水平翻转、随机平移、变换部分图像以及给图像增加随机的光照等。

(2) Dropout

在该模型中，以0.5的概率对每个隐层神经元进行"休眠"，将输出设置为0。以这种方式抑制神经元工作，让这部分神经元既不参与前向传播也不参与反向传播。这使得每次输入一个样本，就相当于让神经网络尝试一个新结构，从而降低神经元复杂的互适应关系，而且神经网络也更为健壮，避免了大量的过拟合情况。

(3) relu激活函数

该模型使用relu激活函数替代之前流行的sigmoid函数，使得在SGD的收敛速度上比

sigmoid函数快很多。

同时，由于GPU和大数据的发展，在计算速度和训练数据上，本身就比之前的学习环境好很多。

在此之后，卷积神经网络不断演化，主要包括4个方向：网络加深、增强卷积层功能、从分类任务到检测任务以及增加新的功能模块。

对于网络加深，是对AlexNet卷积神经网络继续增加隐层。例如VGGNet，通常有16~19层。但是，随着卷积神经网络的层数达到16层之后，已经达到准确率提升的瓶颈，继续增加网络层数也很难提升准确率。

对于增强卷积层功能，最初在论文*Network In Network*中提出，主要针对传统卷积方法做了两点改进：一是将原来的线性卷积层变为多层感知卷积层，二是将全连接层改进为全局平均池化。后来Google公司提出了GoogLeNet模型，通过增加卷积层的深度和宽度来增强卷积层功能。在深度上，增加了卷积神经网络层数，层数达到22层。为了避免梯度消失问题，GoogLeNet模型在不同深度增加了两个损失函数来避免反向传播时的梯度消失现象。在宽度上，增加了多种大小的卷积核，但并不将这些全都用在特征映射中，而是采取降维模型，在3×3、5×5卷积之前，以及最大池化后，都分别加上1×1的卷积核，以此达到降低特征映射的目的。通过算法的设计，将网络加深和增强卷积功能结合起来，开发出了ResNet模型。

对于从分类任务到检测任务以及增加新的功能模块，这些都是卷积神经网络在后续机器学习实践中不断发展的方向和所要实现的功能。

6.6 通过卷积神经网络处理MNIST

在6.5节中，详细介绍了卷积神经网络的设计模型，并详细讲解了卷积层(Convolution Layer)和池化层(Pooling Layer)的计算方法以及TensorFlow提供的相关函数。

在本节中将通过构建卷积神经网络模型来实现对MNIST数据集的处理。

6.6.1 加载MNIST训练数据

对于MNIST数据集的使用，我们需要导入input_data.py文件，使用TensorFlow contrib.learn.python.learn.datasets.mnist中的read_data_sets来加载数据。具体实现如下：

```
01  import tensorflow as tf
02  import numpy as np
03  import input_data
04  def main(_):
05      #加载MNIST数据集
06      mnist = input_data.read_data_sets('data/', one_hot=True)
07      trainimg = mnist.train.images
08      trainlabel = mnist.train.labels
```

```
03    testimg = mnist.test.images
10    testlabel = mnist.test.labels
11    print("MNIST ready")
```

6.6.2 构建卷积神经网络模型

卷积神经网络模型的构建主要分为四步，分别是构建输入层、隐层、输出层以及定义损失函数。

对于隐层，我们构建了卷积层1–池化层1–卷积层2–池化层2–全连接神经网络层–Dropout层。所以，构建的整个卷积神经网络模型如图6.19所示。

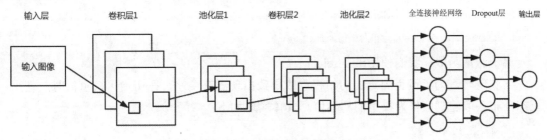

图6.19　卷积神经网络模型的设计

1. 输入层

在输入层中，我们只需要明确输入数据的维度即可。对于MNIST数据集来说，输入的是一张维度为28×28=784的灰度图，定义如下：

```
01    n_input = 784              # 维度为28×28的灰度图，像素个数为784
02    x = tf.placeholder(tf.float32, [None, n_input])
```

2. 卷积层1

对于卷积层1，它和全神经网络中输出值的处理类似，都需要依据权重和偏置项进行激活函数处理，可以表示为：

$$y=f(conv(权重 \times x) + 偏置项)$$

首先运行卷积函数，然后计算偏置项，最后进行激活函数处理。我们按照此顺序来完成卷积层1。

我们使用卷积函数tf.nn.conv2d(input, filter, strides, padding, use_cudnn_on_gpu=None, name=None)来实现。

其中，input为输入层的输入数据，维度为[batch, in_height, in_width, in_channels]，需要获取输入图像的数量、高度、宽度以及通道数。

对于每次输入图像的数量不做考虑，标识为-1。MNIST数据集中的图片是28像素×28像素的灰度图，图片的长宽都是28像素，灰度图的通道是1；如果是RGB彩图，则通道为3。所以输入数据为：

```
        x_image = tf.reshape(x, [-1, 28, 28, 1])
```

filter作为运算时的卷积核，维度格式为[filter_height, filter_width, in_channels, out_channels]，需要卷积核矩阵的高度、宽度以及输入图像的通道数和卷积核个数。

对于卷积核矩阵，一般都使用高度与宽度相同的矩阵，而且为了减少计算量，大小一般选择3、5等，在这里选择3。输入图像为灰度图，通道为1。为了计算机运算的高效性，卷积核的个数一般选择为2的幂，在这里使用32。所以卷积核定义为：

W_conv1 = [3, 3, 1, 32]

strides是平移步长，对于每一维度都移动一步，定义为：

strides=[1, 1, 1, 1]

padding是卷积核提取特征映射的方式，一般选择SAME方式。

所以，卷积层1的卷积函数实现为：

tf.nn.conv2d(x, W_conv1, strides, padding='SAME')

对于激活函数，我们使用tf.nn.relu()函数。

在实现时，为了避免固定的初始权重值导致出现固有误差，在初始化权重值时，使用正态分布获取随机值作为权重的初始值。具体实现如下：

```
01  #权重值初始化函数
02  def weight_variable(shape):
03      initial = tf.truncated_normal(shape, stddev=0.1)
04      return tf.Variable(initial)
05  #偏置项初始化函数
06  def bias_variable(shape):
07      initial = tf.constant(0.1, shape=shape)
08      return tf.Variable(initial)
09  #卷积计算函数
10  def conv2d(x, W):
11      return tf.nn.conv2d(x, W, strides=[1, 1, 1, 1], padding='SAME')
12  #定义卷积神经网络函数
13  def CNN_mnist(x):
14  #命名，便于可视化展示
15      with tf.name_scope('reshape'):
16  #定义图像数据
17          x_image = tf.reshape(x, [-1, 28, 28, 1])
18  #实现卷积层1
19      with tf.name_scope('conv1'):
20          W_conv1 = weight_variable([3, 3, 1, 32])      #卷积核
21          b_conv1 = bias_variable([32])
22          h_conv1 = tf.nn.relu(conv2d(x_image, W_conv1) + b_conv1)
```

3. 池化层1

相比于卷积层1，池化层1更简单，可以使用最大值池化函数tf.nn.max_pool(value, ksize, strides, padding, name=None)进行处理。

其中，value是卷积层的输出值，池化层1可直接使用卷积层1的输出值h_conv1。

ksize是针对输入值每一个维度[batch,height, width, channels]的池化窗口的大小。我们不对batch和channels维度进行池化，而是对height和width选择使用2×2的窗口进行池化处理，因此池化窗口定义为：

ksize=[1, 2, 2, 1]

strides是在输入数据张量每一维[batch,height, width, channels]上的平移步长。不会在batch和channels上进行池化，所以将这两个维度设为1。设置height和width的移动步长为2，则步长定义为：

strides=[1, 2, 2, 1]

padding和卷积函数中的padding规则相同，一般选择SAME方式。

因为后续池化层依然使用这一方法进行池化，所以池化层函数定义为：

```
01  def max_pool_2x2(x):
02      return tf.nn.max_pool(x, ksize=[1, 2, 2, 1], strides=[1, 2, 2, 1], padding='SAME')
```

在池化层1中的具体实现如下：

```
01  with tf.name_scope('pool1'):
02      h_pool1 = max_pool_2x2(h_conv1)
```

4. 卷积层2与池化层2

卷积层2与卷积层1类似，最主要的是明确运算时的卷积核。依然选择大小为3的卷积矩阵。输入值为池化层1的输出值，有32个特征映射，图像通道个数为32。卷积核的个数在卷积层1的基础上有所增加，使用的是64。所以卷积核定义为：

```
W_conv1 = [3, 3, 32, 64]
```

池化层2与池化层1类似，依然选择使用2×2的窗口进行池化处理。

所以，卷积层2与池化层2的具体实现如下：

```
01  # 定义卷积层2以及池化层2
02  with tf.name_scope('conv2'):
03      W_conv2 = weight_variable([3, 3, 32, 64])
04      b_conv2 = bias_variable([64])
05      h_conv2 = tf.nn.relu(conv2d(h_pool1, W_conv2) + b_conv2)
06  with tf.name_scope('pool2'):
07      h_pool2 = max_pool_2x2(h_conv2)
```

5. 全连接神经网络层

全连接神经网络层将经过池化层2处理后的所有神经元节点作为全连接神经网络的输入层神经元。所以，关键就是获得池化层2处理后的神经元节点的个数。

在进行池化层2处理后，总神经元节点数的计算公式为：单个特征映射×特征映射个数。其中特征映射个数为64个，单个特征映射由原始图像的28×28，经过一次池化后为14×14，经过第二次池化后为7×7，总神经元节点数为7×7×64个。

根据全连接神经网络的计算方法，将神经元节点的对应连接线的权重和偏置项进行如下处理：

$$y = 权重 \times x + 偏置项$$

假定后续的Dropout层有1024个节点，使用relu为激活函数。构建全连接神经网络层的具体实现如下：

```
01  #定义fc1，将两次池化后的神经元转换为1D向量
02  with tf.name_scope('fc1'):
03      W_fc1 = weight_variable([7 * 7 * 64, 1024])
04      b_fc1 = bias_variable([1024])
05      h_pool2_flat = tf.reshape(h_pool2, [-1, 7*7*64])
06      h_fc1 = tf.nn.relu(tf.matmul(h_pool2_flat, W_fc1) + b_fc1)
```

6. Dropout层

在全连接神经网络中，为了防止或减轻过拟合会使用函数tf.nn.dropout。该函数的作用就是让神经网络中的神经元随机出现"休眠"，让这些"休眠"的神经元不参与神经网络模型的本次运算。通过这样的方法，使得每输入一个样本进行运算时，相当于在神经网络的一个新结构中进行运算，从而降低了出现过拟合的情况。具体实现如下：

```
01  # 为了减轻过拟合，使用Dropout层
02  with tf.name_scope('dropout'):
03      keep_prob = tf.placeholder(tf.float32)
04      h_fc1_drop = tf.nn.dropout(h_fc1, keep_prob)
```

7. 输出层

对于输出层，输入值为Dropout层的输出值，有1024个节点。输出为MNIST数据集中的0~9共10个分类，输出值的维度为10，具体实现如下：

```
01  #连接输出层
02  with tf.name_scope('fc2'):
03      W_fc2 = weight_variable([1024, 10])
04      b_fc2 = bias_variable([10])
05      y_conv = tf.matmul(h_fc1_drop, W_fc2) + b_fc2
06      print("CNN READY")
07      return y_conv, keep_prob
```

8. 损失函数

对于损失函数，还是选取最常用的softmax交叉熵损失函数。所以，构建整个模型的具体实现如下：

```
01  #定义输入placeholder
02  x = tf.placeholder(tf.float32, [None, n_input])
03  y_ = tf.placeholder(tf.float32, [None, n_output])        #用于保存真实的label
04  #进行卷积神经网络训练
```

```
05  y_conv, keep_prob = CNN_mnist(x)
06  # 定义损失函数
07  with tf.name_scope('loss'):
08      cross_entropy = tf.nn.softmax_cross_entropy_with_logits(labels=y_,logits=y_conv)
09      cross_entropy = tf.reduce_mean(cross_entropy)
10  # 优化器
11  with tf.name_scope('adam_optimizer'):
12      train_step = tf.train.AdamOptimizer(0.001).minimize(cross_entropy)
```

6.6.3 进行数据训练

接下来进行正式的数据训练。使用小批量梯度下降法进行优化，总迭代1001次，每训练完100次，输出当前的训练状态，具体实现如下：

```
01  # 定义评测准确率的操作
02  with tf.name_scope('accuracy'):
03      correct_prediction = tf.equal(tf.argmax(y_conv, 1), tf.argmax(y_, 1))
04      correct_prediction = tf.cast(correct_prediction, tf.float32)
05      accuracy = tf.reduce_mean(correct_prediction)
06  # 初始化所有参数
07  init=tf.global_variables_initializer()
08  sess = tf.Session()
09  sess.run(init)
10  training_epochs = 1001    # 所有样本迭代1000次
11  batch_size = 100          # 每进行一次迭代选择100个样本
12  display_step = 100
13  for i in range(training_epochs):
14      avg_cost = 0.
15      total_batch = int(mnist.train.num_examples/batch_size)
16      batch = mnist.train.next_batch(batch_size)
17      train_step.run(feed_dict={x:batch[0], y_:batch[1], keep_prob:0.7})
```

6.6.4 评估模型

使用测试集数据对神经网络模型进行评估，在每完成100次训练后，输出当前模型对于训练集和测试集的准确率，具体实现如下：

```
01  if i % display_step ==0:              # 每100次训练，对准确率进行一次测试
02      train_accuracy = accuracy.eval(feed_dict={x: batch[0], y_: batch[1], keep_prob: 1.0})
03      print('step %d, training accuracy %g' % (i, train_accuracy))
04      test_accuracy = accuracy.eval(feed_dict={x:mnist.test.images,
                       y_:mnist.test.labels, keep_prob:1.0})
05      print('test accuracy %g' % (test_accuracy))
```

运行上述代码，可以看到在训练过程中准确率的提升情况，如图6.20所示。

```
Saving graph to: C:\Users\ADMINI~1\AppData\Local\Temp\tmp4n38or9p
step 0, training accuracy 0.21
test accuracy 0.1198
step 100, training accuracy 0.87
test accuracy 0.8818
step 200, training accuracy 0.9
test accuracy 0.9301
step 300, training accuracy 0.95
test accuracy 0.9468
step 400, training accuracy 0.98
test accuracy 0.9536
step 500, training accuracy 0.96
test accuracy 0.9598
step 600, training accuracy 0.98
test accuracy 0.9637
step 700, training accuracy 0.93
test accuracy 0.9664
step 800, training accuracy 0.99
test accuracy 0.9705
step 900, training accuracy 0.99
test accuracy 0.9717
step 1000, training accuracy 0.97
test accuracy 0.973
```

图6.20　查看准确率的提升情况

可以看到，对于测试集的准确率达到97%以上，并且还在上升。所以，卷积神经网络是目前比较好的图像识别算法。

6.7　循环神经网络

循环神经网络(Recurrent Neural Network，RNN)是在自然语言处理领域中最先被使用的处理模型，在自然语言处理方面有着良好的应用。

接下来将详细介绍循环神经网络及其常见模型，并使用一个循环神经网络来实现对MNIST数据集的识别。

6.7.1　循环神经网络简介

在前面章节中介绍了全连接神经网络和卷积神经网络。在训练和预测阶段，它们都只单独地取出每个输入，经过处理后给出输出，前一个输入和后一个输入是完全没有关系的，在输入上是可以随机的。

但是，某些任务需要前一个输入和后一个输入有关联关系。比如，当我们在理解一句话的意思时，孤立地理解这句话的每个词是不够的，我们需要处理这些词连接起来的整个序列；当我们处理视频时，也不能只单独去分析每一帧，而要分析这些帧连接起来的整个序列。

循环神经网络在基础神经网络模型中增加了循环机制，使得信号从一个神经元传递到另一个神经元后，其值并不会马上消失，而是继续存活，以此达到之前输入与后续输入相关联的目的。在构造循环神经网络模型时，不再像全连接神经网络和卷积神经网络一样，仅仅在输入层到输出层的每层之间进行连接，而且还将隐层的内部神经元连接起来，使得隐层的输入不仅仅包括上一层的输出，还包括上一时刻隐层的输出。

对于循环神经网络模型，如果按照时间顺序展开，网络模型如图6.21所示。

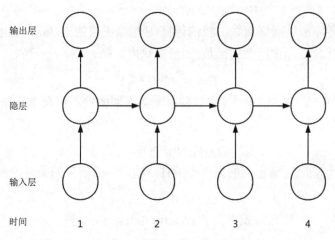

图6.21 循环神经网络模型

对于时间点为2的步骤，输入值既包括来自输入层的值，也包括来自前一步(时间点为1)的隐层的值。

6.7.2 基本循环神经网络

基本循环神经网络模型由一个输入层、一个隐层和一个输出层组成。

1. 输入值与输出值

对于基本循环神经网络中的隐层而言，它的输入值既有来自输入层的输入，也有隐层自身上一时刻的输出值。相应的输出值需要输出到输出层，并进行临时保存，留给下一时刻的隐层使用，如图6.22所示。

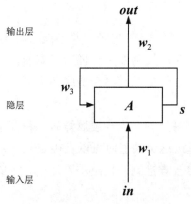

图6.22 基本循环神经网络模型

其中，*in*是一个向量，表示输入层的值；*s*也是一个向量，表示隐层的计算值；*out*仍是一个向量，表示输出层的值。

W_1是输入层到隐层的权重矩阵；W_2是隐层到输出层的权重矩阵；W_3则是将隐层上一时刻的值作为这一时刻的输入时的权重。可以看出，基本循环神经网络是在全连接神经网络的基础上，增加了权重值为W_3的输入*s*。

对于这样的循环神经网络而言，我们计算*t*时刻输出层的值Out_t。它由隐层的输出值S_t经过权重矩阵W_2计算后，使用激活函数g激活后输出。Out_t可以表示为：

$$Out_t = g(W_2 \cdot S_t)$$

上述表达式中，隐层的输出值S_t由当前时刻输入层的输入值In_t和上一时刻隐层的输出值S_{t-1}分别经过权重矩阵计算后，使用激活函数f激活后输出。S_t可以表示为：

$$S_t = f(W_1 \cdot In_t + W_3 \cdot S_{t-1})$$

因此，可以计算*t*时刻输出层的值Out_t与*t*时刻输入层的值In_t的关系，表示如下：

$$\begin{aligned}Out_t &= g(W_2 \cdot S_t) \\ &= g(W_2 \cdot f(W_1 \cdot In_t + W_3 \cdot S_{t-1})) \\ &= g\left(W_2 \cdot f(W_1 \cdot In_t + W_3 \cdot f(W_1 \cdot In_{t-1} + W_3 \cdot S_{t-2}))\right)\end{aligned}$$

也就是说，循环神经网络的输出值与前面历次的输入值是相关联的。

2. 循环神经网络的训练

循环神经网络的训练方法所使用的BP算法和全连接神经网络的训练方法所使用的BP算法类似，只是在反向传播中，它不仅依赖于当前层的网络，还依赖于前面若干层的网络，称为基于时间的反向传播算法(Back Propagation Trough Time，BPTT)，主要包含的四个步骤如下：

① 前向计算每个神经元的输出值。
② 反向计算每个神经元的误差项值，它是误差函数E对神经元j的加权输入的偏导数。
③ 计算每个权重的梯度。
④ 最后再用随机梯度下降法更新权重。

3. 梯度问题

对于这样的基本循环神经网络，在实践中并不能很好地处理较长的序列。由于计算的关联性，在计算级联的梯度时，极易发生让梯度朝着非常大的值或非常小的值发展的情况。当梯度值大到超出参数边界的情况时，会造成梯度爆炸问题。当梯度值小到非常小的情况时，会造成梯度消失问题。

对于梯度爆炸问题相对容易处理。当梯度爆炸时，程序会收到NaN错误。我们也可以设置一个梯度阈值，当梯度超过这个阈值时可以直接截取。

而对于梯度消失问题就比较难检测，也更难以处理。一般来说，可通过如下三种方法应对梯度消失问题。

1) 合理地初始化权重值。初始化权重值，使每个神经元尽可能不要取极大值或极小值，以躲开梯度消失的区域。

2) 使用relu代替sigmoid和tanh作为激活函数，这也是卷积神经网络中的常见做法。

3) 使用其他结构的循环神经网络。

6.7.3 长短期记忆网络

我们知道，使用基本循环神经网络进行训练时，很难处理长距离的依赖，非常容易产生梯度消失或梯度爆炸问题。

长短期记忆网络(Long Short Term Memory Network，LSTM)是一种改进后的循环神经网络，它成功解决了原始循环神经网络的缺陷，成为当前最流行的RNN。当前，LSTM已经在语音识别、图片描述和自然语言处理等许多领域得以成功应用。

1. LSTM模型

长短期记忆网络的思路就是在原始RNN的隐层中再增加状态C，这样就可以保存长期状态，而不必依靠每次的计算。LSTM模型如图6.23所示。

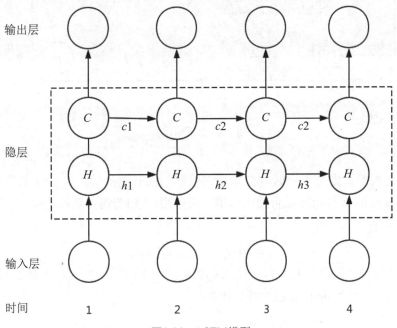

图6.23　LSTM模型

例如在$t=2$时刻，LSTM的输入有三个：当前时刻网络输入层的输入值，上一时刻LSTM的输出值$h1$以及上一时刻的单元状态$c1$。LSTM的输出有两个：当前时刻LSTM的输出值$h2$和当前时刻的单元状态$c2$。

对于LSTM模型而言，关键就是怎样控制长期状态C。在LSTM中，设计了一个单元(cell)和三个门(gate)来实现对长期状态C的控制。一个单元有一个状态参数，用来记录状态；三个门分别是输入门(input gate)、输出门(output gate)和遗忘门(forget gate)。输入门决定当前时刻网络的输入有多少保存到单元状态。输出门(output gate)控制单元状态有多少输出到LSTM的当前输出值。遗忘门决定上一时刻的单元状态有多少保留到当前时刻。

2. LSTM计算

LSTM的门开关决定了前向计算时的结果，整个前向计算是对输入值X分别进行遗忘门计算、输入门计算和输出门计算的过程，如图6.24所示。

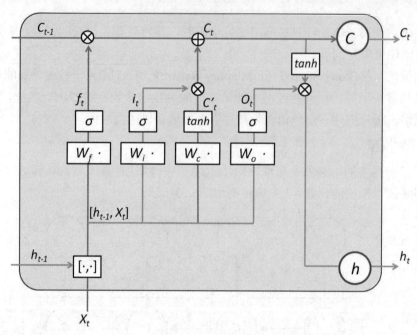

图6.24　LSTM计算

(1) 遗忘门

遗忘门处理的数据是上一时刻的短期记忆和当前时刻的输入。对这两个数据进行计算后，使用sigmoid函数判断是否使用该值。可使用t时刻的输入值和$t-1$时刻的h值进行计算，计算表示为：

$$f_t = \sigma(W_f \cdot [h_{t-1}, X_t] + b_f)$$

其中，W_f是遗忘门的权重矩阵，$[h_{t-1}, X_t]$表示把两个向量连接成一个更长的向量，b_f是遗忘门的偏置项，使用sigmoid函数进行计算。

(2) 输入门

输入门处理的数据也是上一时刻的短期记忆和当前时刻的输入。对这两个数据进行计算后，使用sigmoid函数判断是否使用该值。可使用t时刻的输入值和$t-1$时刻的h值进行计算，计算表示为：

$$i_t = \sigma(W_i \cdot [h_{t-1}, X_t] + b_i)$$

其中，W_i是输入门的权重矩阵，$[h_{t-1}, X_t]$表示把两个向量连接成一个更长的向量，b_i是输入门的偏置项，使用sigmoid函数进行计算。

(3) 输入状态

输入状态是指对于根据上一时刻的短期记忆和当前时刻的输入所获取的更新信息。可使用数学描述为：

$$C'_t = tanh(W_c \cdot [h_{t-1}, X_t] + b_c)$$

(4) 长期记忆状态

长期记忆状态由上一时刻的长期状态、遗忘门以及输入门、新的输入状态共同决定。它是由上一次的单元状态 C_{t-1} 按元素乘以遗忘门 f_t，再用当前输入门 i_t 按元素乘以输入的单元状态 C'_t，最后将两个积相加而产生的，使用数学描述为：

$$C_t = f_t \circ C_{t-1} + i_t \circ C'_t$$

其中，。表示矩阵的哈达马积运算操作。

对于长期记忆，由遗忘门和输入门进行共同控制。由于遗忘门的控制，可以保存很久之前的信息。由于输入门的控制，又可以避免当前无关紧要的内容进入记忆。

(5) 输出门

输出门处理的数据也是上一时刻的短期记忆和当前时刻的输入。对这两个数据进行计算后，使用sigmoid函数判断是否使用该值。可使用在 t 时刻的输入值和 $t-1$ 时刻的 h 值进行计算，计算表示为：

$$O_t = \sigma(W_o \cdot [h_{t-1}, X_t] + b_o)$$

(6) 最终输出

LSTM最终输出的短期记忆值由输出门和长期记忆状态确定，数学表示为：

$$h_t = O_t \circ \tanh(C_t)$$

对于LSTM网络的训练，依然使用反向传播算法进行网络训练，更新权重矩阵。

3. TensorFlow的LSTM类

在TensorFlow中针对RNN提供了多种方法，特别是针对LSTM提供了一些相应的方法，主要包括：

tf.contrib.rnn.BasicLSTMCell
tf.contrib.rnn.MultiRNNCell
tf.nn.dynamic_rnn(cell, inputs, sequence_length=None, initial_state=None, dtype=None, parallel_iterations=None, swap_memory=False, time_major=False, scope=None)

(1) tf.nn.rnn_cell.BasicLSTMCell(n_hidden, forget_bias=1.0, state_is_tuple=True)
用来创建最基本的LSTM网络单位。

☐ 参数n_hidden

表示神经元的个数。

□ 参数forget_bias

表示LSTM中遗忘门的忘记系数。如果等于1，则表示不会忘记任何信息。如果等于0，则表示都忘记。

□ 参数state_is_tuple

返回状态的表示方式，默认值为True。当state_is_tuple=True时，前面讲到的LSTM网络中的状态C和H就是分开记录的，放在二元组tuple中返回；否则，按列连接起来返回。官方建议用True。

另外，在实际使用中还需要使用Cell类的状态初始化函数zero_state(batch_size, dtype)。其中，参数batch_size就是输入样本批次的数目，dtype就是数据类型。

(2) tf.contrib.rnn.MultiRNNCell(cells, state_is_tuple=True)

用来创建多个cell记录的历史信息。

(3) tf.nn.dynamic_rnn(cell, inputs, sequence_length=None, initial_state=None, dtype=None, parallel_iterations=None, swap_memory=False, time_major=False, scope=None)

前面的BasicLSTMCell和MultiRNNCell方法用于创建RNN的神经元，而dynamic_rnn方法用于具体执行RNN运算。

□ 参数cell

表示RNN节点，例如，前面使用BasicLSTMCell方法创建的节点。

□ 参数inputs

RNN网络的输入值。需要注意的是，如果参数time_major为False，则输入张量的维度必须是[batch_size, max_time, ...]，否则输入张量的维度必须是[max_time, batch_size, ...]。默认情况为第一种。

□ 参数initial_state

初始化RNN节点的状态。

□ 返回值

dynamic_rnn返回两个变量，第一个是每个步骤的输出值，第二个是最终的状态。

6.7.4 双向循环神经网络简介

除了前面介绍的循环神经网络外，在自然语言处理中，我们还会经常遇到需要通过上下文环境来推导的情况，这不仅仅要查看前面的词语，还需要查看后面的词语。这就引出了双向循环神经网络，如图6.25所示。

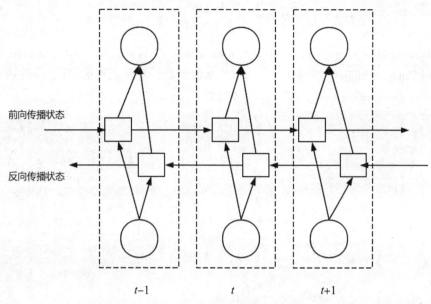

图6.25 双向循环神经网络模型

从图6.25可以看出，双向循环神经网络的隐层要保存两个值，一个值A参与正向计算，另一个值A'参与反向计算。最终的输出值取决于A和A'。计算方法为：

$$Out_t = g(W_2 \cdot A_t + W'_2 \cdot A'_t)$$

而A和A'的计算方法为：

$$A_t = f(W_1 \cdot In_t + W_3 \cdot A_{t-1})$$
$$A'_t = f(W'_1 \cdot In_t + W'_3 \cdot A'_{t-1})$$

也就是说，正向计算时，隐层的值与前向传播状态有关；反向计算时，隐层的值与反向传播状态有关。最终的输出取决于正向和反向计算的和。

当前，循环神经网络除了前面介绍的基本循环神经网络、LSTM循环神经网络和双向循环神经网络外，还有GRU、CW-RNN、深度双向RNN等循环神经网络。这些循环神经网络主要从基本循环向两个方向演化：一是对隐层的功能逐渐增强，二是实现网络的双向性和加深。

6.8 通过循环神经网络处理MNIST

在6.7节中，详细介绍了循环神经网络的设计模型，并详细讲解了基本循环神经网络、长短期记忆网络的计算方法和TensorFlow提供的一些相关函数。

在本节中，我们将通过构建LSTM循环神经网络模型来实现对MNIST数据集的处理。

6.8.1 加载MNIST训练数据

对于MNIST数据集的使用，需要导入input_data.py文件，使用TensorFlow.contrib.learn.python.learn.datasets.mnist中的read_data_sets来加载数据。具体实现如下：

```
01  import tensorflow as tf
02  import numpy as np
03  import input_data
04  def main(_):
05      # 加载MNIST数据集
06      mnist = input_data.read_data_sets('data/', one_hot=True)
07      trainimg = mnist.train.images
08      trainlabel = mnist.train.labels
09      testimg = mnist.test.images
10      testlabel = mnist.test.labels
11      print("MNIST ready")
```

6.8.2 构建神经网络模型

对于神经网络模型的构建主要可分为四步，分别是构建输入层、隐层、输出层以及定义损失函数。

在本例中，构建的LSTM网络模型由一个输入层、一个全连接神经网络层、一个LSTM层和一个输出层组成。

由于MNIST数据集中的每一个图片文件都是28像素×28像素，因此在进行RNN分类处理时，可以把图片的每行看成一个输入序列，逐行进行有序输入。对于RNN而言，每一步输入的序列长度为28，输入的步数总共是28步，因此，RNN的基本参数定义为：

```
01  # RNN神经网络的参数
02  n_input = 28          # 输入层的数量
03  n_steps = 28
04  n_hidden = 128        # 隐层的数量
05  n_classes = 10        # 输出的数量，因为是分类问题，这里一共有10类
```

输入数据及各种权重的初始化定义如下：

```
01  x = tf.placeholder("float32", [None, n_steps, n_input])
02  y = tf.placeholder("float32", [None, n_classes])
03  # 随机初始化每一层的权重值和偏置值
04  weights = {
05      'hidden': tf.Variable(tf.random_normal([n_input, n_hidden])),
06      'out': tf.Variable(tf.random_normal([n_hidden, n_classes]))
07  }
08  biases = {
09      'hidden': tf.Variable(tf.constant(0.1,shape=([n_hidden,]))),
10      'out': tf.Variable(tf.constant(0.1,shape=([n_classes,])))
11  }
```

定义循环神经网络模型，主要包括一个全连接神经网络层和一个LSTM层。

由于从MNIST数据集中读取数据时采取分批读取的方式，因此每批次读取的数据格式为(batch_size, n_steps, n_input)。为了实现与全连接神经网络层的矩阵乘法，需要先按照全连接神经网络层权重矩阵的维度对输入值进行矩阵维度的调整。

完成全连接神经网络层后，进行LSTM层的定义。由于循环神经网络要求输入张量的维度必须是[batch_size, max_time, ...]，因此还需要再次进行数据维度的调整。具体实现如下：

```
01  def RNN(_X,_weights, _biases):
02      _X = tf.reshape(_X, [-1, n_input])
03      # 输入层到隐层，第一次是直接运算
04      X_in = tf.matmul(_X, _weights['hidden']) + _biases['hidden']
05      #规则数据
06      X_in =tf.reshape(X_in,[-1,n_steps,n_hidden])
07      #之后使用LSTM
08      lstm_cell = tf.contrib.rnn.BasicLSTMCell(n_hidden, forget_bias=1.0,state_is_tuple=True)
09      #初始化
10      init_state=lstm_cell.zero_state(batch_size,dtype=tf.float32)
11      # 使用dynamic_rnn方法，执行RNN运算
12      outputs, final_state = tf.nn.dynamic_rnn(lstm_cell, X_in, initial_state=init_state,time_major=False)
13      # 输出层
14      results=tf.matmul(final_state[1], _weights['out']) + _biases['out']
15      return results
```

至此，完成了循环神经网络模型的构建，然后定义损失函数。使用常用的tf.nn.softmax_cross_entropy_with_logits()方法，具体实现如下：

```
01  # 定义损失函数和优化方法，其中损失函数为softmax交叉熵，优化方法为Adam
02  cost = tf.reduce_mean(tf.nn.softmax_cross_entropy_with_logits( logits=pred, labels=y))
03  optimizer = tf.train.AdamOptimizer(learning_rate).minimize(cost)
```

6.8.3 进行数据训练及评估模型

接下来进行正式的数据训练。使用小批量梯度下降法进行优化，对循环神经网络模型的准确率进行评估，具体实现如下：

```
01  # 进行模型评估
02  correct_pred = tf.equal(tf.argmax(pred, 1), tf.argmax(y, 1))
03  accuracy = tf.reduce_mean(tf.cast(correct_pred, tf.float32))
04  # 初始化
05  init = tf.global_variables_initializer()
06  # 开始运行
07  with tf.Session() as sess:
08      sess.run(init)
09      step = 0
10      # 持续迭代
11      while step * batch_size < training_iters:
```

```
12      batch_xs, batch_ys = mnist.train.next_batch(batch_size)
13      # 对数据进行处理,使其符合输入
14      batch_xs = batch_xs.reshape((batch_size, n_steps, n_input))
15      sess.run(optimizer, feed_dict={x: batch_xs, y: batch_ys, })
16      # 在特定的迭代回合进行数据的输出
17      if step % display_step == 0:
18          acc = sess.run(accuracy, feed_dict={x: batch_xs, y: batch_ys, })
19          print('step %d, training accuracy %g' % (step, acc))
20      step += 1
```

运行上述代码,可以看到在训练过程中准确率的提升情况,如图6.26所示。

```
step 400, training accuracy 0.976562
step 420, training accuracy 0.945312
step 440, training accuracy 0.960938
step 460, training accuracy 0.914062
step 480, training accuracy 0.976562
step 500, training accuracy 0.953125
step 520, training accuracy 0.976562
step 540, training accuracy 0.960938
step 560, training accuracy 0.992188
step 580, training accuracy 0.960938
step 600, training accuracy 0.9375
step 620, training accuracy 0.96875
step 640, training accuracy 0.96875
step 660, training accuracy 0.96875
step 680, training accuracy 0.953125
step 700, training accuracy 0.96875
step 720, training accuracy 0.976562
step 740, training accuracy 0.976562
step 760, training accuracy 0.96875
step 780, training accuracy 0.992188
```

图6.26 准确率的提升情况

可以看到,准确率是稳步提升的,可见此可见,循环神经网络也是个不错的识别算法。

6.9 递归神经网络

在前面章节中,我们已经详细介绍了最常用的全连接神经网络、卷积神经网络和循环神经网络。本节中将简要介绍递归神经网络。

6.9.1 递归神经网络简介

递归神经网络(Recursive Neural Network,RNN)与循环神经网络类似,主要用于自然语言的处理,而且可以处理诸如树和图这样的递归结构。

递归神经网络的输入是两个或多个子节点，输出就是将这些子节点编码后产生的父节点，父节点的维度和每个子节点是相同的，如图6.27所示。

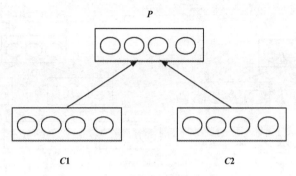

图6.27 递归神经网络模型

其中，C_1和C_2分别表示两个子节点的向量，P表示父节点的向量。子节点和父节点组成一个全连接神经网络。

在数学上可以描述为，假设子节点和父节点的维度是d，全连接神经网络的权重矩阵为W，则W的维度将是$d \times 2d$，父节点的计算公式可以写成：

$$P = \tanh(W \begin{bmatrix} C_1 \\ C_2 \end{bmatrix} + b)$$

然后，我们把产生的父节点的向量和其他子节点的向量再次作为网络的输入，产生它们的父节点。如此递归下去，直至整棵树处理完毕。最终，我们将得到根节点的向量，可以认为是对整棵树的表示，这样就实现了把树映射为向量。

6.9.2 递归神经网络的应用

递归神经网络可以把树结构、图结构的信息编码为一个向量，也就是把信息映射到一个语义向量空间中。在语义向量空间中，一般满足某一类性质。

例如，在语义向量空间中，语义相似的向量距离更近。也就是说，如果两句话的意思相似，那么把它们分别编码后的两个向量的距离也相近；反之，如果两句话的意思截然不同，那么编码后两个向量的距离则很远。

利用这样的性质，我们可以对自然语言中的歧义句进行有效的区别。例如，"我们三个人一组"这一句话，通过递归神经网络可以表示为图6.28所示的情形。

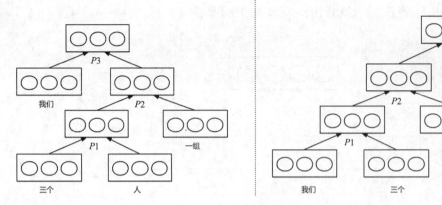

图6.28 递归神经网络可区别歧义句

很明显，图6.28中将"我们三个人一组"分为两种语法解析树：一种是"我们/三个人一组"，也就是说，我们的人很多，按照每三个人一组的方式进行分组；另一种是"我们三个人/一组，也就是说，我们只有三个人，并且组成一组。采用递归神经网络可以将这两种解析方式编码为不同的向量，从而区别出不同的语义。

递归神经网络可以将词、句、段、篇按照它们的语义映射到同一个语义向量空间中，也就是把树结构、图结构的信息表示为一个个有意义的向量。有了这些向量后，就可以此为基础去完成更高级的任务，比如情感分析等。

尽管递归神经网络具有更为强大的表示能力，但是在实际应用中并不太流行。其中一个主要原因是，递归神经网络的输入是树结构、图结构，而这种结构需要花费很多人力去标注。相对于递归神经网络能够带来的性能提升，这种投入是不太划算的。

6.10 本章小结

本章主要介绍了神经网络，讲解了神经元模型、神经网络层，并详细讲解了全连接神经网络、卷积神经网络、循环神经网络等主要的神经网络的原理、计算过程以及TensorFlow提供的方法等，主要内容包括通用神经网络层的构建、卷积层的使用、池化层的使用、循环神经元的构建以及损失函数的选择等。本章针对手写数字数据集MNIST分别使用了softmax回归、卷积神经网络(CNN)、长短期记忆(LSTM)神经网络进行了构建和训练，具体说明了使用TensorFlow构建神经网络的步骤和重点。

第7章 无监督学习

在前面章节中，简要介绍了线性模型、SVM以及几种常用的神经网络模型。这些模型主要针对有标签的数据进行训练，属于监督学习。本章将对无监督学习进行讲解。

7.1 无监督学习简介

在前面介绍的机器学习方法中，训练数据都是有标签的。但在现实世界中，想要提供具有标签的数据并不容易，对于大量的训练数据，我们没有精力去进行标识甚至是无法标识的。我们希望能够实现一种犹如人脑的模型，只需少量的标签便可理解这个多彩的世界。对于这种仅有数据本身而没有标签的训练数据的学习，就是无监督学习。

对于无监督学习而言，由于输入数据没有标签，因此在学习训练时无法获取正确的标签信息。无监督学习在模型构建、正确率等方面与监督学习都是不一样的。

7.1.1 聚类模型

目前，在无监督学习中研究最多、应用最广的就是聚类模型。

聚类的思想就是对于这些未明确指定分类的数据，通过它们本身呈现出的结构，使用若干通常不相交的子集对样本数据进行划分，每个子集称为"簇"。通过这样的划分，每个簇可能对应着一些潜在的类别。这些通过聚类模型划分的类别，在训练前是未知的，只是在训练过程中自动形成了簇结构。对于这种自然划分形成的簇，在实际使用前还需要使用者再次进行评估。

基于不同的学习策略，人们设计出了多种类型的聚类算法，主要包括原型聚类、密度聚类和层次聚类等。

- **原型聚类** 假设数据的聚类结构能通过一组原型进行刻画。之后能对原型进行不断的迭代更新，进而获取到数据的聚集、分类。这种算法在实际的聚类任务中极为常用，主要的原型聚类算法包括K均值聚类、学习向量量化(LVQ)以及高斯混合聚类。
- **密度聚类** 假设数据的聚类结构能通过样本分布的紧密程度来确定。之后能从样本密集程度的角度考虑样本之间的连续性，并基于可连续样本不断扩展聚类簇以获得最终的聚类结果。最著名的密度聚类算法就是DBSCAN算法。
- **层次聚类**，假设数据的聚类结构能通过数据的分层来确定。通过在不同层次对数据集进行划分，从而形成树型的聚类结构。对于数据样本的层次划分，可以采用"自底向上"的聚合策略，也可以采用"自顶向下"的分拆策略。其中，最著名的层次聚类算法就是AGNES算法。

7.1.2 自编码网络模型

在无监督学习中，还有一种重要的训练方法是自编码网络。

自编码网络是一种神经网络，利用的是信息论中对信息进行"编码-解码"的原理。通过对信息进行"编码-解码"，可以对原始信息进行恢复重建，而且编码后的信息虽然在形式上与原始信息不同，但却有效地保留了原始信息的内容。

在自编码网络模型中，一般都通过构建多层神经网络来实现。将原始信息作为神经网络模型的输入，通过神经网络中间层的处理对原始信息进行"编码-解码"，形成神经网络的输出。对神经网络的输出与原始信息之间的误差进行比较，以误差最小化作为损失函数进行整体网络的迭代和调整。

在此基础上，还可以进一步改造。比如，对输入添加噪声后进行训练，可以使编码信息具有一定的抗噪能力等。

接下来，将使用最常用的K均值聚类和自编码网络来讲解无监督学习。

7.2 K均值聚类

K均值聚类算法是聚类算法中的一种常用算法。本节将详细介绍K均值聚类算法并使用该算法对数据进行分类。

7.2.1 K均值聚类算法简介

K均值聚类算法是一种常用的聚类算法，过程如下：对于给定的样本集D，划分为K的簇类，使所有的簇划分C满足最小化平方误差。换言之，计算每个样本点与其所属质心的距离的误差平方和最小化平方误差，计算公式为：

$$E = \sum_{i=1}^{K} \sum_{x \in X} ||X - \mu_i||^2$$

我们需要实现的就是最小化平方误差E。但这是NP-hard问题，难以直接计算出最正确的结果。在实际工程计算中，可以通过迭代优化的方法来逼近最优解。

迭代优化的思路是任意选定K个质心，然后将所有样本数据根据选定的K个质心划分为K个簇，之后根据划分的每个簇内的样本数据调整质心的位置。最后再次将所有样本根据新质心进行簇划分，不断迭代。主要计算过程可以分为如下几步：

① 对于给定的数据样本D，任意选择其中的K个点作为初始质心。
② 将每个点分配到距离最近的质心，形成K个簇。
③ 对于完成分配的K个簇，再次重新计算每个簇的质心。
④ 重复步骤②，再次将每个点分配给新的最近那个簇的质心。
⑤ 不断迭代步骤②和③，直到簇不发生变化或达到最大迭代次数为止。

在计算过程中，需要特别关注的是K值的选取、初始质心、距离算法和质心的更新等关键点。

对于K的取值，表示需要得到的簇的数目，也就是样本数据的标签数。如果能够明确最终的标签数，就可以直接使用K值。但在进行无监督学习时，我们通常事先无法明确数据的分布情况，也就无法明确知道数据的簇的数目。在K值的选取过程中，一般通过枚举来不断优化和调整，不会将K值设置得很大。

对于初始质心的选取，由于具有随机性，因此一般进行随机选取。但在进行随机选取时，需要注意样本数据集在每一个维度上的最小值与最大值，随机的质心尽量不要超过样本数据的边界。、

对于每个点到质心的距离，计算方法有很多种，常用的有欧氏距离、余弦相似度、汉明距离等。在K均值聚类算法中，一般采用欧氏距离算法来计算两个点的距离，欧氏距离公式如下：

$$\text{distEclud}(X, Y) = \sqrt{\sum_{i=1}^{n}(X_i - Y_i)^2}$$

对于质心的更新计算，会将簇中所有样本的均值作为该簇的质心，这也是K均值名称的由来。

需要特别说明的是，由于整个过程采用迭代优化的计算思想来近似求解，因此并不能保证收敛到的都是全局的最优解，有很大可能最终获取的结果是局部的最优解。所以在实际工作中，为了取得比较好的效果，我们一般会用不同的初始质心来进行计算，从而得到多个局部的最优解，再通过对比各个结果来分析确定最优解。

7.2.2 K均值聚类算法实践

我们使用K均值聚类算法来对MNIST训练集中的图片进行类型标注，最后与训练集中的正确标签进行对比。

1. 加载数据

对于MNIST数据集的使用，我们已经非常熟悉了。但在无监督学习中，进行训练的样本仅仅是MNIST数据集中的图片数据，而并没有使用MINST数据集中的标识数据。加载数据的具体实现如下：

```
01  import tensorflow as tf
02  import numpy as np
03  import input_data
04  from random import randint
05  from collections import Counter
06  # 导入MNIST数据集
07  mnist = input_data.read_data_sets('data/', one_hot=True)
08  #使用训练集的图片数据作为输入数据
09  X=mnist.train.images # shape:(55000, 784)
10  N = mnist.train.num_examples # 样本点数目
```

2. 实现K均值聚类算法

我们知道K均值聚类算法采用循环迭代的方式，重点关注的是明确K值、初始质心、计算距离和更新质心。

在对MNIST数据集的处理过程中，K值是我们最终对样本数据的分类数量。因此，MNIST数据集最终被分类为0~9共10类，因此K值取10。

对于初始质心的选取，是在样本数据的边界通过随机选取的方式来实现的，例如：

start_pos = tf.Variable(X[np.random.randint(X.shape[0], size=k),:], dtype=tf.float32)
centroids = tf.Variable(start_pos.initialized_value(), 'S', dtype=tf.float32)

对于每个点的分配，首先计算该点到所有质心的距离，然后使用tf.argmin()方法获取距离最小的质心作为该点所在区域的质心，划分到该簇。

完成簇的划分后，对于该簇内所有的样本数据使用tf.unsorted_segment_sum()方法求和、求平均值，获得簇的新质心。

然后不断迭代，直到质心不再变化或者训练次数完成，具体实现如下：

```
01  k = 10 # 类别数目
02  MAX_ITERS = 100 # 最大迭代次数
03  #获取初始质心
04  start_pos = tf.Variable(X[np.random.randint(X.shape[0], size=k),:], dtype=tf.float32)
05  centroids = tf.Variable(start_pos.initialized_value(), 'S', dtype=tf.float32)
06  # 输入值
07  points = tf.Variable(X, 'X', dtype=tf.float32)
08  ones_like = tf.ones((points.get_shape()[0], 1))
09  prev_assignments = tf.Variable(tf.zeros((points.get_shape()[0], ), dtype=tf.int64))
10  # 获取距离
```

```
11  p1 = tf.matmul(
12      tf.expand_dims(tf.reduce_sum(tf.square(points), 1), 1),
13      tf.ones(shape=(1, k))
14  )
15  p2 = tf.transpose(tf.matmul(
16      tf.reshape(tf.reduce_sum(tf.square(centroids), 1), shape=[-1, 1]),
17      ones_like,
18      transpose_b=True
19  ))
20  #计算距离
21  distance = tf.sqrt(tf.add(p1, p2) - 2 * tf.matmul(points, centroids, transpose_b=True))
22  #划分该点的簇
23  point_to_centroid_assignment = tf.argmin(distance, axis=1)
24  # 计算均值
25  total = tf.unsorted_segment_sum(points, point_to_centroid_assignment, k)
26  count = tf.unsorted_segment_sum(ones_like, point_to_centroid_assignment, k)
27  means = total / count
28  #中心点是否变化
29  is_continue = tf.reduce_any(tf.not_equal(point_to_centroid_assignment, prev_assignments))
30  #循环迭代
31  with tf.control_dependencies([is_continue]):
32      loop = tf.group(centroids.assign(means), prev_assignments.assign(point_to_centroid_assignment))
```

3. 进行数据训练

接下来进行正式的数据训练，具体实现如下：

```
01  sess = tf.Session()
02  sess.run(tf.global_variables_initializer())
03  changed = True
04  iterNum = 0
05  while changed and iterNum < MAX_ITERS:
06      iterNum += 1
07      #数据训练
08      [changed, _] = sess.run([is_continue, loop])
09      res = sess.run(point_to_centroid_assignment)
10      print(iterNum)
11  print("train finished")
```

4. 评估模型

对于模型的评估，我们先查看一下经过K均值训练后，MNIST数据集中图片被划分的情况。

在使用K均值训练后，样本数据被划分到10个簇中。由于是MNIST数据集，因此对于一个簇中的样本数据，我们可以获取对应的正确标签。我们对每一个簇中样本数据的正确标签进行统计，显示数量排在前三的标签及对应数量。最后，通过查看簇中前三的正确标签及数量，判断簇划分的正确性。具体实现如下：

```
01  #记录训练集的真实标签数据，为了测试准备率
02  y_=mnist.train.labels
```

```
03  y = []
04  for m in range(N):
05      for n in range(10):
06          if(y_[m][n]==1):
07              y.append(n)
08  # 评估。获取每个簇所有的点，按照真实标签的前三数量显示
09  nums_in_clusters = [[] for i in range(10)]
10  for i in range(N):
11      nums_in_clusters[res[i]].append(y[i])
12  for i in range(10):
13      print (Counter(nums_in_clusters[i]).most_common(3) )
```

运行上述代码，可以看到在训练结束后，每个簇中各类标签的数量如图7.1所示。

```
train finished
[(4, 2885), (9, 2670), (7, 1612)]
[(7, 3466), (9, 2243), (4, 1758)]
[(3, 3646), (5, 1649), (8, 1026)]
[(2, 3877), (3, 197), (6, 72)]
[(1, 2675), (5, 749), (8, 385)]
[(0, 2588), (6, 90), (5, 57)]
[(8, 3203), (5, 1400), (3, 910)]
[(6, 4486), (2, 189), (0, 169)]
[(0, 2272), (5, 233), (6, 126)]
[(1, 3460), (3, 381), (2, 311)]
```

图7.1　K均值训练结果

可以看出，用K均值划分的簇类与真实的标签值之间存在一定的区别。

例如，第01行按照K均值划分的簇中，真实标签为"4"的样本有2885个，标签为"9"的样本有2670个。这个簇划分得并不好，很难说明簇代表的含义。

但是，对于第06行的簇而言，真实标签为"0"的样本有2588个，标签为"6"的样本有90个。这个簇内的数据就比较统一，误差也在可接受范围内。

为了进一步判断簇划分的准确率，使用测试集进行测试。对于每一个划分的簇，使用该簇中所有样本数据的最高真实标签作为该簇的标签。然后使用测试集计算准确率。具体实现如下：

```
01  # 计算每个簇中的样本个数，将最高频的标签作为该簇的标签(使用idx)
02  counts = np.zeros(shape=(3, k))
03  for i in range(len(idx)):
04      counts[idx[i]] += mnist.train.labels[i]
05  # 将最高频的标签分配给质心
06  labels_map = [np.argmax(c) for c in counts]
07  labels_map = tf.convert_to_tensor(labels_map)
08  # 评估模型
09  cluster_label = tf.nn.embedding_lookup(labels_map, cluster_idx)
10  # 计算准确率
11  correct_prediction = tf.equal(cluster_label, tf.cast(tf.argmax(Y, 1), tf.int32))
12  accuracy_op = tf.reduce_mean(tf.cast(correct_prediction, tf.float32))
13  # 测试模型
```

```
14  test_x, test_y = mnist.test.images, mnist.test.labels
15  print("测试准确率: ", sess.run(accuracy_op, feed_dict={X: test_x, Y: test_y}))
```

运行上述代码，可以看到最后训练的结果输出如下：

测试准确率： 0.7127

可以看出，结果同有监督学习中对MNIST数据集建模后的准确率相比有一定的差距，所以，无监督学习的准确率还需要不断改进。

7.3 自编码网络

自编码网络是另一种无监督学习方法，通过对信息进行"编码-解码"来完成信息的恢复重建，从而形成模型。接下来详细介绍自编码网络使用的算法，并使用自编码网络实现对MNIST数据集的识别。

7.3.1 自编码网络简介

自编码网络是指将自编码的思想应用到神经网络算法。

1. 自编码器

自编码器就是一种试图还原原始输入的系统，由编码器(Encoder)和解码器(Decoder)两部分组成，如图7.2所示。

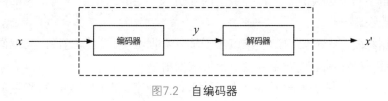

图7.2 自编码器

编码器将输入信号x变换成编码信号y，再由解码器将编码信号y转换成输出信号x'，在数学上表示为：

$$y = f(x)$$
$$x' = g(y) = g(f(x))$$

自编码器的目的是让输出信号x'尽可能复现输入信号x。但是如果$f(x)$和$g(x)$是恒等映射，则自编码器毫无意义。所以，我们经常对中间信号y做一定的约束，使系统能够学习得到的编码变换$f(x)$和$g(x)$，这两者既不是恒等映射，又尽可能使输出值等于输入值。

需要注意的是，对于自编码器，我们往往并不关心输出，而真正关心的是中间层的编码，因为我们使用自编码器使编码信号y以一种不同的形式承载了原始数据x的所有信息，也就是对x的一种自学习方式的特征进行提取。

2. 自编码神经网络

自编码神经网络就是使用神经网络模型将输入样本编码到隐层，然后从隐层解码到输出层进行样本重建的过程，如图7.3所示。

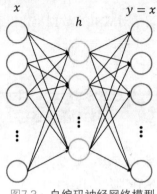

图7.3 自编码神经网络模型

其中，将输入层数据 x 转换到隐层 h，再转换到输出层 y。整个过程可以表示为：

$$h = f(x) = sigmoid((\vec{x} \cdot \vec{W}) + b)$$

$$x' = g(h) = sigmoid((\vec{h} \cdot \vec{W'}) + b')$$

其中，从输入层到隐层是一个编码的过程，通过去掉输入数据本身存在的不同程度的冗余信息，把有用的特征输入隐层。可以说，隐层是在尽量不损失信息量的情况下，对原始数据的另一种表达。所以，我们应对隐层予以特别关注。

为了尽量学到有意义的表达，一般给隐层引入一定的约束条件，常见的约束条件是数据维度和稀疏性。

对于数据维度，一般要求隐层维度小于输入数据维度。也就是说，自编码神经网络试图以更小的维度描述原始数据而尽量不损失数据信息。

对于稀疏性，一般要求隐层维度大于输入数据维度，但同时会约束隐层的神经元活跃程度，希望大部分神经元是抑制的。对于有稀疏性限制的自编码器，称为稀疏自编码器，它们能够有效地找到大量维度中真正重要的若干维。

对于自编码神经网络的损失函数，根据数据的不同形式，一般选择二次误差或交叉熵误差。

7.3.2 自编码网络实践

下面使用自编码网络来对MNIST数据集中的图片进行类型标注，最后使用测试数据进行评估。

1. 加载数据

对于MNIST数据集的使用，我们已经非常熟悉了。但在无监督学习中，进行训练的样本仅仅是MNIST数据集中的图片数据，而并没有使用MINST数据集中的标识数据。

2. 自编码网络的构建

自编码网络的构建可分为四层，分别是输入层、隐层1、隐层2和输出层。

输入层从MNIST数据集中获取输入图片，维度为28×28=784，定义如下：

x_ = tf.placeholder(tf.float32, [None, 784])

通过隐层1和隐层2对输入数据进行编码和解码。在本例中，使用数据维度限制，使两个隐层的神经元数量都低于输入数据维度，分别设置为256和128。

对于损失函数，选择二次误差法。计算原始输入值与经过编码-解码后的输出值之间的平方差，作为损失值。整个过程的具体实现如下：

```
01  #网络模型，两个隐层
02  n_hidden1=256
03  n_hidden2=128
04  n_input=784
05  #初始化权重
06  weights={
07      'encoder_h1':tf.Variable(tf.random_normal([n_input,n_hidden1]) ),
08      'encoder_h2':tf.Variable(tf.random_normal([n_hidden1,n_hidden2]) ),
09      'decoder_h1':tf.Variable(tf.random_normal([n_hidden2,n_hidden1]) ),
10      'decoder_h2':tf.Variable(tf.random_normal([n_hidden1,n_input]) ),
11      }
12  #初始化偏置项
13  biases={
14      'encoder_b1':tf.Variable(tf.random_normal([n_hidden1]) ),
15      'encoder_b2':tf.Variable(tf.random_normal([n_hidden2]) ),
16      'decoder_b1':tf.Variable(tf.random_normal([n_hidden1]) ),
17      'decoder_b2':tf.Variable(tf.random_normal([n_input]) ),
18      }
19  #编码函数
20  def encoder(x):
21      layer1=tf.nn.sigmoid(tf.add(tf.matmul(x,weights['encoder_h1']),biases['encoder_b1']))
22      layer2=tf.nn.sigmoid(tf.add(tf.matmul(layer1,weights['encoder_h2']),biases['encoder_b2']))
23      return layer2
24  #解码函数
25  def decoder(x):
26      layer1=tf.nn.sigmoid(tf.add(tf.matmul(x,weights['decoder_h1']),biases['decoder_b1']))
27      layer2=tf.nn.sigmoid(tf.add(tf.matmul(layer1,weights['decoder_h2']),biases['decoder_b2']))
28      return layer2
29  #构建模型
30  encoder_op=encoder(x_)
31  decoder_op=decoder(encoder_op)
32  #预测值
33  y_pred=decoder_op
34  #真实值
35  y_true=x_
36  #损失函数
37  leraning_rate=0.01 #学习率
38  cost=tf.reduce_mean(tf.pow(y_true-y_pred,2))
39  optimizer=tf.train.RMSPropOptimizer(leraning_rate).minimize(cost)
```

3. 进行数据训练

接下来进行正式的数据训练，具体实现如下：

```
01  #训练
02  training_epochs=20
03  init = tf.global_variables_initializer() # 全局参数初始化器
04  sess = tf.Session()
05  sess.run(init)
06  total_batch=int(mnist.train.num_examples/batch_size)
07  for epoch in range(training_epochs):
08      for i in range(total_batch):
09          batch_xs, batch_ys = mnist.train.next_batch(batch_size)
10          _,c=sess.run([optimizer,cost],feed_dict={x_: batch_xs})
11      if epoch % display_step==0:
12          print(epoch,"cost=",c)
13  print("train Finished")
```

运行训练数据，可以看到在训练过程中损失值的变化情况，如图7.4所示。

```
Extracting data/train-images-idx3-ubyte.gz
Extracting data/train-labels-idx1-ubyte.gz
Extracting data/t10k-images-idx3-ubyte.gz
Extracting data/t10k-labels-idx1-ubyte.gz
0 cost= 0.220184
1 cost= 0.180042
2 cost= 0.165702
3 cost= 0.154612
4 cost= 0.151305
5 cost= 0.148232
6 cost= 0.14068
7 cost= 0.136677
8 cost= 0.132273
9 cost= 0.125573
10 cost= 0.121865
11 cost= 0.118312
12 cost= 0.114496
13 cost= 0.110058
14 cost= 0.108262
15 cost= 0.104868
16 cost= 0.104496
17 cost= 0.10384
18 cost= 0.101889
19 cost= 0.101921
train Finished
```

图7.4　损失值的变化情况

4. 评估模型

对于模型的评估，我们从MNIST数据集中选择10张图片，分别绘制原始图片和经过训练后的自编码网络的输出图片，并进行对比。具体实现如下：

```
01  #从MNIST数据集中选择图片进行测试
02  encoder_decode=sess.run(y_pred,feed_dict={x_: mnist.test.images[:examples_to_show] })
```

```
03  sess.close()
04  #比较结果
05  f,a=plt.subplots(2,10,figsize=(10,2))
06  for i in range(examples_to_show):
07      #绘制数据集本身
08      a[0][i].imshow(np.reshape(mnist.test.images[i],(28,28)))
09      a[1][i].imshow(np.reshape(encoder_decode[i],(28,28)))
10  f.show()
11  plt.draw()
12  plt.waitforbuttonpress()
```

完成评估后,查看绘制的原始输入图片和经过训练后的自编码网络的输出图片,对比情况如图7.5所示。

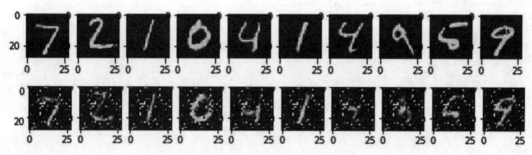

图7.5 对比原始图片和输出图片

上一排是原始输入图片,下一排是经过训练后的自编码网络的输出图片。可以很明显地看出,经过训练后的图片能够识别出对应的数字,但是存在一定的噪点。

7.4 本章小结

本章主要介绍了无监督学习的概念和经典算法,并详细讲解了K均值聚类算法,以及目前火热的自编码网络学习方法。

第8章 自然语言文本处理

在前面章节中,我们针对机器学习的主要算法进行了介绍。接下来,我们将针对自然语言处理、语音处理、图像处理、人脸识别和游戏等不同领域讲解机器学习的实际应用。

8.1 自然语言文本处理简介

自然语言处理是人工智能领域中的一个重要研究方向,主要研究人与计算机之间用人类语言进行有效沟通的理论和方法。自然语言文本处理通过输入一段文本,让计算机识别这段文本表达的含义,包括文本本身的含义甚至表达的情感。

8.1.1 处理模型的选择

在自然语言文本处理中,对输入的一段文本进行学习训练后,会生成一种对应的输出。

对于输入而言,是一段自然语言文本,与上下文之间有着密切的关系。要理解这段文本,一般都会用到循环神经网络(RNN)模型。

对于输出而言,根据实际应用场景,主要有以下几种情况。

一是应用在稿件编写、对图像进行描述等场景中。这类场景都针对一个主题,经过学习,输出一段有实际表达含义的语言文本。采用的神经网络模型一般包括CNN和RNN模型。

二是应用在电影评论、图书评论等情感分析场景中。这类场景需要针对输入的评价意见区别出积极或消极的情感。采用的模型包括基础LSTM模型等。

三是应用在机器翻译中，例如输入一段英文，然后翻译为中文语句的场景，采用的一般是Seq2Seq模型。

8.1.2 文本映射

在前面针对机器学习算法的讲解中，我们都是直接对数字进行处理。但是，自然语言文本并不是数字，如果将这些机器学习算法应用到自然语言文本的处理中，就必须将文本转换成数字。对于从文本到数字的转换，实现方法经过了不断演化，主要方法包括如下类型。

1. 词袋模型

词袋模型将文本或文档看作一袋子单词，不考虑语法和词序关系，每个词都是独立的，然后对这袋子单词进行编码。例如，我们需要处理的语句是：

TensorFlow is a good tool for making machine learning easier.

我们需要将语句中出现的所有单词都转换为对应的数字。

首先构造所有单词的词典：

```
{
    " TensorFlow ": 1,
    " is ": 2,
    " a ": 3,
    " good ": 4,
    " tool ": 5,
    " for ": 6,
    " making ": 7,
    " machine ": 8,
    " learning ": 9,
    " easier ": 10
}
```

然后使用该词典，对语句进行编码。一般采用的词向量的编码方式为独热编码(one hot representation)。换言之，如果词典中的单词在语句中出现了，则词典中该位置索引被标识为1。按照这种编码方式，语句

TensorFlow is a good tool for making machine learning easier.

对应的标识为：

[1,1,1,1,1,1,1,1,1,1]

同样，我们对一个新的语句：

Machine learning is a good tool for making data mining easier.

依照词典进行编码，则表示为：

[0,1,1,1,1,1,1,1,1,1]

使用词袋模型可以依据词典对语句进行编码，但是需要特别注意以下几点。

第一，词袋模型没有考虑词语在文本中的上下文之间的相关信息，损失了语句中单词的顺序特征。常常会出现两个含义完全不同的语句，如果使用的单词完全一样，则对应的编码也是相同的，例如：

TensorFlow is a good tool for making machine learning easier.
Machine learning is a good tool for making TensorFlow easier.

这两个语句的转换结果都是：

[1,1,1,1,1,1,1,1,1]

第二，对于每一个语句，无论语句的长短如何，都会使用相同词典长度的编码。为了保证词语的覆盖范围，一般情况下会选择非常大的词汇量作为词典。因此，语句的表示向量会非常稀疏。

第三，每一个单词都具有相同的数值化索引，无法体现单词在语句中的重要性。例如，所处理语句中的单词TensorFlow和is具有相同的数值化索引值1，但是对于理解语句，单词TensorFlow明显比单词is更重要，词袋模型无法体现这种强弱关系。

2. TF-IDF算法

为了解决词袋模型中每一个单词都具有相同的索引，无法体现不同单词重要程度的问题，创建了TF-IDF(Term Frequency-Inverse Document Frequency，词频-逆向文件频率)算法。

该算法原本是用于资讯检索的一种常用加权技术，使用统计学方法来评估一个单词对于文件集或一份文件对于语料库的重要程度。它从两方面来判断单词的权重值，分别是词频和文件频率。

首先，我们考虑词频。词频是某个单词在文档中出现的频率，根据词频可确定每个单词的权重W_{tf}：

$$W_{tf} = \frac{单词W出现的次数}{该文档中所有单词的数目}$$

我们认为某个单词在文档中出现的次数越多，它就越重要。

但是，对于一些通用的单词，如the、a等，虽然在文档中出现的频率都非常高，但是对于主题并没有太大的作用，所以单纯使用词频是不够的。

对于通用单词，它们在每一篇文档中出现的频率都非常高；而与文档主题有关的单词，仅仅会在一篇文档中出现的频率较高。根据这一特征，于是就有了逆向文件频率(Inverse Document Frequency，IDF)。

IDF的主要思想就是：在整个语料库中，包含词条t的文档越多，就说明词条t极有可能是通用单词，其与文档主题的关联性较小，IDF较小；反之，包含词条t的文档越少，就说明词条t极有可能与文档的主题相关，IDF越大。对于某一特定词条的IDF，可以用总文件数目除以包含该词条之文件的数目，再对得到的商取对数来进行计算，公式为：

$$IDF = \log(\frac{语料库中文档总数}{包含词条\ t\ 的文档数}) = \log(\frac{1}{W_{df}})$$

结合词频和文件频率两方面的权重设计，就可以找到一种适合的计算方法，使得一个词条与主题的关联越强，权重越大；关联越弱，权重越小。所以对于每个单词，它在每个文档中的TF-IDF值可以表示为：

$$W_{tf-IDF} = W_{tf} \cdot \log(\frac{1}{W_{df}})$$

其中，W_{tf}是文档中词条的词频，W_{df}是包含该词条的所有文档的总频率。

清楚了一个词条的TF-IDF后，在实际计算时就能够找到重要的词语，过滤掉不那么重要的词语，从而可以在保证有效性的情况下降低运算量。

3. 词语的分布式表示

在词袋模型中，采用了one-hot representation编码方式。这种编码方式仅仅对词语进行了符号化，并没有很好地利用自然语言中单词的顺序和语义信息。

Harris在1954年提出的分布假说认为：上下文相似的单词，语义也相似。在1957年，Firth进一步阐述和明确了分布假说，他认为：单词的语义由上下文决定。

基于分布假说，对自然语言的表示可以分为两大步骤：首先，选择一种方式来描述上下文；其次选择一种模型来描述目标词与上下文之间的关系。在实践中，主要可以分为三类：基于矩阵的分布表示、基于聚类的分布表示和基于神经网络的分布表示。

基于神经网络的分布表示又称为词向量或词嵌入(word embedding)。由于神经网络词向量表示技术通过神经网络技术对上下文，以及上下文与目标词之间的关系进行建模，因此在表示复杂的上下文时，具有明显的优势。

除了解决单词顺序问题，还需要解决one-hot representation编码方式具有维度过大的缺点，因此在词向量表示中还进行了两点改进：一是将词向量中的每个元素由整型改为浮点型，变为整个实数范围；二是将原来稀疏的巨大维度压缩并嵌入到一个更小维度的空间。

4. word2vec方法

在2013年，谷歌的工程师创建了一种词向量方法来实现基于神经网络的词分布表示，该方法被命名为word2vec。在word2vec方法中，提出并实现了CBOW(Continuous Bag Of Word，连续词袋模型)和skip-gram语言模型。

CBOW通过上下文来预测目标词的模型，而skip-gram语言模型从一个单词来预测上下文的模型。这两个模型的对比如图8.1所示。

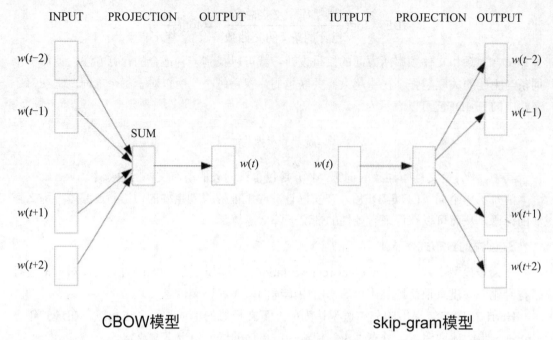

图8.1 CBOW模型和skip-gram模型

CBOW模型是一个典型的神经网络，需要关注的是输入层、隐层、输出层以及损失函数。

输入层是目标词的上下文的独热编码方式，也就是C个$1×V$的矩阵。

隐层将这C个$1×V$的矩阵分别与同一个$V×N$大小的权重矩阵相乘，然后取平均值。

输出层将隐层的输入值与一个$N×V$大小的权重矩阵相乘，得到$1×V$的输出值。该输出值中的每个元素代表的就是词库里每个词的事后概率。

损失函数就是输出层的输出值与目标词真实的独热编码形式做比较后的计算结果。

在实际的实现过程中，由于V通常是一个很大的数，因此计算起来相当费时。在word2vec方法中，用基于huffman编码的hierarchical softmax筛选掉了一部分不可能的词，然后又用nagetive samping去掉了一些负样本的词，从而降低了复杂度。

skip-gram语言模型的训练过程类似，只不过输入和输出刚好相反。

8.1.3 TensorFlow文本处理的一般步骤

自然语言文本的处理一般分为文本初始化、模型构建、模型训练和评估。对于模型的构建、训练和评估，可以分为如下步骤。

① 首先需要对原始数据进行初始化，主要包括对原始数据的清洗，涉及大小写字符、标点符号、数字、空白字符以及自然语言处理中停用词(stop word)的处理。

② 根据处理后的数据，通过生成词汇表、转换词编码的方式，在文字与数值之间建立映射字典，并对输入数据进行编码。

③ 构建处理模型，一般是在循环神经网络模型的基础上进行调整。
④ 训练和评估模型。

8.2 学写唐诗

唐诗是汉语使用成就的一块瑰宝，在本节中我们将使用唐诗的生成过程来讲解对自然语言文本的处理。

自然语言文本的处理采用神经网络模型，步骤一般可分为数据预处理、生成训练模型和评估模型。

8.2.1 数据预处理

对于自然语言文本处理，关键的一步就是训练数据的处理，主要包括原始数据的清洗、生成词典和生成词编码。

1. 原始数据的清洗

这里，我们选择的训练数据就是全唐诗文本。在文本中有标题和内容，格式上存在空格等字符。我们对训练数据进行清洗，具体实现如下：

```
01  poetry_list = []  # 存放唐诗的数组
02  # 从文件中读取唐诗
03  with open(ORIGIN_DATA, 'rb') as f:
04      f_lines = f.readlines()
05      print ('唐诗总数 : {}'.format(len(f_lines)))
06      # 逐行进行处理
07      for line in f_lines:
08          strip_line = line.strip().decode('utf8')           # 去除前后空白符，转码
09          try:
10              title, content = strip_line.split(':')         # 将唐诗分为标题和内容
11          except:
12              continue
13          content = content.strip().replace(' ', '')         # 去除内容中的空格
14          # 舍弃含有非法字符的唐诗
15          if '(' in content or '（' in content or '<' in content or '《' in content or '_' in content or '[' in content:
16              continue
17          lenth = len(content)
18          if lenth < 20 or lenth > 100:                      # 舍弃过短或过长的唐诗
19              continue
20          # 加入列表
21          poetry_list.append('s' + content + 'e')
22  print ('用于训练的唐诗数 : {}'.format(len(poetry_list)))
```

2. 生成词典

从训练数据中提取出所有的单词，并统计各个单词出现的次数。为了避免低频词的干

扰，同时减少模型参数，我们只保留部分高频词来生成词典，具体实现如下：

```
01 poetry_list=sorted(poetry_list,key=lambda x:len(x))
02 words_list = []
03 # 获取唐诗中的所有字符
04 for poetry in poetry_list:
05     words_list.extend([word for word in poetry])
06 # 统计出现的次数
07 counter = collections.Counter(words_list)
08 # 排序
09 sorted_words = sorted(counter.items(), key=lambda x: x[1], reverse=True)
10 # 获得按出现次数降序排列的字符列表
11 words_list = ['<unknown>'] + [x[0] for x in sorted_words]
12 words_list = words_list[:len(words_list)]
13 print ('词典大小：   {}'.format(words_list))
14 #保存词典数据
15 with open(VOCAB_DATA, 'w') as f:
16     for word in words_list:
17         f.write(word + '\n')
```

3. 生成词编码

文字是无法直接输入模型中的，所以需要根据词典对训练数据进行编码，然后才能使用。编码过程的具体实现如下：

```
01 def word_to_id(word, id_dict):
02     if word in id_dict:
03         return id_dict[word]
04     else:
05         return id_dict['<unknown>']
06 # 生成单词到id的映射
07 word_id_dict = dict(zip(words_list, range(len(words_list))))
08 # 将poetry_list转换成向量形式
09 id_list=[]
10 for poetry in poetry_list:
11     id_list.append([str(word_to_id(word,word_id_dict)) for word in poetry])
12 # 将向量写入文件
13 with open(OUTPUT_DATA, 'w') as f:
14     for id_l in id_list:
15         f.write(' '.join(id_l) + '\n')
```

8.2.2 生成训练模型

对于训练模型，选择LSTM模型为基础模型进行改造，主要包括一个输入层、一个LSTM层、一个全连接神经网络层和一个输出层。

```
01 def train(self):
02     tf.reset_default_graph()
03     x_data = tf.placeholder(tf.int32, [BATCH_SIZE, None])  # 输入数据
04     y_data = tf.placeholder(tf.int32, [BATCH_SIZE, None])  # 标签
05     emb_keep = tf.placeholder(tf.float32)  # embedding层dropout保留率
```

```
06    rnn_keep = tf.placeholder(tf.float32)  # LSTM层dropout保留率
07    data = dataset.Dataset(BATCH_SIZE)  # 创建数据集
08    global_step = tf.Variable(0, trainable=False)
09    lstm_cell = [
        tf.nn.rnn_cell.DropoutWrapper(tf.nn.rnn_cell.BasicLSTMCell(HIDDEN_SIZE), output_keep_
        prob=rnn_keep) for _ in range(NUM_LAYERS)]
10    cell = tf.nn.rnn_cell.MultiRNNCell(lstm_cell)
11    # 创建词嵌入矩阵权重
12    embedding = tf.get_variable('embedding', shape=[VOCAB_SIZE, HIDDEN_SIZE])
13    # 创建softmax层参数
14    softmax_weights = tf.get_variable('softmaweights', shape=[HIDDEN_SIZE, VOCAB_SIZE])
15    softmax_bais = tf.get_variable('softmax_bais', shape=[VOCAB_SIZE])
16    # 进行词嵌入
17    emb = tf.nn.embedding_lookup(embedding, x_data)
18    # dropout
19    emb_dropout = tf.nn.dropout(emb, emb_keep)
20    # 计算循环神经网络的输出
21    init_state = cell.zero_state(BATCH_SIZE, dtype=tf.float32)
22    outputs, last_state = tf.nn.dynamic_rnn(cell, emb_dropout, scope='d_rnn',
      dtype=tf.float32, initial_state=init_state)
23    outputs = tf.reshape(outputs, [-1, HIDDEN_SIZE])
24    # 计算logits
25    logits = tf.matmul(outputs, softmax_weights) + softmax_bais
26    #损失函数,计算交叉熵
27    outputs_target = tf.reshape(y_data, [-1])
28    coss = tf.nn.sparse_softmax_cross_entropy_with_logits(logits=logits,labels=outputs_target, )
29    loss = tf.reduce_mean(coss)
30    # 学习率
31    learn_rate = tf.train.exponential_decay(LEARN_RATE, global_step, LR_DECAY_STEP, LR_
      DECAY)
32    # 计算梯度,并防止梯度爆炸
33    trainable_variables = tf.trainable_variables()
34    grads, _ = tf.clip_by_global_norm(tf.gradients(loss, trainable_variables), MAX_GRAD)
35    # 创建优化器
36    optimizer = tf.train.AdamOptimizer(learn_rate)
37    train_op = optimizer.apply_gradients(zip(grads, trainable_variables), global_step)
```

接下来进行正式的数据训练。在训练过程中保存训练模型,便于评估时使用。具体实现如下:

```
01  #开始训练
02    saver = tf.train.Saver()
03    with tf.Session() as sess:
04      sess.run(tf.global_variables_initializer())  # 初始化
05      for step in range(TRAIN_TIMES):
06        # 获取训练batch
07        x, y = data.next_batch()
08        # 计算损失
09        Loss, _ = sess.run([loss, train_op],  feed_dict={x_data: x,
          y_data:y, emb_keep:EMB_KEEP, rnn_keep:RNN_KEEP})
10        if step % SHOW_STEP == 0:
```

```
11              print ('step {}, loss is {}'.format(step, Loss))
12          # 保存模型
13          if step % SAVE_STEP == 0:
14              saver.save(sess, CKPT_PATH, global_step=global_step)
```

运行上述代码,可以看到在训练过程中损失值的变化情况以及模型对测试数据集准确率的提升情况,如图8.2所示。

```
Reloaded modules: rnn_model, dataset, setting, utils
step 0, loss is 8.744064331054688
step 1, loss is 8.742897987365723
step 2, loss is 8.741910934448242
step 3, loss is 8.741204261779785
step 4, loss is 8.73952865600586
step 5, loss is 8.738457679748535
step 6, loss is 8.736448287963867
step 7, loss is 8.734400749206543
step 8, loss is 8.730825424194336
step 9, loss is 8.727068901062012
step 10, loss is 8.721028327941895
step 11, loss is 8.713068962097168
step 12, loss is 8.701953887939453
step 13, loss is 8.686874389648438
```

图8.2　生成训练模型

同时,会在指定文件夹中生成训练模型的相关数据,文件如图8.3所示。

```
名称
checkpoint
model_ckpt-1.data-00000-of-00001
model_ckpt-1.index
model_ckpt-1.meta
model_ckpt-101.data-00000-of-00001
model_ckpt-101.index
model_ckpt-101.meta
model_ckpt-201.data-00000-of-00001
model_ckpt-201.index
model_ckpt-201.meta
```

图8.3　生成训练模型的相关数据

8.2.3　评估模型

对于模型的评估,我们以实现唐诗的输出为目标,分别实现随机生成一首唐诗和生成一首藏头诗。

生成唐诗的过程是:通过已用文字,不断预测其后出现的文字。具体而言,就是当有一个文字A后,将该文字转换为id数值,对id数值使用训练模型进行训练,生成一个输出id

数值,最后将该输出id数值转换为一个文字B,从而获得输入文字A的后续文字B。不断迭代获得后续文字,最终组成一句诗。使用训练模型的具体实现如下:

```
01    x_data = tf.placeholder(tf.int32, [1, None])
02    emb_keep = tf.placeholder(tf.float32)
03    rnn_keep = tf.placeholder(tf.float32)
04    saver = tf.train.Saver()
05    # 单词到id的映射
06    word2id_dict = utils.read_word_to_id_dict()
07    # id到单词的映射
08    id2word_dict = utils.read_id_to_word_dict()
09    # 验证用模型
10    embedding = tf.get_variable('embedding', shape=[VOCAB_SIZE, HIDDEN_SIZE])
11    softmax_weights = tf.get_variable('softmaweights', shape=[HIDDEN_SIZE, VOCAB_SIZE])
12    softmax_bais = tf.get_variable('softmax_bais', shape=[VOCAB_SIZE])
13    emb = tf.nn.embedding_lookup(embedding, x_data)
14    emb_dropout = tf.nn.dropout(emb, emb_keep)
15    lstm_cell = [tf.nn.rnn_cell.DropoutWrapper(tf.nn.rnn_cell.BasicLSTMCell(HIDDEN_SIZE),
          output_keep_prob=rnn_keep) for _ in range(NUM_LAYERS)]
16    cell = tf.nn.rnn_cell.MultiRNNCell(lstm_cell)
17    # 与训练模型不同,这里只生成一首古体诗,所以batch_size=1
18    init_state = cell.zero_state(1, dtype=tf.float32)
19    outputs, last_state = tf.nn.dynamic_rnn(cell, emb_dropout, scope='d_rnn',
          dtype=tf.float32, initial_state=init_state)
20    outputs = tf.reshape(outputs, [-1, HIDDEN_SIZE])
21    logits = tf.matmul(outputs, softmax_weights) + softmax_bais
22    probs = tf.nn.softmax(logits)
```

下面以随机生成一首唐诗为例,具体实现如下:

```
01    with tf.Session() as sess:
02      # 加载最新的模型
03      ckpt = tf.train.get_checkpoint_state('ckpt')
04      saver.restore(sess, ckpt.model_checkpoint_path)
05      if poemtype=='poem':                    #随机生成一首唐诗
06        #预测第一个文字
07        rnn_state = sess.run(cell.zero_state(1, tf.float32))
08        x = np.array([[word2id_dict['s']]], np.int32)
09        #记录最后的状态,以此循环生成文字,直到完成一首唐诗
10        prob, rnn_state = sess.run([probs, last_state],
             {x_data: x, init_state: rnn_state, emb_keep: 1.0, rnn_keep: 1.0})
11        idword = sorted(prob, reverse=True)[:100]
12        index = np.searchsorted(np.cumsum(idword),
             np.random.rand(1) * np.sum(idword))
13        word = id2word_dict[int(index)]
14        poem = ''
15        while word != 'e':                   # 循环操作,直到预测出结束符号'e'
16          poem += word
17          x = np.array([[word2id_dict[word]]])
18          prob, rnn_state = sess.run([probs, last_state],
             {x_data: x, init_state: rnn_state, emb_keep: 1.0, rnn_keep: 1.0})
19          idword = sorted(prob, reverse=True)[:100]
```

```
20            index = np.searchsorted(np.cumsum(idword),
                  np.random.rand(1) * np.sum(idword))
21            word = id2word_dict[int(index)]
22        # 打印生成的唐诗
23        print (poem)
```

运行上述代码,随机生成一首唐诗:

留和吹破信森罗,
穆矣声中更赞谁。
座上霜浓天下久,
满身应是去经年。

生成一首藏头诗的过程与随机生成唐诗的过程类似,只是每一句开头的文字需要以要求的藏头文字开始,具体实现如下:

```
01        if poemtype==' head ' :                    #生成藏头诗,进行预测
02            rnn_state = sess.run(cell.zero_state(1, tf.float32))
03            poem = ''
04            cnt = 1
05            # 逐句生成诗歌
06            for x in poemstr:
07                word = x
08                while word != ', ' and word != '。':
09                    poem += word
10                    x = np.array([[word2id_dict[word]]])
11                    prob, rnn_state = sess.run([probs, last_state],
                          {x_data: x, init_state: rnn_state, emb_keep: 1.0, rnn_keep: 1.0})
12                    idword = sorted(prob, reverse=True)[:100]
13                    index = np.searchsorted(np.cumsum(idword),
                          np.random.rand(1) * np.sum(idword))
14                    word = id2word_dict[int(index)]
15                    if len(poem) > 25:
16                        print ('bad.')
17                        break
18                # 根据单双句添加标点符号
19                if cnt & 1:
20                    poem += ', '
21                else:
22                    poem += '。'
23                cnt += 1
24        # 打印生成的藏头诗
25        print (poem)
```

我们以"生日快乐"为藏头,运行上述代码,生成一首藏头诗,如下所示:

生金有气寻还远,
日落云收叠翠屏。
快风一瞬收残雨,
乐天知命了无忧。

通过本节的练习,我们掌握了最基础的自然语言处理方式。

8.3 智能影评分类

自然语言文本处理除了能够智能编写诗词、歌曲甚至稿件外,还包括从人类的自然语言文本中获取人们的情感。

本节通过创建CBOW单词嵌套,并使用它们对影评数据进行情感分析来区别大家对电影的态度。

8.3.1 CBOW嵌套模型

CBOW嵌套模型是word2vec方法的一种实现模型,能够比较好地体现词序关系。它是一种通过上下文来预测目标词的模型,在本节中,将通过康奈尔大学提供的影评数据集(http://www.cs.cornell.edu/people/pabo/movie-review-data/)来实现该模型。

影评数据集由电影评论组成,其中包括肯定和否定态度的评论各1000篇、标注了褒贬属性的句子各5331句、标注了主客观标签的句子各5000句。正因为如此,该影评数据库是情感分析研究中使用最广泛的数据集,能够应用到分析篇章、句子、词语等各种细粒度的情感分析场景中。

使用影评数据集实现CBOW嵌套模型的过程需要包括加载数据、归一化文本、构建词典、创建词向量训练模型以及训练词向量模型几个步骤。

1. 加载数据

影评数据集是可以下载的,其中,rt-polarity.pos中包括正面评价5331句,rt-polarity.neg中包括负面评价5331句。对数据的加载主要包括下载数据集并对正面评价、负面评价信息进行加载,具体实现如下:

```
01  def load_movie_data():
02      save_folder_name = 'temp'                                           #存放地址
03      pos_file = os.path.join(save_folder_name, 'rt-polaritydata', 'rt-polarity.pos')    #正面评价
04      neg_file = os.path.join(save_folder_name, 'rt-polaritydata', 'rt-polarity.neg')    #负面评价
05      #本地是否存在影评数据集,不存在则下载
06      if not os.path.exists(os.path.join(save_folder_name, 'rt-polaritydata')):
07          movie_data_url = 'http://www.cs.cornell.edu/people/pabo/movie-
                review-data/rt-polaritydata.tar.gz'
08          req = requests.get(movie_data_url, stream=True)
09          with open('temp_movie_review_temp.tar.gz', 'wb') as f:
10              for chunk in req.iter_content(chunk_size=1024):
11                  if chunk:
12                      f.write(chunk)
13                      f.flush()
14          tar = tarfile.open('temp_movie_review_temp.tar.gz', "r:gz")     #解压数据集
15          tar.extractall(path='temp')
16          tar.close()
17      pos_data = []                   #获取正面评价
18      with open(pos_file, 'r', encoding='latin-1') as f:
```

```
19      for line in f:
20          pos_data.append(line.encode('ascii',errors='ignore').decode())
21      f.close()
22      pos_data = [x.rstrip() for x in pos_data]
23      neg_data = []                #获取负面评价
24      with open(neg_file, 'r', encoding='latin-1') as f:
25          for line in f:
26              neg_data.append(line.encode('ascii',errors='ignore').decode())
27      f.close()
28      neg_data = [x.rstrip() for x in neg_data]
29      texts = pos_data + neg_data
30      target = [1]*len(pos_data) + [0]*len(neg_data)
31      return(texts, target)
```

2．归一化文本

对于输入的文本字符串信息，可能存在大小写字符、标点符号、数字、空白字符等情况，而且还可能存在自然语言处理中的停用词情况。

停用词主要包括the、is、at、which和on等没有实际含义的单词，中文则包括使用频率特高的单汉字等。在自然语言处理中，这些词本身不具备实际含义，在处理过程中如果遇到它们，则立即停止处理，将其扔掉。这样就可以减少计算量，提高效率，并且通常都会增强最终的效果。对于停用词的处理，使用NLTK第三方工具包来实现。在代码中加入：

```
import nltk
nltk.download()
```

运行上述代码，将会出现NLTK的下载管理器，下载对应的停用词包，用于后续训练，如图8.4所示。

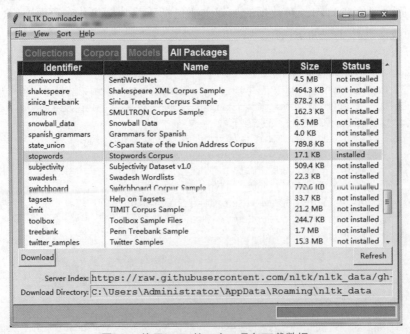

图8.4　使用NLTK第三方工具包下载数据

在归一化文本处理中，具体实现如下：

```
01  from nltk.corpus import stopwords
02  stops = stopwords.words('english')                              #停用词选取
03  def normalize_text(texts, stops):                               #归一化处理方法
04      texts = [x.lower() for x in texts]                          #大小写处理
05      texts = [''.join(c for c in x if c not in string.punctuation) for x in texts]   #移除标点
06      texts = [''.join(c for c in x if c not in '0123456789') for x in texts]         #移除数字
07      texts = [' '.join([word for word in x.split() if word not in (stops)]) for x in texts]  #移除停用词
08      texts = [' '.join(x.split()) for x in texts]                #移除空白字符
09      return(texts)
```

3. 构建词典

构建词典包括创建词汇表和将输入语句转换为单词索引列表。

对于词汇表的创建，针对每个单词创建对应的索引值。为了提升效率，将词频不高的单词都标记为RARE，作为未知单词。具体实现如下：

```
01  def build_dictionary(sentences, vocabulary_size):
02      split_sentences = [s.split() for s in sentences]
03      words = [x for sublist in split_sentences for x in sublist]
04      count = [['RARE', -1]]
05      count.extend(collections.Counter(words).most_common(vocabulary_size-1))
06      word_dict = {}
07      for word, word_count in count:
08          word_dict[word] = len(word_dict)
09      return(word_dict)
```

将语句转为单词索引值的过程就是查询词汇表的过程，具体实现如下：

```
01  def text_to_numbers(sentences, word_dict):
02      data = []
03      for sentence in sentences:
04          sentence_data = []
05          for word in sentence.split():
06              if word in word_dict:
07                  word_ix = word_dict[word]
08              else:
09                  word_ix = 0
10              sentence_data.append(word_ix)
11          data.append(sentence_data)
12      return(data)
```

构建词典就是创建词汇表和完成语句转换，具体实现如下：

```
01  word_dictionary = text_helpers.build_dictionary(texts, vocabulary_size)
02  word_dictionary_rev = dict(zip(word_dictionary.values(), word_dictionary.keys()))
03  text_data = text_helpers.text_to_numbers(texts, word_dictionary)
```

4. 创建词向量训练模型

CBOW嵌套模型将上下文窗口内的单词嵌套放在一起，预测目标单词的嵌套。词向量训练模型使用最简单的神经网络模型，输入值采用独热编码方式，经过一个隐层，然后进

行输出。对于损失函数的选取,由于结果的稀疏性太强,导致常用的softmax函数存在收敛问题,因此改用NCE损失函数。具体实现如下:

```
01  x_inputs = tf.placeholder(tf.int32, shape=[batch_size, 2*window_size])
02  y_target = tf.placeholder(tf.int32, shape=[batch_size, 1])
03  valid_dataset = tf.constant(valid_examples, dtype=tf.int32)
04  embeddings = tf.Variable(tf.random_uniform([vocabulary_size, embedding_size], -1.0, 1.0))
05  nce_weights = tf.Variable(tf.truncated_normal([vocabulary_size, embedding_size],
                    stddev=1.0 / np.sqrt(embedding_size)))
06  nce_biases = tf.Variable(tf.zeros([vocabulary_size]))
07  embed = tf.zeros([batch_size, embedding_size])
08  for element in range(2*window_size):
09      embed += tf.nn.embedding_lookup(embeddings, x_inputs[:, element])
10  loss = tf.reduce_mean(tf.nn.nce_loss(weights=nce_weights,
                    biases=nce_biases,
                    labels=y_target,
                    inputs=embed,
                    num_sampled=num_sampled,
                    num_classes=vocabulary_size))
11  optimizer = tf.train.GradientDescentOptimizer(learning_rate = model_learning_rate).minimize(loss)
12  norm = tf.sqrt(tf.reduce_sum(tf.square(embeddings), 1, keep_dims=True))
13  normalized_embeddings = embeddings / norm
14  valid_embeddings = tf.nn.embedding_lookup(normalized_embeddings, valid_dataset)
15  similarity = tf.matmul(valid_embeddings, normalized_embeddings, transpose_b=True)
16  saver = tf.train.Saver({"embeddings": embeddings})
```

5. 训练词向量模型

使用数据集进行训练,并且保存CBOW嵌套模型的单词字典以及嵌套变量。具体实现如下:

```
01  loss_vec = []
02  loss_x_vec = []
03  for i in range(generations):
04      batch_inputs, batch_labels = text_helpers.generate_batch_data(text_data, batch_size,
                    window_size,method='cbow')
05      feed_dict = {x_inputs: batch_inputs, y_target: batch_labels}
06      sess.run(optimizer, feed_dict=feed_dict)
07      if (i+1) % print_loss_every == 0:                #打印损失值
08          loss_val = sess.run(loss, feed_dict=feed_dict)
09          loss_vec.append(loss_val)
10          loss_x_vec.append(i+1)
11          print('Loss at step {} : {}'.format(i+1, loss_val))
12      if (i+1) % print_valid_every == 0:               #打印相邻词
13          sim = sess.run(similarity, feed_dict=feed_dict)
14          for j in range(len(valid_words)):
15              valid_word = word_dictionary_rev[valid_examples[j]]
16              top_k = 5  # number of nearest neighbors
```

```
17      nearest = (-sim[j, :]).argsort()[1:top_k+1]
18      log_str = "Nearest to {}:".format(valid_word)
19      for k in range(top_k):
20          close_word = word_dictionary_rev[nearest[k]]
21          log_str = '{} {},' .format(log_str, close_word)
22      print(log_str)
23  if (i + 1) % save_embeddings_every == 0:                #保存CBOW嵌套模型
24      with open(os.path.join(data_folder_name, 'movie_vocab.pkl'), 'wb') as f:
25          pickle.dump(word_dictionary, f)
26      model_checkpoint_path = os.path.join(os.getcwd(), data_folder_name,
        'cbow_movie_embeddings.ckpt')
27      save_path = saver.save(sess, model_checkpoint_path)
28      print('Model saved in file: {}'.format(save_path))
```

运行上述代码，对CBOW嵌套模型进行训练的损失值、目标词的相邻词以及保存CBOW嵌套模型的相关信息如图8.5所示。

```
Loss at step 49100 : 2.1291556358337402
Loss at step 49200 : 2.372246503829956
Loss at step 49300 : 2.1351306438446045
Loss at step 49400 : 2.2577250003814697
Loss at step 49500 : 2.267059087753296
Loss at step 49600 : 2.053145408630371
Loss at step 49700 : 2.056553602218628
Loss at step 49800 : 2.5869126319885254
Loss at step 49900 : 2.242506742477417
Loss at step 50000 : 2.3883185386657715
Nearest to love: scifi, deftly, told, today, overwrought,
Nearest to hate: admire, ability, recommend, supporting, onto,
Nearest to happy: guns, damned, thing, step, derivative,
Nearest to sad: accomplished, equal, heart, endearing, huge,
Nearest to man: tears, liked, open, nice, tiresome,
Nearest to woman: flashy, assured, believe, damage, comedies,
Model saved in file: D:\works\Tensorflow\08\Embeddings\temp
\cbow_movie_embeddings.ckpt
```

图8.5　CBOW词向量训练过程

我们已经通过以上几个步骤实现了对影评数据集的CBOW嵌套模型的构建，接下来将构建影评分类模型。

8.3.2　构建影评分类模型

对于影评分类模型的构建，使用8.3.1节训练的CBOW嵌套模型来进行单词的映射。在算法模型的选择上，由于只需要判断影评结论是正面评价还是负面评价，因此选择最简单的逻辑回归神经网络模型。

1. 加载数据

对于影评数据集中的正面评价数据和负面评价数据，随机地区别为训练数据集和测试数据集，以此进行训练和验证。

```
01  stops = stopwords.words('english')                           #停用词
02  data_folder_name = 'temp'
03  texts, target = text_helpers.load_movie_data()               #获取影评数据
04  texts = text_helpers.normalize_text(texts, stops)            #归一化文本
05  target = [target[ix] for ix, x in enumerate(texts) if len(x.split()) > 2]
06  texts = [x for x in texts if len(x.split()) > 2]
07  #获取训练、测试用的文本和标识
08  train_indices = np.random.choice(len(target), round(0.8*len(target)), replace=False)
09  test_indices = np.array(list(set(range(len(target))) - set(train_indices)))
10  texts_train = [x for ix, x in enumerate(texts) if ix in train_indices]
11  texts_test = [x for ix, x in enumerate(texts) if ix in test_indices]
12  target_train = np.array([x for ix, x in enumerate(target) if ix in train_indices])
13  target_test = np.array([x for ix, x in enumerate(target) if ix in test_indices])
14  #文本根据CBOW字典转换为编码
15  word_dictionary = pickle.load(open('temp/movie_vocab.pkl', 'rb'))
16  text_data_train = np.array(text_helpers.text_to_numbers(texts_train, word_dictionary))
17  text_data_test = np.array(text_helpers.text_to_numbers(texts_test, word_dictionary))
18  #标准化输入，输入长度统一为max_words
19  text_data_train = np.array([x[0:max_words] for x in [y+[0]*max_words for y in text_data_train]])
20  text_data_test = np.array([x[0:max_words] for x in [y+[0]*max_words for y in text_data_test]])
```

2. 构建模型

神经网络模型采用最简单的模型，只包括一个输入层、一个隐层和一个输出层。损失函数选择逻辑回归中最常用的sigmoid方式。

```
01  embeddings = tf.Variable(tf.random_uniform([vocabulary_size, embedding_size], -1.0, 1.0))
02  A = tf.Variable(tf.random_normal(shape=[embedding_size, 1]))
03  b = tf.Variable(tf.random_normal(shape=[1, 1]))
04  x_data = tf.placeholder(shape=[None, max_words], dtype=tf.int32)
05  y_target = tf.placeholder(shape=[None, 1], dtype=tf.float32)
06  embed = tf.nn.embedding_lookup(embeddings, x_data)
07  embed_avg = tf.reduce_mean(embed, 1)
08  model_output = tf.add(tf.matmul(embed_avg, A), b)
09  loss = tf.reduce_mean(tf.nn.sigmoid_cross_entropy_with_logits(logits=model_output,
        labels=y_target))
10  my_opt = tf.train.AdagradOptimizer(0.005)
11  train_step = my_opt.minimize(loss)
```

对于训练过程中的评估，采取输出训练集和测试集的准确率的方式，准确率的实现如下：

```
01  prediction = tf.round(tf.sigmoid(model_output))
02  predictions_correct = tf.cast(tf.equal(prediction, y_target), tf.float32)
03  accuracy = tf.reduce_mean(predictions_correct)
```

8.3.3 训练评估影评分类模型

对于影响分类模型的训练，使用前面保存的CBOW嵌套变量，对训练集数据进行训练，并且每迭代100次保存影评分类模型，迭代500次后打印当前的准确率。具体实现如下：

```
01  #加载CBOW嵌套变量
02  model_checkpoint_path = os.path.join('temp', 'cbow_movie_embeddings.ckpt')
03  saver = tf.train.Saver({"embeddings": embeddings})
04  saver.restore(sess, model_checkpoint_path)
05  训练模型
06  train_loss = []                    #训练集损失值
07  test_loss = []                     #测试集损失值
08  train_acc = []                     #训练集准确率
09  test_acc = []                      #测试集准确率
10  i_data = []
11  for i in range(10000):
12      rand_index = np.random.choice(text_data_train.shape[0], size=batch_size)
13      rand_x = text_data_train[rand_index]
14      rand_y = np.transpose([target_train[rand_index]])
15      sess.run(train_step, feed_dict={x_data: rand_x, y_target: rand_y})
16  #迭代100次，保存值
17      if (i + 1) % 100 == 0:
18          i_data.append(i + 1)
19          train_loss_temp = sess.run(loss, feed_dict={x_data: rand_x, y_target: rand_y})
20          train_loss.append(train_loss_temp)
21          test_loss_temp = sess.run(loss, feed_dict={x_data: text_data_test, y_target:
            np.transpose([target_test])})
22          test_loss.append(test_loss_temp)
23          train_acc_temp = sess.run(accuracy, feed_dict={x_data: rand_x, y_target: rand_y})
24          train_acc.append(train_acc_temp)
25          test_acc_temp = sess.run(accuracy, feed_dict={x_data: text_data_test, y_target:
            np.transpose([target_test])})
26          test_acc.append(test_acc_temp)
27      if (i + 1) % 500 == 0:
28          acc_and_loss = [i + 1, train_loss_temp, test_loss_temp, train_acc_temp, test_acc_temp]
29          acc_and_loss = [np.round(x,2) for x in acc_and_loss]
30          print('Generation # {}. Train Loss (Test Loss): {:.2f} ({:.2f}). Train Acc (Test Acc): {:.2f}
            ({:.2f})'.format(*acc_and_loss))
```

运行上述代码，进行影评分类模型的训练，训练过程如图8.6所示。从训练过程可以看出，其实最简单的二类逻辑回归神经网络模型效果并不理想。

```
Starting Model Training
Generation # 500. Train Loss (Test Loss): 0.71 (0.70). Train Acc (Test Acc): 0.49 (0.49)
Generation # 1000. Train Loss (Test Loss): 0.72 (0.70). Train Acc (Test Acc): 0.47 (0.49)
Generation # 1500. Train Loss (Test Loss): 0.69 (0.70). Train Acc (Test Acc): 0.51 (0.49)
Generation # 2000. Train Loss (Test Loss): 0.69 (0.70). Train Acc (Test Acc): 0.57 (0.49)
Generation # 2500. Train Loss (Test Loss): 0.72 (0.70). Train Acc (Test Acc): 0.41 (0.49)
Generation # 3000. Train Loss (Test Loss): 0.69 (0.70). Train Acc (Test Acc): 0.53 (0.49)
Generation # 3500. Train Loss (Test Loss): 0.69 (0.70). Train Acc (Test Acc): 0.55 (0.49)
Generation # 4000. Train Loss (Test Loss): 0.72 (0.70). Train Acc (Test Acc): 0.43 (0.49)
Generation # 4500. Train Loss (Test Loss): 0.70 (0.70). Train Acc (Test Acc): 0.52 (0.49)
Generation # 5000. Train Loss (Test Loss): 0.70 (0.70). Train Acc (Test Acc): 0.46 (0.50)
Generation # 5500. Train Loss (Test Loss): 0.70 (0.70). Train Acc (Test Acc): 0.41 (0.50)
Generation # 6000. Train Loss (Test Loss): 0.73 (0.70). Train Acc (Test Acc): 0.41 (0.50)
Generation # 6500. Train Loss (Test Loss): 0.70 (0.70). Train Acc (Test Acc): 0.57 (0.49)
Generation # 7000. Train Loss (Test Loss): 0.69 (0.70). Train Acc (Test Acc): 0.47 (0.50)
Generation # 7500. Train Loss (Test Loss): 0.69 (0.70). Train Acc (Test Acc): 0.52 (0.50)
Generation # 8000. Train Loss (Test Loss): 0.72 (0.70). Train Acc (Test Acc): 0.40 (0.50)
Generation # 8500. Train Loss (Test Loss): 0.72 (0.70). Train Acc (Test Acc): 0.32 (0.50)
Generation # 9000. Train Loss (Test Loss): 0.69 (0.70). Train Acc (Test Acc): 0.50 (0.51)
Generation # 9500. Train Loss (Test Loss): 0.71 (0.70). Train Acc (Test Acc): 0.53 (0.51)
Generation # 10000. Train Loss (Test Loss): 0.71 (0.70). Train Acc (Test Acc): 0.41 (0.51)
```

图8.6 影评分类模型的训练过程

通过本节的训练，读者应掌握了CBOW嵌套模型的实现，能够使用该模型对影评内容进行情感分析，判别电影的正面评价和负面评价。

8.4 智能聊天机器人

自然语言文本处理的另一个重要应用方向就是自然语言的人机交互。自然语言的人机交互主要应用于两方面：一方面应用于与用户的对话，为用户提供对应的服务，例如客服机器人、苹果的Siri；另一方面应用于智能硬件，例如应用于智能家居领域，通过用户与家居管家的对话，对家居的窗帘、灯光等家居物品进行控制。

在自然语言的人机交互发展过程中，主要经历了如下三个阶段：

第一阶段，选用的技术是特征工程，通过大量的if和else进行逻辑判断。

第二阶段，选用的技术是检索库，即建立问题与答案的检索库，当给定一个问题时，从检索库中找到最匹配的答案。

第三阶段，选用的技术是深度学习。通过对语料的大量训练，可以根据输入，生成对应的输出。目前，智能聊天机器人正在从检索库逐步发展到深度学习。

对于深度学习的算法模型，最流行的是Attention机制的Seq2Seq模型。

8.4.1 Attention机制的Seq2Seq模型

1. Seq2Seq模型

Seq2Seq(Sequence to Sequence)模型是一种翻译模型，它将一个序列翻译成另一个序列，被广泛应用于序列学习中。例如机器翻译，就是输入一个自然语言序列X，输出对应的自然语言序列Y，可以用于英语中文翻译、英语法语翻译等。例如聊天机器人，就是输入一个人类的自然语言序列X，计算机根据模型生成对答的自然语言序列Y。再如看图说话，就是输入一个图片序列X，生成自然语言的图片描述序列Y。

Seq2Seq模型在2014年由谷歌提出，其主要思路是使用一个循环神经网络模型作为编码器，使用另一个循环神经网络模型作为解码器，通过编码输入、解码输出两个环节实现从一个序列变换到另一个序列，模型框架如图8.7所示。

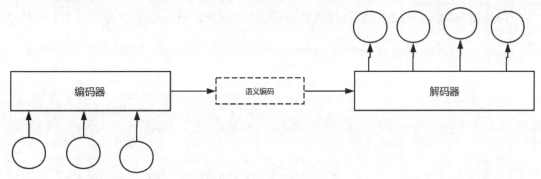

图8.7　Seq2Seq模型框架

对于输入的序列X，通过编码器进行编码生成中间语义编码C，然后解码器对中间语义编码C进行解码，在每个时刻都生成对应的y_1、y_2、y_3，从而生成对应的输出序列Y。

编码就是对各类长度不同的输入序列X使用编码器编译为向量C的过程。其中，编码器一般使用循环神经网络模型(RNN)来构建，编译生成的向量C通常也就是循环神经网络模型中的最后一个隐节点h，或是多个隐节点的加权总和。

$$h_t = f(x_t, h_{t-1})$$
$$C = g(\{h_1, ..., h_{ts}\})$$

解码就是将向量C通过一个RNN解码器进行解译，从而获取对应概率最大的那个词汇的过程。

$$s_t = f(y_{t-1}, s_{t-1}, C)$$
$$p(y_t|y<t, X) = g(y_{t-1}, s_t, C)$$

从计算公式中可以看出，Seq2Seq模型与自身上一时刻的状态有关，随着输入序列的不断增长，这种对时间序列的计算效果会表现得越来越差。因此，在基础的Seq2Seq模型中引入了Attention机制。

2. Attention机制

Attention机制源于认知心理学，是指人们在做一件事情时，会专注地做这件事情而忽略周围的其他事情。通过在基础的Seq2Seq模型中引入Attention机制，极大地提升了序列学习任务的准确率。

加入Attention机制后，会对输入的上下文进行一次基于权重的筛选。通过这种加权方式，可以让神经网络能够更好地利用语言序列在时序上的结构关系。Attention机制主要从两方面来提高Seq2Seq模型的效率：一是结构化地选取输入的子集，降低数据维度，从而减轻处理高维输入数据的计算负担；二是让任务处理更专注于找到输入数据中与当前输出最相关的有用信息，从而提高输出的质量。

在实际实现过程中可以在编码段中加入Attention模型，对源数据序列进行数据加权变换；也可以在解码端引入Attention模型，对目标数据进行加权变换，从而有效提高输出序列对输入序列的准确应答效果。

3. TensorFlow方法

TensorFlow针对Seq2Seq模型提供了相应的方法，在tf.nn.seq2seq文件中，主要包括以下5个：

```
basic_rnn_seq2seq(encoder_inputs, decoder_inputs, cell)
tied_rnn_seq2seq(encoder_inputs, decoder_inputs, cell)
embedding_rnn_seq2seq(encoder_inputs, decoder_inputs, cell, num_encoder_symbols,
        num_decoder_symbols,output_projection=None, feed_previous=False)
embedding_tied_rnn_seq2seq(encoder_inputs, decoder_inputs, cell, num_encoder_symbols,
        num_decoder_symbols,output_projection=None, feed_previous=False)
embedding_attention_seq2seq(encoder_inputs,decoder_inputs, cell, num_encoder_symbols,
        num_decoder_symbols,embedding_size,num_heads=1,output_projection=None,
        feed_previous=False, dtype=None, scope=None, initial_state_attention=False)
```

basic_rnn_seq2seq()是最简单的版本，输入和输出都是嵌入形式，并且将编码的最后一步的状态作为解码器的初始状态。编码器和解码器使用相同的RNN cell，但不共享权值参数。

tied_rnn_seq2seq()是basic_rnn_seq2seq()的变体，主要区别在于编码器和解码器不仅使用相同的RNN cell，而且共享权值参数。

embedding_rnn_seq2seq()在basic_rnn_seq2seq()的基础上对输入和输出的编码方式进行了修改，在编码方式上改为id形式。同时需要在方法内部创建分别用于编码器和解码器的词向量矩阵。编码器和解码器使用相同的DNN cell，但不共享权值参数。

embedding_tied_rnn_seq2seq()与embedding_rnn_seq2seq()类似，只是编码器和解码器使用相同的RNN cell，而且共享权值参数。

embedding_attention_seq2seq()在embedding_rnn_seq2seq()的基础上增加了Attention机制，也是我们主要使用的方法，参数如下：

```
embedding_attention_seq2seq(encoder_inputs,
        decoder_inputs,
        cell,
        num_encoder_symbols,
        num_decoder_symbols,
        embedding_size,
        num_heads=1,
        output_projection=None,
        feed_previous=False,
        dtype=None,
        scope=None,
        initial_state_attention=False):
```

- 参数encoder_inputs

表示编码器的输入,是int32型张量列表。

- 参数decoder_inputs

表示解码器的输入,是int32型张量列表。

- 参数cell

表示循环神经网络RNN_Cell的实例。

- 参数num_encoder_symbols与num_decoder_symbols

分别是编码和解码的符号数。

- 参数embedding_size

表示词向量的维度。

- 参数num_heads

表示Attention的抽头数量,一个抽头算一种加权求和方式。

- 参数output_projection

表示在将解码器的输出向量投影到词表空间时,用到的权值矩阵和偏置项(W, B)。其中,权值矩阵W的维度是[output_size, num_decoder_symbols]。偏置项B的维度是[num_decoder_symbols]。若此参数存在且feed_previous=True,就把上一个解码器的输出乘以W,再加上B作为下一个解码器的输入。

- 参数feed_previous

若为True,则只有第一个解码器的输入有用,所有的解码器输入都依赖于上一步的输出。

- 参数initial_state_attention

默认为False,初始的Attention是零;若为True,则初始的Attention是设置值。

8.4.2 数据预处理

对于智能聊天机器人的实现,我们采用带Attention机制的Seq2Seq模型。深度学习训练的第一步就是训练语料的选择和处理。

在数据集上,使用公开的康奈尔大学的电影对白语料库(Cornell Movie-Dialogs Corpus)。这是一个从电影数据中生成的电影对白语料库,包含大约600部电影对白,并且语料中含有电影名、角色和IMDB评分等许多信息。该语料库中的原始文件包含以下几个:

- movie_titles_metadata.txt,包含每部电影的名称信息。
- movie_characters_metadata.txt,包含每部电影的角色信息。
- movie_lines.txt,包含每个对话表达的实际文本。
- movie_conversations.txt,包含对话的结构,用语句id表示。
- raw_script_urls.txt,包含原始来源的URL。

在movie_lines.txt的实际对白文本中，包括编号、角色id、电影id、角色名称以及对白内容，彼此之间使用" +++$+++ "进行分隔，示例如下：

L1045 +++$+++ u0 +++$+++ m0 +++$+++ BIANCA +++$+++ They do not! L1044 +++$+++ u2 +++$+++ m0 +++$+++ CAMERON +++$+++ They do to! L985 +++$+++ u0 +++$+++ m0 +++$+++ BIANCA +++$+++ I hope so. L984 +++$+++ u2 +++$+++ m0 +++$+++ CAMERON +++$+++ She okay? L925 +++$+++ u0 +++$+++ m0 +++$+++ BIANCA +++$+++ Let's go.

对于训练数据的处理，主要包括原始数据的清洗、生成词汇表和生成词编码三个步骤[1]。

1. 原始数据的清洗

在智能聊天机器人中，我们关注的是从电影对白内容中学习获取对话的能力。先把数据由对白形式整理为聊天的"问"和"答"方式，分别生成训练集和测试集的问答文件：

train.enc
train.dec
test.enc
test.dec

2. 生成词汇表

词汇表的生成就是从训练数据中提取出所有的单词，并统计各个单词出现的次数。为了避免低频词的干扰，同时减少模型参数，我们只保留前20 000个高频词来生成词典。在实现过程中，增加了Seq2Seq模型中常用的特殊标记：

- _PAD，用来填充序列，保证每批次的序列有相同的长度。
- _GO，标记对话开始。
- _EOS，标记对话结束。
- _UNK，标记未出现在词汇表中的字符。

对于问句文件和回答文件，生成不同的词汇表：

vocab20000.enc
vocab20000.dec

3. 生成词编码

将问句和答句中的单词根据词汇表编码为对应的词编码，并保存为ids文件。转换之后生成对应的文件：

train.enc.ids20000
train.dec.ids20000
test.enc.ids20000

8.4.3 构建智能聊天机器人模型

对于训练模型的构建，使用目前最流行的带Attention机制的Seq2Seq模型。在Seq2Seq模型中，选择LSTM循环神经网络或扩展层次更深的GRU训练神经网络。对于训练模型的

---

[1] 代码请参考https://github.com/suriyadeepan/easy_seq2seq。

生成，具体实现如下：

```
01  def __init__(self, source_vocab_size, target_vocab_size, buckets, size,
        num_layers, max_gradient_norm, batch_size, learning_rate,
        learning_rate_decay_factor, use_lstm=False,
        num_samples=512, forward_only=False):
02      self.source_vocab_size = source_vocab_size              #问句词汇表大小
03      self.target_vocab_size = target_vocab_size              #答句词汇表大小
04      self.buckets = buckets                                  #指定最大输入、输出长度
05      self.batch_size = batch_size                            #批次大小
06      self.learning_rate = tf.Variable(float(learning_rate), trainable=False)   #学习率
07      self.learning_rate_decay_op = self.learning_rate.assign(
            self.learning_rate * learning_rate_decay_factor)    #调整学习率
08      self.global_step = tf.Variable(0, trainable=False)
09      output_projection = None
10      softmax_loss_function = None
11  #样本量小于词汇表，采用抽样softmax
12      if num_samples > 0 and num_samples < self.target_vocab_size:
13          w = tf.get_variable("proj_w", [size, self.target_vocab_size])
14          w_t = tf.transpose(w)
15          b = tf.get_variable("proj_b", [self.target_vocab_size])
16          output_projection = (w, b)
17  #定义softmax损失值
18          def sampled_loss(inputs, labels):
19              labels = tf.reshape(labels, [-1, 1])
20              return tf.nn.sampled_softmax_loss(w_t, b, inputs, labels, num_samples,
                    self.target_vocab_size)
21          softmax_loss_function = sampled_loss
22  #构建RNN的单元
23      single_cell = tf.nn.rnn_cell.GRUCell(size)
24      if use_lstm:
25          single_cell = tf.nn.rnn_cell.BasicLSTMCell(size)
26      cell = single_cell
27      cell = tf.nn.rnn_cell.DropoutWrapper(cell, output_keep_prob=0.5)
28      if num_layers > 1:                     #如果模型层数大于1
29          cell = tf.nn.rnn_cell.MultiRNNCell([single_cell] * num_layers)
30  #定义统一的Attention模型函数
31      def seq2seq_f(encoder_inputs, decoder_inputs, do_decode):
32          return tf.nn.seq2seq.embedding_attention_seq2seq(
            encoder_inputs, decoder_inputs, cell,
            num_encoder_symbols=source_vocab_size,
            num_decoder_symbols=target_vocab_size,
            embedding_size=size,
            output_projection=output_projection,
            feed_previous=do_decode)
```

在完成模型所需函数的定义后，再处理模型中的数据，具体实现如下：

```
01  #填充输入数据
02      self.encoder_inputs = []
03      self.decoder_inputs = []
04      self.target_weights = []
```

```
05    for i in xrange(buckets[-1][0]):  # Last bucket is the biggest one.
06        self.encoder_inputs.append(tf.placeholder(tf.int32, shape=[None],
                        name="encoder{0}".format(i)))
07    for i in xrange(buckets[-1][1] + 1):
08        self.decoder_inputs.append(tf.placeholder(tf.int32, shape=[None],
                        name="decoder{0}".format(i)))
09        self.target_weights.append(tf.placeholder(tf.float32, shape=[None],
                        name="weight{0}".format(i)))
10    # targets值是解码器偏移
11    targets = [self.decoder_inputs[i + 1]
              for i in xrange(len(self.decoder_inputs) - 1)]
12    #训练模型的输出和损失值
13    if forward_only:
14        self.outputs, self.losses = tf.nn.seq2seq.model_with_buckets(
              self.encoder_inputs, self.decoder_inputs, targets,
              self.target_weights, buckets, lambda x, y: seq2seq_f(x, y, True),
              softmax_loss_function=softmax_loss_function)
15        if output_projection is not None:
16            for b in xrange(len(buckets)):
17                self.outputs[b] = [
                  tf.matmul(output, output_projection[0]) + output_projection[1]
                  for output in self.outputs[b] ]
18    else:
19        self.outputs, self.losses = tf.nn.seq2seq.model_with_buckets(
              self.encoder_inputs, self.decoder_inputs, targets,
              self.target_weights, buckets,
              lambda x, y: seq2seq_f(x, y, False),
              softmax_loss_function=softmax_loss_function)
20    #更新梯度
21    params = tf.trainable_variables()
22    if not forward_only:
23        self.gradient_norms = []
24        self.updates = []
25        opt = tf.train.AdamOptimizer()
26        for b in xrange(len(buckets)):
27            gradients = tf.gradients(self.losses[b], params)
28            clipped_gradients, norm = tf.clip_by_global_norm(gradients,
                              max_gradient_norm)
29            self.gradient_norms.append(norm)
30            self.updates.append(opt.apply_gradients(
31                zip(clipped_gradients, params), global_step=self.global_step))
32    #保存模型
33    self.saver = tf.train.Saver(tf.global_variables())
```

模型运行时，每一步的具体实现如下：

```
01    def step(self, session, encoder_inputs, decoder_inputs, target_weights,
            bucket_id, forward_only):
02        encoder_size, decoder_size = self.buckets[bucket_id]
03        if len(encoder_inputs) != encoder_size:
```

```
04      raise ValueError("Encoder length must be equal to the one in bucket,"
                " %d != %d." % (len(encoder_inputs), encoder_size))
05    if len(decoder_inputs) != decoder_size:
06      raise ValueError("Decoder length must be equal to the one in bucket,"
                " %d != %d." % (len(decoder_inputs), decoder_size))
07    if len(target_weights) != decoder_size:
08      raise ValueError("Weights length must be equal to the one in bucket,"
                " %d != %d." % (len(target_weights), decoder_size))
09  #对输入值进行填充
10  input_feed = {}
11  for l in xrange(encoder_size):
12      input_feed[self.encoder_inputs[l].name] = encoder_inputs[l]
13  for l in xrange(decoder_size):
14      input_feed[self.decoder_inputs[l].name] = decoder_inputs[l]
15      input_feed[self.target_weights[l].name] = target_weights[l]
16  last_target = self.decoder_inputs[decoder_size].name
17  input_feed[last_target] = np.zeros([self.batch_size], dtype=np.int32)
18  #对输出值进行填充
19  if not forward_only:
20      output_feed = [self.updates[bucket_id], self.gradient_norms[bucket_id],
                    self.losses[bucket_id]]
21  else:
22      output_feed = [self.losses[bucket_id]]
23      for l in xrange(decoder_size):
24          output_feed.append(self.outputs[bucket_id][l])
25  outputs = session.run(output_feed, input_feed)
26  if not forward_only:
27      return outputs[1], outputs[2], None
28  else:
29      return None, outputs[0], outputs[1:]
```

8.4.4 训练模型

对于智能聊天机器人模型的训练，由于训练时间较长，创建模型时，可以新建模型，也可以加载保存的模型。具体实现如下：

```
01  def create_model(session, forward_only):
02    model = seq2seq_model.Seq2SeqModel( gConfig['enc_vocab_size'],
        gConfig['dec_vocab_size'], _buckets, gConfig['layer_size'], gConfig['num_layers'],
        gConfig['max_gradient_norm'], gConfig['batch_size'], gConfig['learning_rate'],
        gConfig['learning_rate_decay_factor'], forward_only=forward_only)
03    if 'pretrained_model' in gConfig:
04      model.saver.restore(session,gConfig['pretrained_model'])
05      return model
06    ckpt = tf.train.get_checkpoint_state(gConfig['working_directory'])
07    if ckpt and ckpt.model_checkpoint_path:
08      print("Reading model parameters from %s" % ckpt.model_checkpoint_path)
09      model.saver.restore(session, ckpt.model_checkpoint_path)
10    else:
```

```
11    print("Created model with fresh parameters.")
12    session.run(tf.global_variables_initializer())
13    return model
```

加载训练模型后，对数据进行分批训练，并保持训练过程。具体实现如下：

```
01  def train():
02  #准备数据集
03    print("Preparing data in %s" % gConfig['working_directory'])
04    enc_train, dec_train, enc_dev, dec_dev, _, _ =data_utils.prepare_custom_data
      (gConfig['working_directory'],gConfig['train_enc'],gConfig['train_dec'],
      gConfig['test_enc'],gConfig['test_dec'],gConfig['enc_vocab_size'],
      gConfig['dec_vocab_size'])
05    config = tf.ConfigProto()
06    config.gpu_options.allocator_type = 'BFC'
07  #训练模型
08    with tf.Session(config=config) as sess:
09  #创建模型
10      print("Creating %d layers of %d units." % (gConfig['num_layers'], gConfig['layer_size']))
11      model = create_model(sess, False)
12  #读取数据
13      print ("Reading development and training data (limit: %d)."
                    % gConfig['max_train_data_size'])
14      dev_set = read_data(enc_dev, dec_dev)
15      train_set = read_data(enc_train, dec_train, gConfig['max_train_data_size'])
16      train_bucket_sizes = [len(train_set[b]) for b in xrange(len(_buckets))]
17      train_total_size = float(sum(train_bucket_sizes))
18      train_buckets_scale = [sum(train_bucket_sizes[:i + 1]) / train_total_size
                    for i in xrange(len(train_bucket_sizes))]
19  #开始训练
20      step_time, loss = 0.0, 0.0
21      current_step = 0
22      previous_losses = []
23      while True:
24        random_number_01 = np.random.random_sample() #生成随机数，用于bucket_id
25        bucket_id = min([i for i in xrange(len(train_buckets_scale))
              if train_buckets_scale[i] > random_number_01])
25  #进行一次训练
26        start_time = time.time()
27        encoder_inputs, decoder_inputs, target_weights = model.get_batch(
                    train_set, bucket_id)
28        _, step_loss, _ = model.step(sess, encoder_inputs, decoder_inputs,
                    target_weights, bucket_id, False)
29        step_time += (time.time() - start_time) / gConfig['steps_per_checkpoint']
30        loss += step_loss / gConfig['steps_per_checkpoint']
31        current_step += 1
32  #保持检查点，打印数据
33        if current_step % gConfig['steps_per_checkpoint'] == 0:
34          perplexity = math.exp(loss) if loss < 300 else float('inf')
35          print ("global step %d learning rate %.4f step-time %.2f perplexity "
                "%.2f" % (model.global_step.eval(), model.learning_rate.eval(),
                step_time, perplexity))
```

```
36  #如果损失值在最近3次未降低，减小学习率
37      if len(previous_losses) > 2 and loss > max(previous_losses[-3:]):
38        sess.run(model.learning_rate_decay_op)
39        previous_losses.append(loss)
40  #保持检查点
41      checkpoint_path = os.path.join(gConfig['working_directory'], "seq2seq.ckpt")
42      model.saver.save(sess, checkpoint_path, global_step=model.global_step)
43      step_time, loss = 0.0, 0.0
44  #打印相关信息
45      for bucket_id in xrange(len(_buckets)):
46        if len(dev_set[bucket_id]) == 0:
47          print("  eval: empty bucket %d" % (bucket_id))
48          continue
49        encoder_inputs, decoder_inputs, target_weights = model.get_batch(
    dev_set, bucket_id)
50        _, eval_loss, _ = model.step(sess, encoder_inputs, decoder_inputs,
                  target_weights, bucket_id, True)
51        eval_ppx = math.exp(eval_loss) if eval_loss < 300 else float('inf')
52        print("  eval: bucket %d perplexity %.2f" % (bucket_id, eval_ppx))
53      sys.stdout.flush()
```

运行以上代码，对智能聊天机器人模型进行训练。由于数据量以及模型的复杂性，训练时间需要几个小时，建议使用GPU进行训练。

8.4.5 评估模型

完成智能聊天机器人模型的训练后，使用训练获取的模型进行简单的人机对话，评估训练效果，具体实现如下：

```
01  def decode():
02    with tf.Session() as sess:
03  #创建模型
04      model = create_model(sess, True)
05      model.batch_size = 1  #一问一答，每次解析一句话
06  #加载词汇表
07      enc_vocab_path = os.path.join(gConfig['working_directory'],"vocab%d.enc"
        % gConfig['enc_vocab_size'])
08      dec_vocab_path = os.path.join(gConfig['working_directory'],"vocab%d.dec"
        % gConfig['dec_vocab_size'])
09      enc_vocab, _ = data_utils.initialize_vocabulary(enc_vocab_path)
10      _, rev_dec_vocab = data_utils.initialize_vocabulary(dec_vocab_path)
11  #对输入数据进行解码
12      sys.stdout.write("> ")
13      sys.stdout.flush()
14      sentence = sys.stdin.readline()
15      while sentence:
16        token_ids = data_utils.sentence_to_token_ids(tf.compat.as_bytes(sentence),
          enc_vocab)    #获取输入语句的ids
17        bucket_id = min([b for b in xrange(len(_buckets))
18                if _buckets[b][0] > len(token_ids)])
```

```
19    encoder_inputs, decoder_inputs, target_weights = model.get_batch(
         {bucket_id: [(token_ids, [])]}, bucket_id)
20    _, _, output_logits = model.step(sess, encoder_inputs, decoder_inputs,
                     target_weights, bucket_id, True)
21    outputs = [int(np.argmax(logit, axis=1)) for logit in output_logits]
22    if data_utils.EOS_ID in outputs:              #遇到EOS，则结束
23        outputs = outputs[:outputs.index(data_utils.EOS_ID)]
24    #输出语句
25    print(" ".join([tf.compat.as_str(rev_dec_vocab[output]) for output in outputs]))
26    print("> ", end="")
27    sys.stdout.flush()
28    sentence = sys.stdin.readline()
```

在完成模型的训练后，运行代码进行测试，结果如下：

> Hello
Hi
> Are you a robot?
Yes,you too
> thank you
thanks

从训练结果可以看出，对于短句，智能机器人能够给出相应的回答；而对于稍微复杂一点的语句，机器人的表现不尽如人意。一方面模型较为简单，只是注重实现智能机器人的原理；另一方面模型的训练也是不够的。

在实际的商业应用中，微软小冰、Google Now等都表现不俗。对于国内的中文智能机器人，除了BAT(代指百度、阿里巴巴和腾讯公司)之外还有科大讯飞、竹间智能科技等都在自然语言处理方面有着不错的实践。

8.5 本章小结

本章主要讲解了TensorFlow在自然语言文本处理中的应用，分别以学写唐诗、智能影评分类和智能聊天机器人为例，详细讲解了数据集的处理、模型的构建、训练和评估模型等。另外，对自然语言文本处理中的写作学习、文本情感分析和问答系统等常见应用也进行了示例讲解。

第9章
语音处理

虽然在前一章中，我们对自然语言文本处理进行了介绍，但在自然语言中，还有更重要的语音交流尚未涵盖。因此，在本章中，我们将针对TensorFlow在语音处理方面的应用进行讲解。

9.1 语音处理简介

对语音的处理主要包括语音识别和语音合成两大类。

语音识别就是让机器通过识别、理解等过程把语音信号转换为相应的文本或命令，通俗而言就是让计算机"听懂"人类语音。语音识别可以说是当下人工智能发展的重要入口，苹果的Siri、亚马逊的Echo以及国内的讯飞语记、小米的小爱同学等，都已经具备不错的功能，可以说语音识别正在进入我们的生活。

语音合成与语音识别的过程正好相反，从广义上讲，语音合成是指通过机械的、电子的方法产生人造语音，而我们通常所说的语音合成是指将计算机自己产生的或外部输入的文字信息转换为语音输出。

9.1.1 语音识别模型

语音识别模型从功能步骤上可以分为三步：第一步从语音中提取特征，获取语音向量；第二步对语音向量进行解码；第三步获取结果。

在语音识别中，关键技术就是对于语音向量的训练解码过程，主要包括声学模型的、字典以及语言模型的构建。整个语音识别的典型模型如图9.1所示。

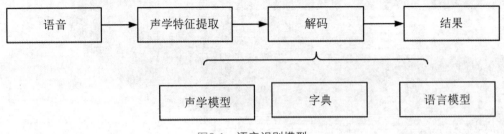

图9.1 语音识别模型

1. 声学特征提取

对于一段语音,从输入开始,在声学特征提取阶段主要完成如下操作。

(1) 格式转换

输入语音之后,进行模数转换,将模拟信号转变为数字信号。在实际的音频文件处理中,一般都选择未经压缩的纯波形文件,比如Windows的.wav文件。常见的音频格式(如MP3)等,都是经过压缩处理的,需要进行格式转换。

(2) 音频预处理

对音频数字信号的预处理主要是指去除首尾两端的静音部分,从而降低对后续步骤造成的干扰。

(3) 分帧处理

分帧处理就是把声音文件切成各小段,每一小段,称为一帧。在分帧操作时,并不是简单随意地将音频文件切开,而是通过移动窗函数的方式来实现,让每一帧音频并不独立存在而是互相关联。

(4) 特征提取

完成分帧处理后,语音就变成了很多小段,我们可以在每一小段语音上进行特征提取。最常用的一种提取方法是Mel频率倒谱系数(MFCC)方法,可通过该方法获得声学特征。

采用MFCC方法提取声学特征的过程主要包括对分帧信号进行FFT,得到不同时间窗内对应的频谱;然后将频谱通过Mel滤波器组得到Mel频谱;之后在Mel频谱上进行取对数、做逆变换、获取DCT等操作,从而获得MFCC,该MFCC就是这帧语音的特征。

Python提供了一个常用于音频、乐音信号分析的工具包librosa,其中提供了处理语音的方法,包括MFCC方法。

2. 声学模型

声学模型(Acoustic Model,AM)可以理解为对发声的建模。它能够把语音输入转换成语言发音的声音元素,然后将这些声音元素转换为可以识别的字母的模型。

声学模型一般使用高斯混合模型(GMM)或深度神经网络(DNN)等方法来完成声音元素的识别,再使用隐马尔可夫模型(HMM)或动态时间归整(DTW)等算法来对齐识别结果,从而判断对应的单词。

3. 字典

字典用于判断连续声音元素表达的具体是哪个单词。因为多数情况下，通过模型识别的每个声音元素并不是个完整的单词，无法对应到正确的语言文字输出。当需要识别出多个声音元素时，利用字典可以判断所表达的具体单词。

4. 语言模型

语言模型的作用是在声学模型给出发音序列之后，从候选的文字序列中找出概率最大的字符串序列，目前最常用的是N-Gram语言模型和基于RNN的语言模型。

9.1.2 语音合成模型

语音合成模型从功能上可以分为两步：一是文本处理，二是语音合成。

在文本处理中，主要是把文本转换成音素序列，并标出每个音素的起止时间、频率变化等信息。文本处理是语音合成前的预处理步骤，涉及很多处理中的细节问题，例如拼写相同但读音不同的词的区分、缩写的处理、停顿位置的确定等。

在语音合成中，依据音素序列生成语音。在生成语音的过程中，主要有三类方法，分别是拼接法、参数法以及波形统计语音合成。

拼接法是指从事先录制的大量语音中，选择所需的基本单位拼接合成语音。这样合成的语音，虽然是由真人录制的声音，听起来都是正确的读音，但是缺少文本中的情感。而且，如果出现语音库中没有对应的语音，或者文本处理时标注出错等情况，最终的发音自然也是错误的。因此，为了保证语音的高质量特性，语音库需要足够庞大才能保证覆盖率。

参数法根据统计模型来产生每时每刻的语音参数，主要是基频、共振峰频率等。然后把这些参数通过声码器(vocoder)生成波形。由于这种方法使用统计模型进行预测，因此对于语音库里的标注错误并不敏感。但最后输出的是用声码器合成的声音，毕竟有损失，所以听起来不自然。

波形统计语音合成是基于深度学习的神经网络实现的，主要特点是不对语音信号进行参数化，而是采用神经网络算法直接预测合成语音波形的每一个采样点。采用这种方法合成的语音，在音质方面略差于拼接法，但相对于拼接法而言系统更稳定。由于需要预测每一个采样点，需要进行大量的运算，因此合成速度较慢。以前由于各种原因导致无法实现基于波形的统计合成系统，后来谷歌发布了WaveNet模型，证明了语音信号可以在时域上进行预测，此类实现方法是现阶段研究的一个热点。

9.2 听懂数字

语音识别的目标就是听懂人类语言，而最基础的人类语言就是数字。在本节中，我们将创建一个简单的英文数字识别器。

9.2.1 数据预处理

对于英文数字的识别，在训练数据集上，我们选择的是spoken_numbers_pcm数据集。该数据集是许多人阅读0~9十个数字的英文音频，分男声和女声。文件名的命名方法为"数字_人名_xxx"，例如：

8_Susan_200.wav
8_Kate_300.wav

数据预处理主要是对音频文件的声学特征进行提取，采用的是最常用的Mel频率倒谱系数(MFCC)方法[1]，具体实现如下：

```
01  import tensorflow as tf
02  import librosa                                           #使用MFCC方法
03  width = 20                                               # MFCC特征
04  height = 80                                              #最大发声长度
05  classes = 10                                             #数字类别
06  batch = word_batch = speech_data.mfcc_batch_generator(batch_size)   #调用具体方法
07  X, Y = next(batch)
08  trainX, trainY = X, Y
09  testX, testY = X, Y
10  # mfcc_batch_generator方法，生成一批MFCC语言
11  def mfcc_batch_generator(batch_size=10, source=Source.DIGIT_WAVES, target=Target.digits):
12      maybe_download(source, DATA_DIR)                     #下载数据集
13      if target == Target.speaker: speakers = get_speakers()
14      batch_features = []
15      labels = []
16      files = os.listdir(path)
17      while True:                                          #将数据集中的音频处理为音频和标签
18          print("loaded batch of %d files" % len(files))
19          shuffle(files)
20          for wav in files:
21              if not wav.endswith(".wav"): continue
22              wave, sr = librosa.load(path+wav, mono=True)
23              if target==Target.speaker: label=one_hot_from_item(speaker(wav), speakers)#编码
24              elif target==Target.digits: label=dense_to_one_hot(int(wav[0]),10)
25              elif target==Target.first_letter: label=dense_to_one_hot((ord(wav[0]) - 48) % 32,32)
26              else: raise Exception("todo : labels for Target!")
27              labels.append(label)
28              mfcc = librosa.feature.mfcc(wave, sr)         #获取MFCC
29              mfcc=np.pad(mfcc,((0,0),(0,80-len(mfcc[0]))), mode='constant', constant_values=0)
30              batch_features.append(np.array(mfcc))
31              if len(batch_features) >= batch_size:
32                  yield batch_features, labels
33                  batch_features = []
24                  labels = []
```

---

1 代码参考https://github.com/pannous/caffe-speech-recognitionforsomedatasources。

9.2.2 构建识别模型

由于输入数据只是某个数字的读音,是单个声音元素,因此不需要额外使用声学模型和字典。对于训练网络使用LSTM循环神经网络。识别模型的构建使用TFLearn第三方库来实现,具体实现如下:

```
01  import tflearn
02  net = tflearn.input_data([None, width, height])
03  net = tflearn.lstm(net, 128, dropout=0.8)
04  net = tflearn.fully_connected(net, classes, activation='softmax')
05  net = tflearn.regression(net, optimizer='adam', learning_rate=learning_rate, loss='categorical_
    crossentropy')
```

9.2.3 训练模型

进行识别模型的训练,并在完成训练后保存模型,具体实现如下:

```
01  model = tflearn.DNN(net, tensorboard_verbose=0)
02  while 1:
03      model.fit(trainX, trainY, n_epoch=10, validation_set=(testX, testY), show_metric=True,
            batch_size=batch_size)
04      _y=model.predict(X)
05  model.save("tflearn.lstm.model")
```

9.2.4 评估模型

任意输入数据集中的一个文件,使用训练模型进行预测评估,具体实现如下:

```
demo_file="8_Susan_200.wav"
demo=speech_data.load_wav_file(speech_data.path+demo_file)
result=model.predict([demo])
result=numpy.argmax(result)
print("the file is %s : result  is %d"%(demo_file,result))
```

在完成模型的训练后,运行代码进行测试,结果如下:

the file is 8_Susan_200.wav : result is 8

结果是准确的,能够正确地识别出数字"8"。
对于简单的数字语音识别,训练模型较简单且训练的准确率也较高。

9.3 听懂中文

除了能够听懂数字,机器学习也能听懂中文。在进行英文数字这样的单音素语音识别时,由于输入音素和识别结果这样的场景相对简单,因此实现的过程也相对简单。但是对于真实环境中自然语言的语音识别,就需要增加语音的前期处理,主要包括词汇表的生成等。

接下来，将详细讲解简单的中文语音识别。

9.3.1 数据预处理

在数据集上，我们使用公开的清华大学连续普通话数据库(THCHS-30)，这是清华大学录制的含30个小时的中文语音库。该语音库选取了大量的新闻稿件，由大学生使用流利的普通话在安静的办公室环境中进行录音，总时长超过30个小时。数据集文件如图9.2所示。

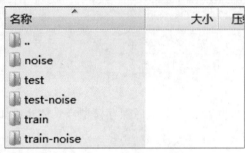

图9.2 THCHS-30数据集

数据集按照有无噪声分为两类。

对于无噪音数据集，分别存放在train和test文件夹中，从而区别训练数据集和测试数据集。将train文件夹中的数据分为ABC三组，A组的句子id是0~249，B组的句子id是250~499，C组的句子id是500~749，这三组共包括30个人的10 893句发音，主要作为训练数据集。将test文件夹中的数据归为D组，D组的句子id是751~1000，包括10个人的2496句发音，用于测试。

对于噪音数据集，分别存放在noise、train-noise以及test-noise文件夹中。其中，noise文件夹中存放的是白噪声，如汽车噪声和咖啡馆噪声等。train-noise和test-noise文件夹中分别存放的是原始录音以及对噪声进行波形混合之后的结果。

对于数据集的处理，主要步骤包括原始数据的获取、生成词汇表和生成词编码[1]。

1. 原始数据的获取

在数据集中包括训练用的音频文件和对应的文本文件。首先，我们获取音频文件，具体实现如下：

```
01  wav_path = 'data/wav/train'
02  def get_wav_files(wav_path = wav_path):
03      wav_files = []
04      for (dirpath, dirnames, filenames) in os.walk(wav_path):
05          for filename in filenames:
06              if filename.endswith(".wav") or filename.endswith(".WAV"):
07                  filename_path = os.sep.join([dirpath, filename])
08                  if os.stat(filename_path).st_size < 240000:
```

---

1 代码参考https://github.com/tensorflow/tensorflow/tree/master/tensorflow/examples/speech_commands。

```
09              continue
10              wav_files.append(filename_path)
11     return wav_files
```

文本文件是语音对应的文本，将文本文件作为语音文件的标签进行一一对应，具体实现如下：

```
01  wav_files = get_wav_files()
02  def get_wav_label(wav_files = wav_files, label_file = label_file):
03      labels_dict = {}
04      with open(label_file, "r", encoding='utf-8') as f:
05          for label in f:
06              label = label.strip("\n")
07              label_id, label_text = label.split(' ', 1)
08              labels_dict[label_id] = label_text
09      labels = []
10      new_wav_files = []
11      for wav_file in wav_files:
12          wav_id = os.path.basename(wav_file).split(".")[0]
13          if wav_id in labels_dict:
14              labels.append(labels_dict[wav_id])
15              new_wav_files.append(wav_file)
16      return new_wav_files, labels
```

2. 生成词汇表

从训练数据中提取出所有的单词，并统计各个单词出现的次数，生成要使用的词汇表，具体实现如下：

```
01  all_words = []
02  for label in labels:
03      all_words += [word for word in label]
04  counter = Counter(all_words)
05  count_pairs = sorted(counter.items(), key=lambda x: -x[1])
06  words, _ = zip(*count_pairs)
07  words_size = len(words)
08  print(u"词汇表大小：", words_size)
```

3. 生成词编码

对于语音的输入，需要根据词汇表进行编码，然后才能使用。编码过程的具体实现如下：

```
01  word_num_map = dict(zip(words, range(len(words))))
02  to_num = lambda word: word_num_map.get(word, len(words))
03  # 将单个文件的标签映射为数字，返回对应的列表，最终所有的文件组成嵌套列表
04  labels_vector = [list(map(to_num, label)) for label in labels]
```

完成对应的词汇映射后，为了后续分块处理，获取最长句子的字数以及最长语音的长度，具体实现如下：

```
01  label_max_len = np.max([len(label) for label in labels_vector])
02  print(u"最长句子的字数:" + str(label_max_len))
03  wav_max_len=0
```

```
04    for wav in wav_files:
05        wav,sr = librosa.load(wav,mono=True)#处理语音信号的库librosa
06        #加载音频文件
07        mfcc=np.transpose(librosa.feature.mfcc(wav,sr),[1,0])# 特征提取函数，转置特征参数
08        if len(mfcc)>wav_max_len:
09            wav_max_len = len(mfcc)
10    print("最长的语音", wav_max_len)
```

9.3.2 构建识别模型

由于涉及识别问题，因此考虑使用卷积神经网络。为了提高训练过程中的效果，使用残次网络(Residual Network)这种在深度神经网络算法中经常使用的技巧。

1. 神经网络架构

神经网络架构的具体实现如下：

```
01  def speech_to_text_network(n_dim = 128, n_blocks = 3):
02      out = conv1d_layer(input_tensor=X, size=1, dim = n_dim, activation='tanh', scale=0.14, bias=False)   #卷积层输出
03      #Skip Connection技巧
04      def residual_block(input_sensor, size, rate):
05          conv_filter = aconv1d_layer(input_tensor=input_sensor, size=size, rate=rate,
                activation='tanh', scale=0.03, bias=False)
06          conv_gate = aconv1d_layer(input_tensor=input_sensor, size=size, rate=rate,
                activation='sigmoid', scale=0.03, bias=False)
07          out = conv_filter * conv_gate
08          out = conv1d_layer(out, size = 1, dim=n_dim, activation='tanh', scale=0.08,
                bias=False)
09          return out + input_sensor, out
10      skip = 0
11      for _ in range(n_blocks):
12          for r in [1, 2, 4, 8, 16]:
13              out, s = residual_block(out, size = 7, rate = r)
14              skip += s
15              #两个卷积层
16      logit = conv1d_layer(skip, size = 1, dim = skip.get_shape().as_list()[-1], activation='tanh',
            scale = 0.08, bias=False)
17      # 最后那个卷积层的输出值大小是词汇表大小
18      logit = conv1d_layer(logit, size = 1, dim = words_size, activation = None, scale = 0.04,
            bias = True)
19      return logit
```

对于上述实现的神经网络模型，在conv1d_layer卷积层中完成对应的卷积处理，具体实现如下：

```
01  conv1d_index = 0
02  def conv1d_layer(input_tensor, size, dim, activation, scale, bias):
03      global conv1d_index                #记录卷积层数
04      with tf.variable_scope("conv1d_" + str(conv1d_index)):
05          W = tf.get_variable('W', (size, input_tensor.get_shape().as_list()[-1], dim),
```

```
06      if bias:
07          b = tf.get_variable('b', [dim], dtype = tf.float32, initializer=tf.constant_initializer(0))
08      out = tf.nn.conv1d(input_tensor, W, stride=1, padding='SAME')#输出与输入同维度
09      if not bias:
10          beta = tf.get_variable('beta', dim, dtype=tf.float32,
                initializer=tf.constant_initializer(0))
11          gamma = tf.get_variable('gamma', dim, dtype=tf.float32,
                initializer=tf.constant_initializer(1) )
12          mean_running = tf.get_variable('mean', dim, dtype=tf.float32,
                initializer=tf.constant_initializer(0))    #均值
13          variance_running = tf.get_variable('variance', dim, dtype=tf.float32,
                initializer=tf.constant_initializer(1) )   #方差
14          mean, variance = tf.nn.moments(out, axes=list(range(len(out.get_shape()) - 1)))
15          def update_running_stat():
16              decay = 0.99
17              #更新操作，完成均值、方差指数衰减
18              update_op = [mean_running.assign(mean_running * decay + mean * (1 -
                    decay)), variance_running.assign(variance_running * decay
                    + variance * (1 - decay))]
19              with tf.control_dependencies(update_op):
20                  return tf.identity(mean), tf.identity(variance)
21          m, v = tf.cond(tf.Variable(False, trainable=False), update_running_stat,lambda:
                (mean_running, variance_running))
22          out = tf.nn.batch_normalization(out, m, v, beta, gamma, 1e-8)
23      if activation == 'tanh':
24          out = tf.nn.tanh(out)
25      elif activation == 'sigmoid':
26          out = tf.nn.sigmoid(out)
27      conv1d_index += 1
28      return out
```

aconv1d_layer卷积层的具体实现如下：

```
01  aconv1d_index = 0
02  def aconv1d_layer(input_tensor, size, rate, activation, scale, bias):
03      global aconv1d_index
04      with tf.variable_scope('aconv1d_' + str(aconv1d_index)):
05          shape = input_tensor.get_shape().as_list()
06          W = tf.get_variable('W', (1, size, shape[-1], shape[-1]), dtype=tf.float32,
                initializer=tf.random_uniform_initializer(minval=-scale, maxval=scale))
07          if bias:
08              b = tf.get_variable('b', [shape[-1]], dtype=tf.float32,
                    initializer=tf.constant_initializer(0))
09          out = tf.nn.atrous_conv2d(tf.expand_dims(input_tensor, dim=1), W, rate = rate,
                padding='SAME')
10          out = tf.squeeze(out, [1])
11          if not bias:
12              beta = tf.get_variable('beta', shape[-1], dtype=tf.float32,
                    initializer=tf.constant_initializer(0))
13              gamma = tf.get_variable('gamma', shape[-1], dtype=tf.float32,
                    initializer=tf.constant_initializer(1) )
```

```
14      mean_running = tf.get_variable('mean', shape[-1], dtype=tf.float32,
          initializer=tf.constant_initializer(0))
15      variance_running = tf.get_variable('variance', shape[-1], dtype=tf.float32,
          initializer=tf.constant_initializer(1) )
16      mean, variance = tf.nn.moments(out, axes=list(range(len(out.get_shape()) - 1)))
17      def update_running_stat():
18         decay = 0.99
19         update_op = [mean_running.assign(mean_running * decay + mean * (1 -
          decay)), variance_running.assign(variance_running * decay
          + variance * (1 - decay))]
20         with tf.control_dependencies(update_op):
21            return tf.identity(mean), tf.identity(variance)
22      m, v = tf.cond(tf.Variable(False, trainable=False), update_running_stat,lambda:
          (mean_running, variance_running))
23      out = tf.nn.batch_normalization(out, m, v, beta, gamma, 1e-8)
24      if activation == 'tanh':
25         out = tf.nn.tanh(out)
26      elif activation == 'sigmoid':
27         out = tf.nn.sigmoid(out)
28      aconv1d_index += 1
29      return out
```

2. 获取每批数据

在实际训练中，需要对每批数据进行处理。在数据的处理中，主要包括数据的转换和对齐等，具体实现如下：

```
01  batch_size=8                                    #每次取8个文件
02  n_batch = len(wav_files)//batch_size
03  pointer =0                                      #全局变量的初始值为0，定义该变量以逐步确定batch
04  def get_next_batches(batch_size):
05     global pointer
06     batches_wavs = []
07     batches_labels = []
08     for i in range(batch_size):
09        wav,sr=librosa.load(wav_files[pointer],mono=True)
10        mfcc=np.transpose(librosa.feature.mfcc(wav,sr),[1,0])
11        batches_wavs.append(mfcc.tolist())         #转换成列表后存入
12        batches_labels.append(labels_vector[pointer])
13        pointer+=1
14     #补0对齐
15     for mfcc in batches_wavs:
16        while len(mfcc)<wav_max_len:
17           mfcc.append([0]*20)
18     for label in batches_labels:
19        while len(label)<label_max_len:
20           label.append(0)
21     return batches_wavs,batches_labels
22  X=tf.placeholder(dtype=tf.float32,shape=[batch_size,None,20])       #定义输入格式
23  sequence_len = tf.reduce_sum(tf.cast(tf.not_equal(tf.reduce_sum(X,reduction_indices=2),
       0.), tf.int32), reduction_indices=1)
24  Y= tf.placeholder(dtype=tf.int32,shape=[batch_size,None])           #输出格式
```

9.3.3 训练模型

使用数据集数据对构建的识别模型进行训练，并在完成训练后保存模型，具体实现如下：

```
01  def train_speech_to_text_network(wav_max_len):
02      logit = speech_to_text_network()
03      # CTC损失函数
04      indices = tf.where(tf.not_equal(tf.cast(Y, tf.float32), 0.))
05      target = tf.SparseTensor(indices=indices, values=tf.gather_nd(Y, indices) - 1,
            dense_shape=tf.cast(tf.shape(Y), tf.int64))
06      loss = tf.nn.ctc_loss(target, logit, sequence_len, time_major=False)
07      lr = tf.Variable(0.001, dtype=tf.float32, trainable=False)
08      optimizer = MaxPropOptimizer(learning_rate=lr, beta2=0.99)
09      var_list = [t for t in tf.trainable_variables()]
10      gradient = optimizer.compute_gradients(loss, var_list=var_list)
11      optimizer_op = optimizer.apply_gradients(gradient)
12      with tf.Session() as sess:
13          sess.run(tf.global_variables_initializer())
14          saver = tf.train.Saver(tf.global_variables())
15          for epoch in range(16):
16              sess.run(tf.assign(lr, 0.001 * (0.97 ** epoch)))
17              global pointer
18              pointer = 0
19              for batch in range(n_batch):
20                  batches_wavs, batches_labels = get_next_batches(
                        batch_size, wav_max_len)
21                  train_loss, _ = sess.run([loss, optimizer_op], feed_dict=
                        {X: batches_wavs, Y: batches_labels})
22                  print(epoch, batch, train_loss)
23              if epoch % 5 == 0:
24                  saver.save(sess, './speech.module', global_step=epoch)
```

数据的训练时间和使用的设备性能有关，如果使用非GPU进行训练，一般需要两到三天。

9.3.4 评估模型

完成对模型的构建和训练后，接下来使用测试数据集中的数据对模型进行测试，具体实现如下：

```
01  def speech_to_text(wav_file):
02      wav, sr = librosa.load(wav_file, mono=True)
03      mfcc = np.transpose(np.expand_dims(librosa.feature.mfcc(wav, sr), axis=0), [0, 2, 1])
04      logit = speech_to_text_network()
05      saver = tf.train.Saver()
06      with tf.Session() as sess:
07          saver.restore(sess, tf.train.latest_checkpoint('.'))
08          decoded = tf.transpose(logit, perm=[1, 0, 2])
```

```
09    decoded, _ = tf.nn.ctc_beam_search_decoder(decoded, sequence_len,
      merge_repeated=False)
10    predict = tf.sparse_to_dense(decoded[0].indices, decoded[0].shape,
      decoded[0].values) + 1
11    output = sess.run(decoded, feed_dict={X: mfcc})
12    print(output)
```

通过本节的练习，我们掌握了最基础的语音识别处理方式。

9.4 语音合成

前面介绍了语音识别，这是一种从语音实现文本输出的技术。本节将讲解语音合成，这是一种从文本转换为自然语音输出的技术。

9.4.1 Tacotron模型

我们已经介绍过语音合成是一项复杂的工程，包括文本分析、音频合成等步骤，涉及多种技术。谷歌作为人工智能领域的先行者，为后来人提供了丰富的模型和工具，例如Tacotron模型[1]。

Tacotron是一个端到端的语音合成模型，该模型的核心结构是具有Attention机制的Seq2Seq模型。它将一系列文本向量转换为对应的音频。该模型的结构如图9.3所示。

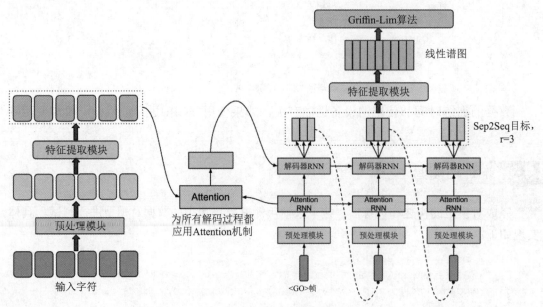

图9.3　Tacotron模型的结构

---

1 相关内容请参考https://arxiv.org/pdf/1703.10135.pdf。

Tacotron模型可以分为编码器、解码器以及后处理网络三大模块。

图9.3的左侧是编码器模块,主要用于对输入的文本进行编码转换。首先对文本进行数据处理,然后转换为独热向量,作为编码器的输入。在编码器中,在经过预处理模块处理后,将向量输入特征提取(CBHG)模块中,最后从CBHG模块中得到原始文本的表示序列。

图9.3的右下方是解码器模块,它从输入序列中学习得到音频幅度采样,网络结构中主要包括预处理模块、Attention-RNN以及解码器RNN三部分。

图9.3的右上角是后处理网络模块。该模块对解码器输出的线性幅度采样,进行处理并使用Griffin-Lim算法将线性谱图合成为语音输出。

9.4.2 编码器模块

在编码器模块中,主要完成对输入的文本数据进行编码的过程,包括原始数据的清洗、生成词汇表、转换词编码,从而转换为数据向量。然后对数据向量进行预处理和特征提取,从而获得输入文本的有效表示序列[1]。

1. 生成词汇表

因为纯文本数据无法作为深度学习的输入,所以需要将文本转换为对应的向量。首先,需要生成词汇表,然后通过遍历词汇表将文本转换成对应的向量。词汇表的生成基于语料库,具体实现如下:

```
01  def create_vocabulary(vocabulary_path, data_paths, max_vocabulary_size, tokenizer=None):
02      if not os.path.exists(vocabulary_path):
03          print("Creating vocabulary %s from data %s" % (vocabulary_path, str(data_paths)))
04          vocab = defaultdict(int)
05          for path in data_paths:
06              with codecs.open(path, mode="r", encoding="utf-8") as fr:
07                  counter = 0
08                  for line in fr:
09                      counter += 1
10                      if counter % 100000 == 0:
11                          print("  processing line %d" % (counter,))
12                      tokens = tokenizer(line)
13                      for w in tokens:
14                          word = re.sub(_DIGIT_RE, " ", w)
15                          vocab[word] += 1
16          vocab_list = sorted(vocab, key=vocab.get, reverse=True)
17          print("Vocabulary size: %d" % len(vocab_list))
18          if len(vocab_list) > max_vocabulary_size:
19              vocab_list = vocab_list[:max_vocabulary_size]
20          with codecs.open(vocabulary_path, mode="w", encoding="utf-8") as vocab_file:
21              for w in vocab_list:
22                  vocab_file.write(w + "\n")
```

---

1 代码可参考https://github.com/Kyubyong/tacotron。

2. 生成词向量

生成词汇表后，要对每一个输入的文本进行词向量的转换，具体实现如下：

```
01    embedding_table = tf.get_variable(
02     'embedding', [textinput.num_symbols(), 256], dtype=tf.float32,
       initializer=tf.truncated_normal_initializer(stddev=0.5))
03    embedded_inputs = tf.nn.embedding_lookup(embedding_table, inputs)
```

3. 预处理

对于输入的词向量要进行预处理。在预处理的神经网络中，具有两个隐层，层与层之间的连接均是全连接。第一个隐层的神经元节点数与输入的神经元节点数相同，都为256，选择第二个隐层的神经元节点数为128。两个隐层的激活函数使用全连接中常用的relu函数。为了保证训练过程的随机性，选择Dropout为0.5，具体实现如下：

```
01  def prenet(inputs, is_training, layer_sizes=[256, 128], scope=None):
02    x = inputs
03    drop_rate = 0.5 if is_training else 0.0
04    with tf.variable_scope(scope or 'prenet'):
05      for i, size in enumerate(layer_sizes):
06        dense = tf.layers.dense(x, units=size, activation=tf.nn.relu, name='dense_%d' % (i+1))
07        x = tf.layers.dropout(dense, rate=drop_rate, name='dropout_%d' % (i+1))
08      return x
```

4. CBHG模块

CBHG模块是Tacotron的重要模块，主要用于从输入中提取有价值的特征，有利于提高模型的泛化能力。CBHG模块的结构如图9.4所示。

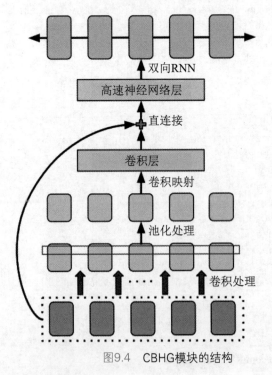

图9.4　CBHG模块的结构

从图9.4中可以很明显地看到，CBHG模块由卷积层、高速神经网络层以及双向RNN组成。

在卷积层中，整体上分为4个隐层。第一层是K个大小不同的一维卷积核，卷积核的大小分别为1、2、3、…、K。采用这些大小不同的卷积核从原始信息中提取长度不同的上下文信息。然后第二层是池化层，对获取的信息进行池化处理。第三层和第四层是卷积层，对经过池化处理的信息进行卷积处理。完成卷积层的处理后，将卷积层的输出和嵌入之后的序列相加，进行直连接。

对于卷积层，具体实现如下：

```
01  def conv1d(inputs, kernel_size, channels, activation, is_training, scope):
02      with tf.variable_scope(scope):
03          conv1d_output = tf.layers.conv1d(
04              inputs,
05              filters=channels,
06              kernel_size=kernel_size,
07              activation=activation,
08              padding='same')
09          return tf.layers.batch_normalization(conv1d_output, training=is_training)
```

高速神经网络层的目的就是提高学习效率。将高速神经网络层中每一层的结构设计为：将输入同时放入两个一层的全连接网络中，这两个网络的激活函数分别是relu和sigmoid函数。假设输入为input，relu函数的输出为output1，sigmoid函数的输出为output2，则高速神经网络层的输出output=output1×output2+input×(1-output2)。

为了缓解网络加深带来的过拟合问题以及减少较深网络的训练难度，在实践中采取四层的高速神经网络层，具体实现如下：

```
01  def highwaynet(inputs, scope):
02      with tf.variable_scope(scope):
03          H = tf.layers.dense(
                inputs,
                units=128,
                activation=tf.nn.relu,
                name='H')
04          T = tf.layers.dense(
                inputs,
                units=128,
                activation=tf.nn.sigmoid,
                name='T',
                bias_initializer=tf.constant_initializer(-1.0))
05          return H * T + inputs * (1.0 - T)
```

在双向RNN层，对高速神经网络层的输出进行训练，获取最终的输出。

因此，整个CBHG模块的具体实现如下：

```
01  def cbhg(inputs, input_lengths, is_training, scope, K, projections):
02      with tf.variable_scope(scope):
03          with tf.variable_scope('conv_bank'):
04              conv_outputs = tf.concat(
```

```
05      [conv1d(inputs, k, 128, tf.nn.relu, is_training, 'conv1d_%d' % k) for k in range(1, K+1)],
          axis=-1
06    )
07    maxpool_output = tf.layers.max_pooling1d(
        conv_outputs,
        pool_size=2,
        strides=1,
        padding='same')
08    proj1_output = conv1d(maxpool_output, 3, projections[0], tf.nn.relu, is_training, 'proj_1')
09    proj2_output = conv1d(proj1_output, 3, projections[1], None, is_training, 'proj_2')
10    highway_input = proj2_output + inputs
11    if highway_input.shape[2] != 128:
12      highway_input = tf.layers.dense(highway_input, 128)
13    for i in range(4):
14      highway_input = highwaynet(highway_input, 'highway_%d' % (i+1))
15    rnn_input = highway_input
16    outputs, states = tf.nn.bidirectional_dynamic_rnn(
        GRUCell(128),
        GRUCell(128),
        rnn_input,
        sequence_length=input_lengths,
        dtype=tf.float32)
17    return tf.concat(outputs, axis=2)  # Concat forward and backward
```

9.4.3 解码器模块

在解码器模块中,网络结构主要包括预处理模块、Attention-RNN以及解码器RNN三部分。

预处理模块的结构与编码器中的解码器相同,主要是对输入做一些非线性变换。

Attention-RNN是带有Attention机制的RNN模型,主要目的是减少训练时间,提高训练效率。

解码器RNN为两层残差GRU组成的循环神经网络。

解码器模块的具体实现如下:

```
01    # Attention
02    attention_cell = AttentionWrapper(
        DecoderPrenetWrapper(GRUCell(256), is_training),
        BahdanauAttention(256, encoder_outputs),
        alignment_history=True,
        output_attention=False)
03    concat_cell = ConcatOutputAndAttentionWrapper(attention_cell)
04    decoder_cell = MultiRNNCell([
        OutputProjectionWrapper(concat_cell, 256),
        ResidualWrapper(GRUCell(256)),
        ResidualWrapper(GRUCell(256))
      ], state_is_tuple=True)
05    output_cell = OutputProjectionWrapper(decoder_cell,
        hp.num_mels * hp.outputs_per_step)
```

```
06      decoder_init_state = output_cell.zero_state(batch_size=batch_size, dtype=tf.float32)
07      if is_training:
08        helper = TacoTrainingHelper(inputs, mel_targets, hp.num_mels,
          hp.outputs_per_step)
09      else:
10        helper = TacoTestHelper(batch_size, hp.num_mels, hp.outputs_per_step)
11      (decoder_outputs, _), final_decoder_state, _ = tf.contrib.seq2seq.dynamic_decode(
          BasicDecoder(output_cell, helper, decoder_init_state),
          maximum_iterations=hp.max_iters)
```

在实践中，每次解码时，不只预测一帧的数据，而是预测多个非重叠的帧。因为在提取音频特征时，会先分帧，相邻的帧其实有一定的关联性，所以每个字符在发音时，可能对应多个帧，而每个GRU单元能够输出为音频文件中的多个帧。通过这样的处理，减小了模型的大小，从而降低了模型的复杂度，也就减少了模型的训练和预测时间，提高了收敛速度。

9.4.4 后处理模块

Tacotron与一般的Seq2Seq网络对解码输出结果的处理不一样，不是直接将结果作为输出结果，然后采用Griffin-Lim算法合成音频。为了有效使用Griffin-Lim算法，对输出结果进行了后处理。

由于使用Griffin-Lim算法的前提是能够获取所有的音频帧，因此后处理模块的目的就是能够获取整个解码序列。

在实践中，使用CBHG模块作为后处理模块，具体实现如下：

```
01   # 增加后处理模块
02   post_outputs = post_cbhg(mel_outputs, hp.num_mels, is_training)
03   linear_outputs = tf.layers.dense(post_outputs, hp.num_freq)
```

通过本节的训练，我们了解了完成语音合成的Tacotron模型。

9.5 本章小结

本章主要讲解TensorFlow在语音处理方面的应用，分别以听懂数字、听懂中文以及语音合成为例，详细介绍了机器学习在各种实例中的应用。

第10章
图像处理

在前面章节中，我们针对机器学习在文本、语音方面的应用进行了讲解。在本章中，将针对机器学习在图像方面的应用进行讲解，让计算机具备视觉能力。

10.1 机器学习的图像处理简介

图像处理是计算机应用的一个重要场景，常见的处理有图像数字化、图像编码、图像增强、图像复原、图像分割和图像分析等。只有具备了图像处理能力，才能让计算机模拟人的视觉机理，通过对图像中的纹理、颜色等信息进行建模、变形、分割等处理，让计算机具备感知和理解图像的能力，使得计算机拥有"视觉系统"，能够"看到"这个五彩缤纷的世界。

机器学习在图像处理方面的应用就是通过机器学习，让计算机能够具备更强大的图像处理能力和更高准确度的模式识别能力，具有更强大的"视觉系统"。

使用机器学习进行图像处理的技术已成功应用到图像修复、物体识别、物体检测、图像问答和人脸识别等领域。

10.1.1 图像修复

传统的针对图像处理的研究方法主要基于数学和物理知识。由于深度学习近些年的发展，越来越多的图形学研究者将机器学习的方法应用到图像处理领域，特别是在图像编辑和图像生成方面已经取得一定的成效。

图像修复是图像编辑和图像生成领域的一个典型问题。通俗来讲，图像修复就是针对一张被挖了洞的照片，利用照片中的其他信息将洞补上的过程。

对于图像修复问题，核心思想就是利用图像文件本身的冗余性，利用图像已知部分的信息来补全未知部分。修复的流程分为两大步骤，首先选择待修补的像素，然后进行搜索补全。在选择待修补像素时，对于补全区域边界的像素依次计算补全的优先度，然后选择优先度高的进行修补。也就是说，选择周围像素可信度高以及图像梯度变化剧烈的位置进行优先修补。在搜索补全时，对于补全像素，使用周围小的像素块，然后在图像已知部分搜索所有的像素块，找到最相似的像素块，使用它们补全未知部分。这样不断迭代，对图像进行修复。

这种方式在实际实施的过程中，存在两个问题：一是如果图像已知部分找不到相似的像素块，算法将无法进行；二是搜索相似的像素块时，计算复杂度会非常高，算法运行效率低。

为了有效解决这两个问题，对算法进行了改进。一方面，当在图像已知部分找不到相似像素块时，从互联网上存在的大量图片中寻找素材；另一方面，针对逐步补全效率低的问题，采取直接从其他图像中抠出完整的一块来填补的方法。

随着神经网络算法的崛起，针对图像修复问题也引入了机器学习方式来进行解决。通常，利用卷积神经网络来学习图像中的高准确度特征，利用特征来指导图像缺失部分的生成。通过将大数据和图像高准确度特征组合起来，使图像修复得到极大的完善。

10.1.2 图像物体识别与检测

在图像处理中，很重要的一个应用领域就是识别、检测图像中的物体和景物等。图像物体识别指的是对一张图片进行分析，识别出这张图片中包含的物体。图像物体检测指的是检测物体出现在图像中的什么地方，一般需要将物体以外接矩形框的形式显示出来。

图像物体识别与检测在实际生活中有着广泛的应用，例如交通领域的交通场景物体识别、车辆计数、逆行检测、车牌检测与识别；安防领域的人脸识别、行人检测、智能视频分析、行人跟踪等；互联网领域的基于内容的图像检索、相册自动归类等。

由于卷积神经网络在模式识别方面具有较强的表现能力，因此，图像物体识别与检测方面的算法也多在卷积神经网络的基础上进行改进，常用的算法如下。

1. DPM

DPM(Deformable Parts Model)是一种非常成功的目标检测算法，是21世纪初最常用的检测算法，是众多分类器、分割、人体姿态和行为分类的重要组成部分。它的整体思路是：首先计算梯度方向直方图，然后通过SVM训练得到物体的梯度模型，最后使用这些模型进行分类检测。由于在计算过程中使用的是传统的滑动窗口方法，因此计算量非常大。

2. OverFeat

该算法是Alex-Net算法的改进版，它使用图像缩放和滑动窗口的方法，在一个卷积网络中同时完成物体识别、定位和检测三个任务。该算法在ILSVRC2013竞赛中获得了很好的结果。

3. DeepID-Net

DeepID-Net是一种卷积神经网络模型，将输入的图片分解到一个160维的向量。然后在这个160维的向量上，套用各种现成的分类器，即可得到结果。目前，该算法主要用于人脸识别。

4. RCNN

RCNN算法使用聚类的方法，对图像进行分组，得到含多个候选框的层次组，然后判断这些候选框中的任何一个是否对应着一个具体对象。整个计算过程是：首先使用Selective Search从原始图片中提取2000个候选框，然后将候选框缩放成固定大小，最后使用CNN和全连接层进行分类。

5. Fast RCNN

顾名思义，该算法是RCNN算法的改进，去掉了RCNN算法中的重复计算，并微调了候选框的位置，解决了RCNN算法训练慢的问题。主要变化是引入了感兴趣区域池化(ROI Pooling)，整个计算过程是：首先将原图通过CNN提取特征，然后提取候选框并将候选框投影到特征图上，池化采样成固定大小，最后经过两个全连接以进行分类与微调。

6. Faster RCNN

该算法也主要用于解决RCNN算法训练慢的问题，它重复利用多个区域中相同的CNN结果，几乎把边框生成过程的运算量降为0。整个计算过程是：首先使用CNN提取特征，然后经过卷积核为3×3×256的卷积，在每个点上预测k个目标窗口(anchor box)是否是物体，并微调目标窗口的位置，从而提取出候选框。对于候选框，采用与Fast RCNN算法同样的方式进行分类。

7. SPP-Net

该算法将空间金字塔池化引入视觉识别神经网络模型。它与RCNN算法的区别是，在全连接层输入时不再需要归一化图像尺寸，同时增加了空间金字塔池化层，每张图片只需要提取一次特征，这样提取到的特征有更好的尺度不变性，可以降低过拟合的可能性。

8. YOLO

这是一种标准化的、实时的目标检测算法，与RCNN算法最大的区别在于极大减少了读取图的次数。在RCNN算法中，需要对一张图中划分的2000个目标窗口判断是否是物体，然后再进行物体识别。YOLO算法对物体框的选择和识别进行了结合，将原图缩放成448像素×448像素大小，然后运行单个CNN来计算物体中心是否落入单元格、物体的位置、物体的类别等。但是，若在7×7框架下识别物体，当遇到大量小物体时则难以处理。

9. SSD

SSD算法结合了YOLO和Faster RCNN算法的优势，能够在不同层级的特征图谱中进行识别，能够覆盖更广的范围，相比于YOLO算法，两者速度接近，但SSD算法的精度更高。

10.1.3 图像问答

图像问答不仅仅针对图像处理，还针对前面章节中介绍的自然语言文本处理，一般基于卷积神经网络和LSTM单元的结合，实现对图像的分析描述。

10.2 图像物体识别

对图像中物体的识别是TensorFlow在图像处理中最基本的一项应用。在本节中将实现对Cifar-10数据集图像中物体的识别。

10.2.1 数据预处理

对于数据集，我们使用公开的Cifar-10数据集。Cifar是由加拿大政府牵头投资的科学项目研究所，Cifar-10数据集用于图像物体识别。

Cifar-10数据集包含60 000张RGB彩色图片，其中50 000张用于训练、10 000张用于测试。这些图片分为10个不同的类别，每类包含6 000张图片。为了简化计算机模型的任务，并降低图片分析的计算负载，该数据集中每张图片的规格都是32像素×32像素[1]。该数据集中的示例图片如图10.1所示。

图10.1　Cifar-10数据集中的示例图片

1　参考https://www.cs.toronto.edu/~kriz/cifar.html。

在对图片数据进行训练时,为了降低网络对图片动态范围变化的敏感度,一般会对图片中物体的位置、亮度和对比度等进行调整。为了降低输入图片的冗余性,提高计算效率,会对图片数据进行标准化处理。因此,对图片数据的预处理主要包括变化亮度、对比度和减去均值等操作[1]。

1. 原始数据的获取

从数据集中读取图片并将相关信息转换为TFRecords格式的数据,TFRecords数据中包括图像的长边像素、宽边像素、颜色通道数、图片编码、图片对应的分类标签以及图片文件,具体实现如下:

```
01  def read_cifar10(filename_queue):
02    class CIFAR10Record(object):
03      pass
04    result = CIFAR10Record()
05    label_bytes = 1
06    #图片属性
07    result.height = 32
08    result.width = 32
09    result.depth = 3
10    image_bytes = result.height * result.width * result.depth
11    record_bytes = label_bytes + image_bytes
12    reader = tf.FixedLengthRecordReader(record_bytes=record_bytes)
13    result.key, value = reader.read(filename_queue)
14    record_bytes = tf.decode_raw(value, tf.uint8)
15    result.label = tf.cast(
16      tf.strided_slice(record_bytes, [0], [label_bytes]), tf.int32)
17    depth_major = tf.reshape(
18      tf.strided_slice(record_bytes, [label_bytes], [label_bytes + image_bytes]),
         [result.depth, result.height, result.width])
19    result.uint8image = tf.transpose(depth_major, [1, 2, 0])
20    return result
```

2. 输入数据的处理

对于图片数据,在训练前要统一裁剪为24像素×24像素大小,裁剪中央区域用于评估,随机裁剪用于训练。还要对图片进行数据增广,包括对图像进行随机的左右翻转、随机变换图像的亮度,以及随机变换图像的对比度,最后对图像进行白化操作,具体实现如下:

```
01  def distorted_inputs(data_dir, batch_size):
02    filenames = [os.path.join(data_dir, 'data_batch_%d.bin' % i) for i in xrange(1, 6)]
03    for f in filenames:
04      if not tf.gfile.Exists(f):
05        raise ValueError('Failed to find file: ' + f)
06    filename_queue = tf.train.string_input_producer(filenames)
07    read_input = read_cifar10(filename_queue)           #获取TFRecords文件
08    reshaped_image = tf.cast(read_input.uint8image, tf.float32)
09    IMAGE_SIZE = 24
10    height = IMAGE_SIZE
```

---

1 代码参考https://github.com/tensorflow/models/tree/master/tutorials/image/cifar10。

```
11    width = IMAGE_SIZE
12          #随机裁剪
13    distorted_image = tf.random_crop(reshaped_image, [height, width, 3])
14          #随机翻转
15    distorted_image = tf.image.random_flip_left_right(distorted_image)
16          #随机变换亮度
17    distorted_image = tf.image.random_brightness(distorted_image, max_delta=63)
18          #随机变换对比度
19    distorted_image = tf.image.random_contrast(distorted_image, lower=0.2, upper=1.8)
20          #白化操作
21    float_image = tf.image.per_image_standardization(distorted_image)
22    float_image.set_shape([height, width, 3])
23    read_input.label.set_shape([1])
24    min_fraction_of_examples_in_queue = 0.4
25    min_queue_examples = int(NUM_EXAMPLES_PER_EPOCH_FOR_TRAIN *
                min_fraction_of_examples_in_queue)
26    print ('Filling queue with %d CIFAR images before starting to train. '
          'This will take a few minutes.' % min_queue_examples)
27    return _generate_image_and_label_batch(float_image, read_input.label,
          min_queue_examples, batch_size, shuffle=True)
```

通过以上步骤即可完成数据的预处理。在实际的运行过程中，从磁盘上读取并加载图像后，完成图像的整个变换过程还需要花费不少的时间。

10.2.2 生成训练模型

训练模型的生成需要以卷积神经网络为基础，包括两次的卷积层、池化层以及抑制层操作，然后进行全连接层操作，最后通过逻辑分类层softmax_linear进行输出。

对于每一层的权重，需要创建权重函数。为了防止过拟合，提高泛化能力，在losses中添加了L2正则化。具体实现如下：

```
01  def _variable_with_weight_decay(name, shape, stddev, wd):
02    dtype = tf.float16 if FLAGS.use_fp16 else tf.float32
03    var = _variable_on_cpu(
04        name,
05        shape,
06        tf.truncated_normal_initializer(stddev=stddev, dtype=dtype))
07    if wd is not None:
08      weight_decay = tf.multiply(tf.nn.l2_loss(var), wd, name='weight_loss')
09      tf.add_to_collection('losses', weight_decay)
10    return var
```

在图像处理中，采用卷积神经网络分别进行卷积操作、池化操作以及神经元节点抑制操作。在卷积层中，输出的结果由relu函数进行激活。在池化层中，使最大池化尺寸和步长不一致，以增加数据的丰富性。最后在抑制层中，对局部神经元的活动进行抑制，以增强整个模型的泛化能力。具体实现如下：

```
01  # conv1
02  with tf.variable_scope('conv1') as scope:
```

```
03    kernel = _variable_with_weight_decay('weights',
04                                          shape=[5, 5, 3, 64],
05                                          stddev=5e-2,
06                                          wd=0.0)
07    conv = tf.nn.conv2d(images, kernel, [1, 1, 1, 1], padding='SAME')
08    biases = _variable_on_cpu('biases', [64], tf.constant_initializer(0.0))
09    pre_activation = tf.nn.bias_add(conv, biases)
10    conv1 = tf.nn.relu(pre_activation, name=scope.name)
11    _activation_summary(conv1)
12  # pool1
13  pool1 = tf.nn.max_pool(conv1, ksize=[1, 3, 3, 1], strides=[1, 2, 2, 1],
        padding='SAME', name='pool1')
14  # norm1
15  norm1 = tf.nn.lrn(pool1, 4, bias=1.0, alpha=0.001 / 9.0, beta=0.75, name='norm1')
```

同理，进行第二次卷积过程，具体实现如下：

```
01  # conv2
02  with tf.variable_scope('conv2') as scope:
03    kernel = _variable_with_weight_decay('weights',
04                                          shape=[5, 5, 64, 64],
05                                          stddev=5e-2,
06                                          wd=0.0)
07    conv = tf.nn.conv2d(norm1, kernel, [1, 1, 1, 1], padding='SAME')
08    biases = _variable_on_cpu('biases', [64], tf.constant_initializer(0.1))
09    pre_activation = tf.nn.bias_add(conv, biases)
10    conv2 = tf.nn.relu(pre_activation, name=scope.name)
11    _activation_summary(conv2)
12  # norm2
13  norm2 = tf.nn.lrn(conv2, 4, bias=1.0, alpha=0.001 / 9.0, beta=0.75, name='norm2')
14  # pool2
15  pool2 = tf.nn.max_pool(norm2, ksize=[1, 3, 3, 1],
        strides=[1, 2, 2, 1], padding='SAME', name='pool2')
```

完成卷积操作后，建立全连接层。

对于卷积操作后的输出结果，首先使用tf.reshape函数将样本转换为一维向量，然后通过全连接层的训练，使用relu激活函数进行非线性化。在此建立两层的全连接层，具体实现如下：

```
01  # local3
02  with tf.variable_scope('local3') as scope:
03    reshape = tf.reshape(pool2, [FLAGS.batch_size, -1])
04    dim = reshape.get_shape()[1].value
05    weights = _variable_with_weight_decay('weights', shape=[dim, 384],
                                            stddev=0.04, wd=0.004)
06    biases = _variable_on_cpu('biases', [384], tf.constant_initializer(0.1))
07    local3 = tf.nn.relu(tf.matmul(reshape, weights) + biases, name=scope.name)
08    _activation_summary(local3)
09  # local4
10  with tf.variable_scope('local4') as scope:
11    weights = _variable_with_weight_decay('weights', shape=[384, 192],
```

```
12    biases = _variable_on_cpu('biases', [192], tf.constant_initializer(0.1))
      stddev=0.04, wd=0.004)
13    local4 = tf.nn.relu(tf.matmul(local3, weights) + biases, name=scope.name)
14    _activation_summary(local4)
```

最后通过softmax_linear层进行分类输出,具体实现如下:

```
01    with tf.variable_scope('softmax_linear') as scope:
02    weights = _variable_with_weight_decay('weights', [192, NUM_CLASSES],
      stddev=1/192.0, wd=0.0)
03    biases = _variable_on_cpu('biases', [NUM_CLASSES],
      tf.constant_initializer(0.0))
04    softmax_linear = tf.add(tf.matmul(local4, weights), biases, name=scope.name)
05    _activation_summary(softmax_linear)
06    return softmax_linear
```

完成训练模型的构建后,对于损失函数选择最常用的交叉熵算法,具体实现如下:

```
01    def loss(logits, labels):
02    labels = tf.cast(labels, tf.int64)
03    cross_entropy = tf.nn.sparse_softmax_cross_entropy_with_logits(
      labels=labels, logits=logits, name='cross_entropy_per_example')
04    cross_entropy_mean = tf.reduce_mean(cross_entropy, name='cross_entropy')
05    tf.add_to_collection('losses', cross_entropy_mean)
06    return tf.add_n(tf.get_collection('losses'), name='total_loss')
```

10.2.3 训练模型

上述步骤完成了数据的输入,以及训练模型和损失函数的定义,接下来依次调用方法进行模型的训练。具体实现如下:

```
01    def train():
02    with tf.Graph().as_default():
03    global_step = tf.train.get_or_create_global_step()
04    with tf.device('/cpu:0'):
05     images, labels = cifar10.distorted_inputs()
06    logits = cifar10.inference(images)
07    loss = cifar10.loss(logits, labels)
08    train_op = cifar10.train(loss, global_step)
09    class _LoggerHook(tf.train.SessionRunHook):
10     def begin(self):
11      self._step = -1
12      self._start_time = time.time()
13     def before_run(self, run_context):
14      self._step += 1
15      return tf.train.SessionRunArgs(loss)
16     def after_run(self, run_context, run_values):
17      if self._step % FLAGS.log_frequency == 0:
18       current_time = time.time()
19       duration = current_time - self._start_time
20       self._start_time = current_time
```

```
21        loss_value = run_values.results
22        examples_per_sec = FLAGS.log_frequency * FLAGS.batch_size / duration
23        sec_per_batch = float(duration / FLAGS.log_frequency)
24        format_str = ('%s: step %d, loss = %.2f (%.1f examples/sec; %.3f ' 'sec/batch)')
25        print (format_str % (datetime.now(), self._step, loss_value,
              examples_per_sec, sec_per_batch))
26   with tf.train.MonitoredTrainingSession(
27       checkpoint_dir=FLAGS.train_dir,
28       hooks=[tf.train.StopAtStepHook(last_step=FLAGS.max_steps),
29            tf.train.NanTensorHook(loss),
30            _LoggerHook()],
31       config=tf.ConfigProto(
32          log_device_placement=FLAGS.log_device_placement)) as mon_sess:
33     while not mon_sess.should_stop():
34       mon_sess.run(train_op)
```

10.2.4 评估模型

完成模型的训练后，使用测试数据评估模型。在评估时，使用的数据不再经过翻转、调整亮度和对比度等操作，而是直接从测试数据集中转换为**TFRecords**格式的数据。获取测试数据的具体实现如下：

```
01  def inputs(eval_data, data_dir, batch_size):
02    if not eval_data:
03      filenames = [os.path.join(data_dir, 'data_batch_%d.bin' % i) for i in xrange(1, 6)]
04      num_examples_per_epoch = NUM_EXAMPLES_PER_EPOCH_FOR_TRAIN
05    else:
06      filenames = [os.path.join(data_dir, 'test_batch.bin')]
07      num_examples_per_epoch = NUM_EXAMPLES_PER_EPOCH_FOR_EVAL
08    for f in filenames:
09      if not tf.gfile.Exists(f):
10        raise ValueError('Failed to find file: ' + f)
11    filename_queue = tf.train.string_input_producer(filenames)
12    read_input = read_cifar10(filename_queue)
13    reshaped_image = tf.cast(read_input.uint8image, tf.float32)
14    height = IMAGE_SIZE
15    width = IMAGE_SIZE
16    resized_image = tf.image.resize_image_with_crop_or_pad(reshaped_image,
           height, width)
17    float_image = tf.image.per_image_standardization(resized_image)
18    float_image.set_shape([height, width, 3])
19    read_input.label.set_shape([1])
20    min_fraction_of_examples_in_queue = 0.4
21    min_queue_examples = int(num_examples_per_epoch *
          min_fraction_of_examples_in_queue)
22    return _generate_image_and_label_batch(float_image, read_input.label,
          min_queue_examples, batch_size, shuffle=False)
```

对于正式的评估训练，是将测试数据输入训练好的模型中，获得最终的分类结果并与真实分类进行对比。具体实现如下：

```
01  def evaluate():
02    with tf.Graph().as_default() as g:
03      eval_data = FLAGS.eval_data == 'test'
04      images, labels = cifar10.inputs(eval_data=eval_data)
05      logits = cifar10.inference(images)
06      top_k_op = tf.nn.in_top_k(logits, labels, 1)
07      variable_averages = tf.train.ExponentialMovingAverage(
        cifar10.MOVING_AVERAGE_DECAY)
08      variables_to_restore = variable_averages.variables_to_restore()
09      saver = tf.train.Saver(variables_to_restore)
10      summary_op = tf.summary.merge_all()
11      summary_writer = tf.summary.FileWriter(FLAGS.eval_dir, g)
12      while True:
13        eval_once(saver, summary_writer, top_k_op, summary_op)
14        if FLAGS.run_once:
15          break
16        time.sleep(FLAGS.eval_interval_secs)
17  def eval_once(saver, summary_writer, top_k_op, summary_op):
18    with tf.Session() as sess:
19      ckpt = tf.train.get_checkpoint_state(FLAGS.checkpoint_dir)
20      if ckpt and ckpt.model_checkpoint_path:
21        saver.restore(sess, ckpt.model_checkpoint_path)
22        global_step = ckpt.model_checkpoint_path.split('/')[-1].split('-')[-1]
23      else:
24        print('No checkpoint file found')
25        return
26      coord = tf.train.Coordinator()
27      try:
28        threads = []
29        for qr in tf.get_collection(tf.GraphKeys.QUEUE_RUNNERS):
30          threads.extend(qr.create_threads(sess, coord=coord, daemon=True, start=True))
31        num_iter = int(math.ceil(FLAGS.num_examples / FLAGS.batch_size))
32        true_count = 0  # Counts the number of correct predictions.
33        total_sample_count = num_iter * FLAGS.batch_size
34        step = 0
35        while step < num_iter and not coord.should_stop():
36          predictions = sess.run([top_k_op])
37          true_count += np.sum(predictions)
38          step += 1
39        precision = true_count / total_sample_count
40        print('%s: precision @ 1 = %.3f' % (datetime.now(), precision))
41        summary = tf.Summary()
42        summary.ParseFromString(sess.run(summary_op))
43        summary.value.add(tag='Precision @ 1', simple_value=precision)
44        summary_writer.add_summary(summary, global_step)
45      except Exception as e:  # pylint: disable=broad-except
46        coord.request_stop(e)
47      coord.request_stop()
48      coord.join(threads, stop_grace_period_secs=10)
```

通过本节的练习,我们掌握了最基础的图像物体识别技术。

10.3 图片验证码识别

在日常的计算机应用中经常会遇到需要输入验证码的情况。使用验证码技术是为了阻止程序自动完成登录、注册等验证性工作,其中最传统的方式就是字符型验证码。本节将使用机器学习的图像处理技术实现对验证码的自动识别。

10.3.1 验证码的生成

通过Python提供的captcha库可以便捷地生成验证码。

在TensorFlow开发环境中,可以使用如下命令来安装captcha库:

pip install captcha

安装过程如图10.2所示。

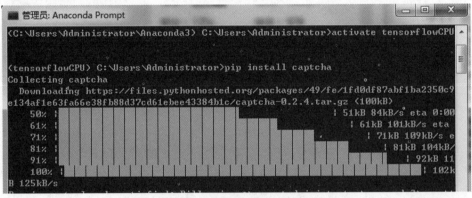

图10.2 captcha库的安装

对于验证码的内容,我们采用数字和英文字符相组合的形式。对于验证码的长度,我们使用4个字符。所以,对于随机生成验证码的文本内容,具体实现如下:

```
01  # 验证码中的字符
02  number = ['0','1','2','3','4','5','6','7','8','9']
03  alphabet = ['a','b','c','d','e','f','g','h','i','j','k','l','m','n','o','p','q','r','s','t','u','v','w','x','y','z']
04  ALPHABET = ['A','B','C','D','E','F','G','H','I','J','K','L','M','N','O','P','Q','R','S','T','U','V','W','X','Y','Z']
05  #验证码的长度为4个字符
06  def random_captcha_text(char_set=number+alphabet+ALPHABET, captcha_size=4):
07      #指定使用的验证码内容列表和长度,返回随机的验证码文本'''
08      captcha_text = []
09      for i in range(captcha_size):
10          c = random.choice(char_set)
11          captcha_text.append(c)
12      return captcha_text
```

使用captcha库,可根据随机产生的文本内容生成对应的验证码。将验证码图片分别保存为训练数据集和测试数据集。具体实现如下：

```
01  #生成字符对应的验证码图片
02  def gen_captcha_text_and_image():
03      image = ImageCaptcha()                              #导入验证码包，生成一张空白图
04      captcha_text = random_captcha_text()
05      captcha_text = ''.join(captcha_text)
06      captcha = image.generate(captcha_text)
07      captcha_image = Image.open(captcha)
08      captcha_image = np.array(captcha_image)
09      return captcha_text, captcha_image
10  #生成训练集验证码图片
11  if __name__ == '__main__':
12      #保存路径
13      path = './trainImage'       #训练集
14      # path = './validImage'      #测试集
15      for i in range(10000):
16          text, image = gen_captcha_text_and_image()
17          fullPath = os.path.join(path, text + ".jpg")
18          cv2.imwrite(fullPath, image)
19          print ("{0}/10000".format(i))
20      print ("Done!")
```

运行上述代码，生成随机的验证码，实现效果如图10.3所示。

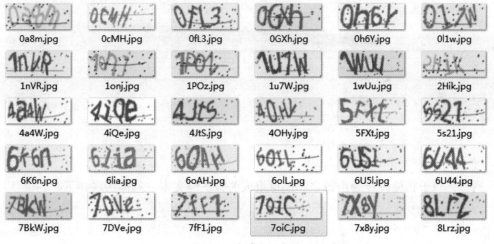

图10.3　生成的验证码

10.3.2　数据预处理

前面提到过，进行自然语言处理的第一步就是对自然语言符号进行编码。在本节中，对于验证码的识别也是一样的，需要先对识别的验证码进行转码处理。由于验证码仅仅包含数字和字母，而且都是四位，因此在这里采用矩阵编码。

例如，每个验证码中有4个字符，这些字符可从0~9十个数字中选择。将验证码的文本信息转换为一维数组的编码，则这个一维数组可以有4×10列，每10列表示一个字符。

字符出现的对应位置标识为"1",其他位置标识为"0"。按照此规则,"4352"可以表示为:

[0000100000
0001000000
0000010000
0010000000]

此为一维数组,为了便于查看,以每10列进行换行排版。

按照此规则,对于将数字和字母组成的验证码转为编码,具体实现如下:

```
01  # 文本转向量
02  char_set = number + alphabet + ALPHABET + ['_']     # 如果验证码的长度小于4,则用'_'补齐
03  CHAR_SET_LEN = len(char_set)                         # 获取表示一个字符的长度
04  def text2vec(text):
05      text_len = len(text)
06      if text_len > MAX_CAPTCHA:
07          raise ValueError('验证码最长4个字符')
08      vector = np.zeros(MAX_CAPTCHA*CHAR_SET_LEN)  #初始化
09      def char2pos(c):
10          if c =='_':
11              k = 62
12              return k
13          k = ord(c)-48
14          if k > 9:
15              k = ord(c) - 55
16              if k > 35:
17                  k = ord(c) - 61
18                  if k > 61:
19                      raise ValueError('No Map')
20          return k
21      for i, c in enumerate(text):
22          idx = i * CHAR_SET_LEN + char2pos(c)
23          vector[idx] = 1
24      return vector
```

同理,对于将编码转为由数字和字母组成的验证码文本,具体实现如下:

```
01  # 向量转回文本
02  def vec2text(vec):
03      char_pos = vec.nonzero()[0]
04      text=[]
05      for i, c in enumerate(char_pos):
06          char_at_pos = i #c/63
07          char_idx = c % CHAR_SET_LEN
08          if char_idx < 10:
09              char_code = char_idx + ord('0')
10          elif char_idx < 36:
11              char_code = char_idx - 10 + ord('A')
12          elif char_idx < 62:
13              char_code = char_idx - 36 + ord('a')
14          elif char_idx == 62:
```

```
15                        char_code = ord('_')
16                else:
17                        raise ValueError('error')
18                text.append(chr(char_code))
19       return "".join(text)
```

10.3.3 生成训练模型

训练模型的生成以卷积神经网络为基础,进行三次的卷积层、池化层以及抑制层操作,然后进行全连接层操作,最后通过输出层进行输出。对于损失函数的选取,使用最常用的交叉熵算法。具体实现如下:

```
01  def crack_captcha_cnn(w_alpha=0.01, b_alpha=0.1):
02       # 将占位符转换为按照图片给定的新样式
03       x = tf.reshape(X, shape=[-1, IMAGE_HEIGHT, IMAGE_WIDTH, 1])
04       # 第一次
05       w_c1 = tf.Variable(w_alpha*tf.random_normal([3, 3, 1, 32]))
06       b_c1 = tf.Variable(b_alpha*tf.random_normal([32]))
07       conv1 = tf.nn.relu(tf.nn.bias_add(tf.nn.conv2d(x, w_c1, strides=[1, 1, 1, 1],
         padding='SAME'), b_c1))
08       conv1 = tf.nn.max_pool(conv1, ksize=[1, 2, 2, 1], strides=[1, 2, 2, 1], padding='SAME')
09       conv1 = tf.nn.dropout(conv1, keep_prob)
10       #第二次
11       w_c2 = tf.Variable(w_alpha*tf.random_normal([3, 3, 32, 64]))
12       b_c2 = tf.Variable(b_alpha*tf.random_normal([64]))
13       conv2 = tf.nn.relu(tf.nn.bias_add(tf.nn.conv2d(conv1, w_c2, strides=[1, 1, 1, 1],
         padding='SAME'), b_c2))
14       conv2 = tf.nn.max_pool(conv2, ksize=[1, 2, 2, 1], strides=[1, 2, 2, 1], padding='SAME')
15       conv2 = tf.nn.dropout(conv2, keep_prob)
16       #第三次
17       w_c3 = tf.Variable(w_alpha*tf.random_normal([3, 3, 64, 64]))
18       b_c3 = tf.Variable(b_alpha*tf.random_normal([64]))
19       conv3 = tf.nn.relu(tf.nn.bias_add(tf.nn.conv2d(conv2, w_c3, strides=[1, 1, 1, 1],
         padding='SAME'), b_c3))
20       conv3 = tf.nn.max_pool(conv3, ksize=[1, 2, 2, 1], strides=[1, 2, 2, 1], padding='SAME')
21       conv3 = tf.nn.dropout(conv3, keep_prob)
22       #全连接层
23       w_d = tf.Variable(w_alpha*tf.random_normal([8*20*64, 1024]))
24       b_d = tf.Variable(b_alpha*tf.random_normal([1024]))
25       dense = tf.reshape(conv3, [-1, w_d.get_shape().as_list()[0]])
26       dense = tf.nn.relu(tf.add(tf.matmul(dense, w_d), b_d))
27       dense = tf.nn.dropout(dense, keep_prob)
28       #输出层
29       w_out = tf.Variable(w_alpha*tf.random_normal([1024, MAX_CAPTCHA*CHAR_SET_LEN]))
30       b_out = tf.Variable(b_alpha*tf.random_normal([MAX_CAPTCHA*CHAR_SET_LEN]))
31       out = tf.add(tf.matmul(dense, w_out), b_out)
32       return out
33       loss = tf.reduce_mean(tf.nn.sigmoid_cross_entropy_with_logits(logits=output, labels=Y))
```

10.3.4 训练模型

完成训练模型和损失函数的定义后,接下来依次调用方法进行模型的训练。我们已经成功使用Python提供的captcha库完成了验证码的随机生成。在训练时,每次都会随机生成验证码,然后进行训练。对于每一次训练的数据,具体实现如下:

```
01  #生成验证码图像
02  def wrap_gen_captcha_text_and_image():
03      ''' 获取一张图,判断是否符合(60,160,3)规格'''
04      while True:
05          text, image = gen_captcha_text_and_image()
06          if image.shape == (60, 160, 3):#此部分应该与开头部分图片宽高吻合
07              return text, image
08  #生成训练batch
09  def get_next_batch(batch_size=128):
10      batch_x = np.zeros([batch_size, IMAGE_HEIGHT*IMAGE_WIDTH])
11      batch_y = np.zeros([batch_size, MAX_CAPTCHA*CHAR_SET_LEN])
12      for i in range(batch_size):
13          text, image = wrap_gen_captcha_text_and_image()
14          image = convert2gray(image)
15          # 将图片数组一维化
16          batch_x[i,:] = image.flatten() / 255
17          batch_y[i,:] = text2vec(text)
18      return batch_x, batch_y
```

明确了训练的数据后,使用定义的模型进行正式训练,具体实现如下:

```
01  X = tf.placeholder(tf.float32, [None, IMAGE_HEIGHT*IMAGE_WIDTH])
02  Y = tf.placeholder(tf.float32, [None, MAX_CAPTCHA*CHAR_SET_LEN])
03  keep_prob = tf.placeholder(tf.float32) # dropout
04  # 训练
05  def train_crack_captcha_cnn():
06      output = crack_captcha_cnn()                    #调用训练模型
07      loss = tf.reduce_mean(tf.nn.sigmoid_cross_entropy_with_logits(logits=output, labels=Y))
08      optimizer = tf.train.AdamOptimizer(learning_rate=0.001).minimize(loss)
09      predict = tf.reshape(output, [-1, MAX_CAPTCHA, CHAR_SET_LEN])
10      max_idx_p = tf.argmax(predict, 2)
11      max_idx_l = tf.argmax(tf.reshape(Y, [-1, MAX_CAPTCHA, CHAR_SET_LEN]), 2)
12      correct_pred = tf.equal(max_idx_p, max_idx_l)
13      accuracy = tf.reduce_mean(tf.cast(correct_pred, tf.float32))
14      saver = tf.train.Saver()                        #保存训练模型
15      with tf.Session() as sess:
16          sess.run(tf.global_variables_initializer())
17          step = 0
18          while True:
19              batch_x, batch_y = get_next_batch(64)
20              _, loss_ = sess.run([optimizer, loss], feed_dict={X: batch_x, Y: batch_y, keep_prob: 0.75})
21              print(step, loss_)
```

```
22                      # 每100 step计算一次准确率
23                      if step % 100 == 0:
24                              batch_x_test, batch_y_test = get_next_batch(100)
25                              acc = sess.run(accuracy, feed_dict={X: batch_x_test, Y: batch_y_test, keep_prob: 1.})
26                              print(step, acc)
27                              # 如果准确率大于50%,就保存模型,完成训练
28                              if acc > 0.5:
29                                      saver.save(sess, "crack_capcha.model", global_step=step)
30                                      break
31                      step += 1
```

运行以上代码,对模型进行训练。由于训练的时间比较长,因此选择在准确率大于50%的情况下结束训练。如果拥有足够的计算能力和训练时间,建议可以调高准确率,甚至达到95%以上。

10.3.5 评估模型

至此,完成了模型的训练。对于模型的评估,同样随机地生成一个验证码,使用模型进行预测,查看预测的结果。具体实现如下:

```
01  def crack_captcha(captcha_image):
02      output = crack_captcha_cnn()
03      saver = tf.train.Saver()
04      with tf.Session() as sess:
05          saver.restore(sess, tf.train.latest_checkpoint('.'))
06          predict = tf.argmax(tf.reshape(output, [-1, MAX_CAPTCHA, CHAR_SET_LEN]), 2)
07          text_list = sess.run(predict, feed_dict={X: [captcha_image], keep_prob: 1})
08          text = text_list[0].tolist()
09          vector = np.zeros(MAX_CAPTCHA*CHAR_SET_LEN)
10          i = 0
11          for n in text:
12              vector[i*CHAR_SET_LEN + n] = 1
13              i += 1
14          return vec2text(vector)
15  #运行评估方法
16  if __name__ == '__main__':
17      text, image = gen_captcha_text_and_image()           #获取随机验证码
18      image = convert2gray(image)                          #对验证码进行灰度处理
19      image = image.flatten() / 255                        #将图片一维化
20      predict_text = crack_captcha(image)                  #调用评估
21      print("正确: {}  预测: {}".format(text, predict_text))
```

运行以上代码,对随机产生的验证码进行预测。多次运行该评估方法,结果如下:

正确: [８９２０] 预测: [８９２０]
正确: [１９１０] 预测: [１９７０]

由于训练时保存的模型准确率并不高,因此测试时的准确率也不高。如果能对训练集继续学习,那么测试中的表现会非常不错。

10.4 图像物体检测

前面介绍了图像物体识别,在本节中将通过谷歌开源的一套智能物体检测系统来介绍图像物体检测的实现。

10.4.1 物体检测系统

物体检测一直是计算机视觉领域的一个关键且基础的研究方向。谷歌开源了其在TensorFlow上实现的物体检测(Object Detection)系统[1],并提供了物体检测的API接口,在该接口中实现了多种网络结构的预训练方式,主要包括SSD+mobilenet、SSD+inception_v2、R-FCN+resnet101、faster RCNN+resnet101和faster RCNN+inception+resnet101等。

这些算法模型本身使用COCO数据集进行训练。COCO数据集在图像处理领域是一个非常常用的数据集,由微软发布,提供了图片以及物体分割、图像语义文本描述等信息,用于物体检测、图像分割和语义描述等训练。

谷歌采用各种算法对COCO数据集的计算进行测试[2],在计算所需的时间、结果精度以及输出上进行了对比,结果如表10.1所示。

表10.1 COCO数据集在各种算法下的对比情况

神经网络模型名称	运行速度/ms	COCOmAP	输出类型
ssd_mobilenet_v1_coco	30	21	框选
ssd_mobilenet_v2_coco	31	22	框选
ssdlite_mobilenet_v2_coco	27	22	框选
ssd_inception_v2_coco	42	24	框选
faster_rcnn_inception_v2_coco	58	28	框选
faster_rcnn_resnet50_coco	89	30	框选
faster_rcnn_resnet50_lowproposals_coco	64		框选
rfcn_resnet101_coco	92	30	框选
faster_rcnn_resnet101_coco	106	32	框选
faster_rcnn_resnet101_lowproposals_coco	82		框选
faster_rcnn_inception_resnet_v2_atrous_coco	620	37	框选
faster_rcnn_inception_resnet_v2_atrous_lowproposals_coco	241		框选
faster_rcnn_nas	1833	43	框选

1 参考https://github.com/tensorflow/models/tree/master/research/object_detection/。

2 https://github.com/TensorFlow/models/blob/master/research/object_detection/g3doc/detection_model_zoo.md。

(续表)

神经网络模型名称	运行速度/ms	COCOmAP	输出类型
faster_rcnn_nas_lowproposals_coco	540		框选
mask_rcnn_inception_resnet_v2_atrous_coco	771	36	填色遮蔽
mask_rcnn_inception_v2_coco	79	25	填色遮蔽
mask_rcnn_resnet101_atrous_coco	470	33	填色遮蔽
mask_rcnn_resnet50_atrous_coco	343	29	填色遮蔽

物体检测系统依赖于其他相关的库，包括Pillow、lxml、tf Slim、Jupyter Notebook和matplotlib等。另外，还需要使用protobuf库来配置模型和训练参数。完成相关库的下载以及编译完protobuf库之后，将models和slim框架加入环境变量中。

最后，运行model_builder_test，测试是否配置成功，语句如下：

python object_detection/builders/model_builder_test.py

10.4.2 物体检测系统实践

我们已经了解了谷歌的开源模型。接下来将使用谷歌的物体检测API实现一个简单的物体检测系统。

1. 导入库文件和工具

在使用物体检测API时，需要使用相关的库包，以及用于物体检测的具体方法，需要导入库包和载入函数，具体实现如下：

```
01  import numpy as np
02  import os
03  import six.moves.urllib as urllib
04  import tarfile
05  import TensorFlow as tf
06  import matplotlib
07  matplotlib.use('Agg')
08  from collections import defaultdict
09  from io import StringIO
10  from matplotlib import pyplot as plt
11  from PIL import Image
12  from utils import label_map_util
13  from utils import visualization_utils as vis_util
```

2. 下载模型

物体检测系统已在COCO数据集上训练完成了相关模型，我们只需要选择对应的模型下载并加载即可。由于SSD+mobilenet方法较快，因此选择该模型进行下载并使用。具体实现如下：

```
01  # 选择模型
02  MODEL_NAME = 'ssd_mobilenet_v1_coco_11_06_2017'
03  MODEL_FILE = MODEL_NAME + '.tar.gz'
```

```
04  DOWNLOAD_BASE = 'http://download.TensorFlow.org/models/object_detection/'
05  PATH_TO_CKPT = MODEL_NAME + '/frozen_inference_graph.pb'
06  PATH_TO_LABELS = os.path.join('data', 'mscoco_label_map.pbtxt')
07  NUM_CLASSES = 90
08  #下载模型
09  if not os.path.exists(PATH_TO_CKPT):
10      print('Downloading model... (This may take over 5 minutes)')
11      opener = urllib.request.URLopener()
12      opener.retrieve(DOWNLOAD_BASE + MODEL_FILE, MODEL_FILE)
13      print('Extracting...')
14      tar_file = tarfile.open(MODEL_FILE)
15      for file in tar_file.getmembers():
16          file_name = os.path.basename(file.name)
17          if 'frozen_inference_graph.pb' in file_name:
18              tar_file.extract(file, os.getcwd())
19  else:
20      print('Model already downloaded.')
```

3. 加载模型

完成模型的下载后,对模型中的pb文件进行读取和加载,具体实现如下:

```
01  #加载模型
02  print('Loading model...')
03  detection_graph = tf.Graph()
04  with detection_graph.as_default():
05      od_graph_def = tf.GraphDef()
06      with tf.gfile.GFile(PATH_TO_CKPT, 'rb') as fid:
07          serialized_graph = fid.read()
08          od_graph_def.ParseFromString(serialized_graph)
09          tf.import_graph_def(od_graph_def, name='')
10  #加载标签表
11  print('Loading label map...')
12  label_map = label_map_util.load_labelmap(PATH_TO_LABELS)
13  categories = label_map_util.convert_label_map_to_categories(label_map,
        max_num_classes=NUM_CLASSES, use_display_name=True)
14  category_index = label_map_util.create_category_index(categories)
```

4. 分析图像

完成模型的下载和加载后,使用模型对文件进行检测,具体实现如下:

```
01  TEST_IMAGE_PATH = 'test_images/test.jpg'
02  IMAGE_SIZE = (12, 8)                                              #输出文件的大小
03  print('Detecting...')
04  with detection_graph.as_default():
05      with tf.Session(graph=detection_graph) as sess:
06          print(TEST_IMAGE_PATH)
07          image = Image.open(TEST_IMAGE_PATH)
08          image_np = load_image_into_numpy_array(image)
09          image_np_expanded = np.expand_dims(image_np, axis=0)
10          image_tensor = detection_graph.get_tensor_by_name('image_tensor:0')
11          boxes = detection_graph.get_tensor_by_name('detection_boxes:0')   #检测物体框
```

```
12    scores = detection_graph.get_tensor_by_name('detection_scores:0')    #检测物体可信度
13    classes = detection_graph.get_tensor_by_name('detection_classes:0')   #检测物体类型
14    num_detections = detection_graph.get_tensor_by_name('num_detections:0')
15    (boxes, scores, classes, num_detections) = sess.run(
      [boxes, scores, classes, num_detections],
      feed_dict={image_tensor: image_np_expanded})
16    print(scores)
17    print(classes)
18    print(category_index)
19    vis_util.visualize_boxes_and_labels_on_image_array(
      image_np,
      np.squeeze(boxes),
      np.squeeze(classes).astype(np.int32),
      np.squeeze(scores),
      category_index,
      use_normalized_coordinates=True,
      line_thickness=8)
20    print(TEST_IMAGE_PATH.split('.')[0]+'_labeled.jpg')
21    plt.figure(figsize=IMAGE_SIZE, dpi=300)
22    plt.imshow(image_np)
23    plt.savefig(TEST_IMAGE_PATH.split('.')[0] + '_labeled.jpg')
```

运行以上代码，实现对图片中物体的检测，如图10.4所示。

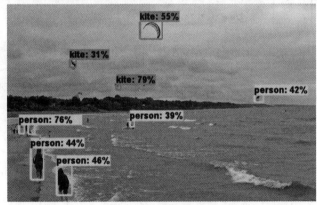

图10.4 物体检测

从中可以看出，SSD+mobilenet方法虽然较快，但是准确率较低，存在错误标注和遗漏小物体的情况。

10.5 看图说话

在前面章节中，我们使用机器学习实现了对图像中物体的识别和检测，也介绍了自然语言文本处理。将图像识别与自然语言相结合的一种处理场景就是看图说话。所谓"看图说话"，就是通过输入一张图片，让计算机使用自然语言描述图片的内容。

本节将以TensorFlow的官方模型[1]为例,讲解如何训练看图说话模型。

10.5.1 看图说话原理

看图说话,就是根据图像给出一段文字描述,可以理解为将图像信息翻译为文本信息的过程,类似于自然语言文本处理中提到的编码器-解码器(Seq2Seq)模型。

整体来说,采取的依然是编码器-解码器框架。先将图像编码为固定的中间矢量,然后解码为自然语言的描述。对于图像的识别,采用Inception V3图像识别模型。对于自然语言的描述,采用LSTM网络。整体框架如图10.5所示。

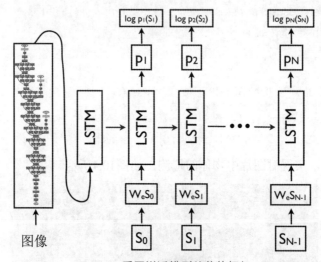

图10.5 看图说话模型的整体框架

10.5.2 看图说话模型的构建

整个看图说明可以分为对输入图像的预处理、图像编码、Inception V3图像识别、LSTM模型解码、文本编码等过程。具体实现如下:

```
01    def build(self):
02        self.build_inputs()                    #构建输入数据
03        self.build_image_embeddings()          #构建图像编码
04        self.build_seq_embeddings()            #构建输入序列编码
05        self.build_model()                     #构建完整模型
06        self.setup_inception_initializer()     #载入Inception V3模型
07        self.setup_global_step()               #记录全局迭代次数
```

对于整体模型的构建,重点需要完成LSTM解码器神经网络的定义,具体实现如下:

```
01    def build_model(self):
02        lstm_cell = tf.contrib.rnn.BasicLSTMCell(
          num_units=self.config.num_lstm_units, state_is_tuple=True)
03        if self.mode == "train":                #训练模式
```

---

[1] 参考https://github.com/TensorFlow/models/tree/master/research/im2txt。

```
04    lstm_cell = tf.contrib.rnn.DropoutWrapper(
        lstm_cell, input_keep_prob=self.config.lstm_dropout_keep_prob,
        output_keep_prob=self.config.lstm_dropout_keep_prob)
05    with tf.variable_scope("lstm", initializer=self.initializer) as lstm_scope:
06      zero_state = lstm_cell.zero_state(
        batch_size=self.image_embeddings.get_shape()[0], dtype=tf.float32)
        _, initial_state = lstm_cell(self.image_embeddings, zero_state)
07      lstm_scope.reuse_variables()
08      if self.mode == "inference":
09        tf.concat(axis=1, values=initial_state, name="initial_state")
10        state_feed = tf.placeholder(dtype=tf.float32,
                      shape=[None, sum(lstm_cell.state_size)],
                      name="state_feed")
11        state_tuple = tf.split(value=state_feed, num_or_size_splits=2, axis=1)
12        lstm_outputs, state_tuple = lstm_cell(
          inputs=tf.squeeze(self.seq_embeddings, axis=[1]), state=state_tuple)
13        tf.concat(axis=1, values=state_tuple, name="state")
14      else:
15        sequence_length = tf.reduce_sum(self.input_mask, 1)
16        lstm_outputs, _ = tf.nn.dynamic_rnn(cell=lstm_cell,
                      inputs=self.seq_embeddings,
                      sequence_length=sequence_length,
                      initial_state=initial_state,
                      dtype=tf.float32,
                      scope=lstm_scope)
17    lstm_outputs = tf.reshape(lstm_outputs, [-1, lstm_cell.output_size])
18    with tf.variable_scope("logits") as logits_scope:
19      logits = tf.contrib.layers.fully_connected(
        inputs=lstm_outputs, num_outputs=self.config.vocab_size,
        activation_fn=None, weights_initializer=self.initializer,
        scope=logits_scope)
20    if self.mode == "inference":
21      tf.nn.softmax(logits, name="softmax")
22    else:
23      targets = tf.reshape(self.target_seqs, [-1])
24      weights = tf.to_float(tf.reshape(self.input_mask, [-1]))
25      losses = tf.nn.sparse_softmax_cross_entropy_with_logits(labels=targets,
        logits=logits)
26      batch_loss = tf.div(tf.reduce_sum(tf.multiply(losses, weights)),
        tf.reduce_sum(weights), name="batch_loss")
27      tf.losses.add_loss(batch_loss)
28      total_loss = tf.losses.get_total_loss()
29      tf.summary.scalar("losses/batch_loss", batch_loss)
30      tf.summary.scalar("losses/total_loss", total_loss)
31      for var in tf.trainable_variables():
32        tf.summary.histogram("parameters/" + var.op.name, var)
33      self.total_loss = total_loss
34      self.target_cross_entropy_losses = losses
35      self.target_cross_entropy_loss_weights = weights
```

对于Inception V3，直接使用预训练好的模型，采用TensorFlow-Slim图像分类库中已经实现的模型，具体实现如下：

```
01  def setup_inception_initializer(self):
02    if self.mode != "inference":
03      saver = tf.train.Saver(self.inception_variables)
04      def restore_fn(sess):
05        tf.logging.info("Restoring Inception variables from checkpoint file %s",
                         self.config.inception_checkpoint_file)
06        saver.restore(sess, self.config.inception_checkpoint_file)
07      self.init_fn = restore_fn
```

10.5.3 看图说话模型的训练

完成了看图说话模型主要网络结构的定义后，对COCO数据集进行训练，具体实现如下：

```
01  def main(unused_argv):
02    assert FLAGS.input_file_pattern,
03    assert FLAGS.train_dir,
04    model_config = configuration.ModelConfig()
05    model_config.input_file_pattern = FLAGS.input_file_pattern
06    model_config.inception_checkpoint_file = FLAGS.inception_checkpoint_file
07    training_config = configuration.TrainingConfig()
08    #创建训练结果存储路径
09    train_dir = FLAGS.train_dir
10    if not tf.gfile.IsDirectory(train_dir):
11      tf.logging.info("Creating training directory: %s", train_dir)
12      tf.gfile.MakeDirs(train_dir)
13    #创建训练数据流图
14    g = tf.Graph()
15    with g.as_default():
16      # 构建模型
17      model = show_and_tell_model.ShowAndTellModel(
          model_config, mode="train", train_inception=FLAGS.train_inception)
18      model.build()
19      #设置学习率
20      learning_rate_decay_fn = None
21      if FLAGS.train_inception:
22        learning_rate = tf.constant(training_config.train_inception_learning_rate)
23      else:
24        learning_rate = tf.constant(training_config.initial_learning_rate)
25        if training_config.learning_rate_decay_factor > 0:
26          num_batches_per_epoch = (training_config.num_examples_per_epoch /
                                    model_config.batch_size)
27          decay_steps = int(num_batches_per_epoch *
                              training_config.num_epochs_per_decay)
28          def _learning_rate_decay_fn(learning_rate, global_step):
29            return tf.train.exponential_decay(
              learning_rate, global_step, decay_steps=decay_steps,
              decay_rate=training_config.learning_rate_decay_factor,
```

```
                staircase=True)
30          learning_rate_decay_fn = _learning_rate_decay_fn
31  #定义训练操作
32      train_op = tf.contrib.layers.optimize_loss(
            loss=model.total_loss,
            global_step=model.global_step,
            learning_rate=learning_rate,
            optimizer=training_config.optimizer,
            clip_gradients=training_config.clip_gradients,
            learning_rate_decay_fn=learning_rate_decay_fn)
33      saver = tf.train.Saver(max_to_keep=training_config.max_checkpoints_to_keep)
34  #进行训练
35      tf.contrib.slim.learning.train(
            train_op,
            train_dir,
            log_every_n_steps=FLAGS.log_every_n_steps,
            graph=g,
            global_step=model.global_step,
            number_of_steps=FLAGS.number_of_steps,
            init_fn=model.init_fn,
            saver=saver)
```

10.5.4 评估模型

完成模型的训练后，使用训练好的模型对图片进行分析，给出对应的描述。对于模型的使用，具体实现如下：

```
01  def main(_):
02      g = tf.Graph()
03      with g.as_default():
04          model = inference_wrapper.InferenceWrapper()
05          restore_fn = model.build_graph_from_config(configuration.ModelConfig(),
                FLAGS.checkpoint_path)
06          g.finalize()
07      vocab = vocabulary.Vocabulary(FLAGS.vocab_file)
08      filenames = []
09      for file_pattern in FLAGS.input_files.split(","):
10          filenames.extend(tf.gfile.Glob(file_pattern))
11      tf.logging.info("Running caption generation on %d files matching %s",
            len(filenames), FLAGS.input_files)
12      with tf.Session(graph=g) as sess:
13          restore_fn(sess)
14          generator = caption_generator.CaptionGenerator(model, vocab)
15          for filename in filenames:
16              with tf.gfile.GFile(filename, "rb") as f:
17                  image = f.read()
18              captions = generator.beam_search(sess, image)
19              print("Captions for image %s:" % os.path.basename(filename))
20              for i, caption in enumerate(captions):
21                  sentence = [vocab.id_to_word(w) for w in caption.sentence[1:-1]]
```

```
22      sentence = " ".join(sentence)
23      print(" %d) %s (p=%f)" % (i, sentence, math.exp(caption.logprob)))
```

运行以上代码，输入如图10.6所示的图片。

图10.6　输入的图片

对于这张图片，得出的描述结果如下：

　0) a woman is standing next to a horse . (p=0.000759)
　1) a woman is standing next to a horse (p=0.000647)
　2) a woman is standing next to a brown horse . (p=0.000384)

可以看出，训练结果给出了3句描述，其中每一句描述都包含概率值。显然，描述语言能够识别图像中的物品，并对图片进行简单、准确的描述。

10.6　本章小结

本章主要讲解了TensorFlow在图像处理方面的应用，以识别物体、识别验证码、物体检测以及看图说话为例，对图像处理中的物体识别与检测、图像描述等领域进行了介绍。TensorFlow让计算机有了理解图像的能力，具备了视觉能力。

第11章
人脸识别

人脸识别是目前比较热门,并且能够给予大众直观感受的一种应用。在本章中,我们将针对机器学习在人脸识别方面的应用进行讲解。

11.1 人脸识别简介

人脸识别是基于人的脸部特征信息进行身份识别的一种识别技术,主要针对图像或视频中的人脸进行处理。从广义上来说,人脸识别技术包括人脸检测、人脸图像特征提取、人脸匹配与识别,甚至包括对性别、年龄等信息的识别。

使用人脸识别技术可以识别人的脸部信息,从而完成人类身份信息的验证,可以应用于"刷脸认证"和"刷脸支付"等场景。而且在获取图像的过程中,被识别者无须与采集设备直接接触,这既方便用户的使用,也可以广泛应用到安防领域。在安防领域,使用人脸识别技术可以同时对多个人脸进行检测、跟踪和识别。

人脸识别一直以来都是身份识别与验证领域的一个重要发展方向。在采用机器学习之前,人脸识别的难点主要有三方面。一是人脸图像是立体的,需要在高维度上进行人脸特征的提取和降维。二是基于可见光图像的人脸识别,当光照、阴影、姿势等发生变化时,同一个人的识别率大大降低。三是识别算法的运算较麻烦,效率较低,无法满足商用需求。

现在,基于海量数据的机器学习是人脸识别的主要技术路线,整体的技术范围主要包括人脸图像采集、人脸检测、人脸图像预处理、人脸关键点检测、人脸特征提取、人脸对比和人脸属性检测等。

11.1.1 人脸图像采集

人脸图像采集是人脸识别的第一步,是对人们在不同位置、不同表情和不同角度等情况下人脸图像的收集。

由于进行人脸图像采集一般采用拍照和摄像等方式，因此无须接触被识别者。只要在拍摄区域内，均可获取人脸图像信息。

11.1.2 人脸检测

人脸检测(Face Detection)属于目标检测的一种，是检测图像中人脸所在位置的一项技术。人脸检测算法就是在这样的图像范围内进行扫描，再逐个判定候选区域是否是人脸，最终将判断为人脸的部分以人脸坐标框的方式标记出来。这与上一章中的图像物体检测相似。

11.1.3 人脸图像预处理

由于在人脸检测的结果中，可能获取到尺寸不一、光线明暗不一、干扰不一等不同情况下的多张人脸图像，因此在进行后续的人脸关键点检测等任务时，需要对这些图像进行缩放、旋转、拉伸、光线补偿、灰度变换和锐化等图像预处理。

11.1.4 人脸关键点检测

人脸关键点检测是定位人脸五官关键点坐标的一项技术，包括人脸轮廓、眼睛、眉毛、嘴唇以及鼻子的轮廓等关键点。也就是把人脸检测获取到的"人脸坐标框和人脸"作为输入，输出五官关键点的坐标序列。五官关键点的数量是预先设定好的固定数值，可以根据不同的语义来定义，常见的有5点、68点、90点等。

当前效果较好的一些人脸关键点检测技术，基本都是通过深度学习框架而实现的，这些方法基于人脸检测的人脸坐标框，按某种事先设定的规则将人脸区域抠取出来，缩放到固定尺寸，然后进行关键点位置的计算。目前，在人脸关键点检测上，使用的深度学习算法主要是CSR(Cascaded Shape Regression，级联形状回归)。

11.1.5 人脸特征提取

人脸特征提取是将一张人脸图像以及人脸关键点转换为一串固定长度的数值的过程，该数值串就是人脸特征。近年来，人脸特征提取算法一般都采用深度学习方法，其中，DeepID网络结构是常用的一种。

DeepID网络结构类似于卷积神经网络，会经过多次卷积层和池化层。但在倒数第二层，增加了DeepID层。DeepID层与卷积层4以及池化层3相连，由于卷积神经网络存在层数越高视野越大的特性，因此这种连接方式既能够考虑局部特征，又能够考虑全局特征。整体网络结构如图11.1所示。

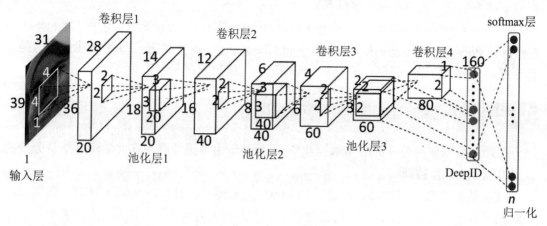

图11.1　DeepID结构

11.1.6　人脸比对

人脸比对算法的输入是两个人脸的特征，而输出是两个特征之间的相似度。基于人脸比对可衍生出人脸验证(Face Verification)、人脸识别(Face Recognition)、人脸检索(Face Retrieval)和人脸聚类(Face Cluster)等应用场景。

其中，人脸验证就是分析两张图片中的人脸是否属于同一个人的可能性大小。

人脸识别就是识别出与输入的人脸对应的身份。一般采用的方法是，对库中注册的与N个身份对应的特征逐个比对，找出其中与输入特征相似度最高的特征。

人脸检索就是查找和输入的人脸相似的人脸。通过将输入的人脸和一个集合中的所有人脸进行比对，根据比对后的相似度对该集合中的人脸进行排序。根据相似度从高到低排序的人脸序列即为人脸检索的结果。

人脸聚类就是对一个集合中的人脸根据身份进行分组。

11.1.7　人脸属性检测

人脸属性检测包括识别出人脸的性别、年龄、姿态等属性，也包括对喜怒哀乐等表情属性的分析。

一般的人脸属性识别算法会根据通过人脸关键点检测获取的人脸五官关键点坐标进行分析，包括对人脸进行旋转、缩放和抠取等操作，并将人脸调整到预定的大小和形态，然后进行属性分析。

11.2　人脸验证

人脸验证技术可以应用于手机开机后的"刷脸开机"、移动支付领域的"刷脸支付"

以及安防系统的"人脸鉴别"等场景。

2015年, Florian Schroff、Dmitry Kalenichenko和James Philbin发表了论文*FaceNet: A Unified Embedding for Face Recognition and Clustering*[1], 其中提出了FaceNet模型, 这是非常重要的一种人脸识别模型, 可用于人脸验证、人脸识别和人脸聚类等。

11.2.1 数据预处理

在此, 我们使用公开的LFW数据集[2]。该数据集由美国马萨诸塞大学阿姆斯特分校的计算机视觉实验室整理。

LFW数据集共包括5749人, 超过13 000张人脸图片。其中, 4096人只有一张图片, 1680人有多于一张的图片。在该数据集中以每个人的人名创建了文件夹, 在文件夹中存放此人的图片, 例如Aaron_Eckhart_0001.jpg。数据集中每张图片的规格是250像素×250像素, 这降低了训练的难度。

1. 对齐数据集

在图像识别中, 数据的预处理是非常重要的一步。由于后续将使用预先训练好的模型, 因此在使用LFW数据集时, 需要将待检测使用的数据集校准为与预训练模型中使用的数据集大小一致。

使用FaceNet源代码[3]下的align模块进行校准, 校准代码详见https://github.com/davidsandberg/facenet/tree/master/src/align/align_dataset_mtcnn.py。对下载的LFW数据进行处理, 具体如下:

```
python src/align/align_dataset_mtcnn.py /anaconda3/envs/tensorflow/datasets/lfw/anaconda3/envs/tensorflow/datasets/lfw/lfw_mtcnnpy_160 --image_size 160 --margin 32 --random_order --gpu_memory_fraction 0.25
```

经过以上处理后, 将获取规格为160像素×160像素的所有图片。

2. 下载预训练模型

FaceNet提供了两个预训练模型, 分别基于CASIA-WebFace和MS-Celeb-1M人脸库训练。其中, MS-Celeb-1M是微软开源的一个人脸识别数据库, 它从名人榜上选择排名前100万的名人, 然后通过搜索引擎采集每个名人大约100张人脸图片。预训练模型的准确率已经达到0.993 ± 0.004。

建立文件夹以存放预训练模型, 例如存放在models文件夹中。

11.2.2 运行FaceNet模型

人脸识别的实现一般都要先经过人脸检测(Face Detection)、人脸对齐(Face Alignment)等预处理, 这样可以降低背景和环境等因素带来的干扰。然后将人脸图像映射到欧几里得

---

1 参考https://arxiv.org/abs/1503.03832。
2 数据集的下载地址为http://vis-www.cs.umass.edu/lfw/lfw.tgz。
3 参考https://github.com/davidsandberg/facenet。

空间，空间距离的长度代表人脸图像的相似性。人脸图像到空间之间的映射生成一直是实现人脸识别的关键。

FaceNet模型通过卷积神经网络学习将图像映射到欧几里得空间，整体框架与其他经典的深度学习方法基本一致。前面介绍的人脸特征提取部分也基于CNN，只不过在深度网络模型的后面再接特征归一化层，将图像特征都映射到一个超球面上，这样可以规避样本的成像环境带来的差异。最后采用triplet_loss作为损失，使用随机梯度下降法(Stochastic Gradient Descent，SGD)进行反向传播，获得128维的向量空间。

使用FaceNet模型实现具体的人脸验证，主要分为以下步骤。

1. 获取数据及标签

在FaceNet模型的data目录中，已由官方随机生成了pairs.txt文件，该文件中的每一行数据代表一种对应关系，例如：

```
Akhmed_Zakayev    1        3
Simon_Yam  1        Terry_McAuliffe  3
```

这分别表示Akhmed_Zakayev中的第1张和第3张是同一个人。Simon_Yam中的第1张和Terry_McAuliffe中的第3张不是同一个人。

对该文件进行解析，可获得文件路径和是否匹配的关系对，具体实现如下：

```
01  def get_paths(lfw_dir, pairs):
02      nrof_skipped_pairs = 0
03      path_list = []
04      issame_list = []
05      for pair in pairs:
06          if len(pair) == 3:
07              path0 = add_extension(os.path.join(lfw_dir, pair[0], pair[0] + '_' +
                    '%04d' % int(pair[1])))
08              path1 = add_extension(os.path.join(lfw_dir, pair[0], pair[0] + '_' +
                    '%04d' % int(pair[2])))
09              issame = True
10          elif len(pair) == 4:
11              path0 = add_extension(os.path.join(lfw_dir, pair[0], pair[0] + '_' +
                    '%04d' % int(pair[1])))
12              path1 = add_extension(os.path.join(lfw_dir, pair[2], pair[2] + '_' +
                    '%04d' % int(pair[3])))
13              issame = False
14          if os.path.exists(path0) and os.path.exists(path1):
15              path_list += (path0,path1)
16              issame_list.append(issame)
17          else:
18              nrof_skipped_pairs += 1
19      if nrof_skipped_pairs>0:
20          print('Skipped %d image pairs' % nrof_skipped_pairs)
21      return path_list, issame_list
22
23  def main(args):
24      with tf.Graph().as_default():
```

```
25      with tf.Session() as sess:
26          pairs = lfw.read_pairs(os.path.expanduser(args.lfw_pairs))
27          paths, actual_issame = lfw.get_paths(os.path.expanduser(args.lfw_dir), pairs)
```

2. 获取输入张量

FaceNet模型需要输入图像信息，具体实现如下：

```
01  image_paths_placeholder = tf.placeholder(tf.string, shape=(None,1), name='image_paths')
02  labels_placeholder = tf.placeholder(tf.int32, shape=(None,1), name='labels')
03  batch_size_placeholder = tf.placeholder(tf.int32, name='batch_size')
04  control_placeholder = tf.placeholder(tf.int32, shape=(None,1), name='control')
05  phase_train_placeholder = tf.placeholder(tf.bool, name='phase_train')
06  nrof_preprocess_threads = 4
07  image_size = (args.image_size, args.image_size)
08  eval_input_queue = data_flow_ops.FIFOQueue(capacity=2000000,
                        dtypes=[tf.string, tf.int32, tf.int32],
                        shapes=[(1,), (1,), (1,)],
                        shared_name=None, name=None)
09  eval_enqueue_op = eval_input_queue.enqueue_many([image_paths_placeholder,
        labels_placeholder, control_placeholder], name='eval_enqueue_op')
10  image_batch, label_batch = facenet.create_input_pipeline(eval_input_queue, image_size,
        nrof_preprocess_threads, batch_size_placeholder)
```

3. 加载模型

对预训练的FaceNet模型进行加载，具体实现如下：

```
01  input_map = {'image_batch': image_batch, 'label_batch': label_batch,
        'phase_train': phase_train_placeholder}
02  facenet.load_model(args.model, input_map=input_map)
```

4. 验证评估数据

在LFW数据集中验证预训练模型，具体实现如下：

```
01  def evaluate(sess, enqueue_op, image_paths_placeholder, labels_placeholder,
        phase_train_placeholder, batch_size_placeholder, control_placeholder,
        embeddings, labels, image_paths, actual_issame, batch_size,
        nrof_folds, distance_metric, subtract_mean, use_flipped_images,
        use_fixed_image_standardization):
02      print('Runnning forward pass on LFW images')
03      nrof_embeddings = len(actual_issame)*2
04      nrof_flips = 2 if use_flipped_images else 1
05      nrof_images = nrof_embeddings * nrof_flips
06      labels_array = np.expand_dims(np.arange(0,nrof_images),1)
07      image_paths_array = np.expand_dims(np.repeat(np.array(image_paths),nrof_flips),1)
08      control_array = np.zeros_like(labels_array, np.int32)
09      if use_fixed_image_standardization:
10          control_array += np.ones_like(labels_array)*facenet.FIXED_STANDARDIZATION
11      if use_flipped_images:
12          control_array += (labels_array % 2)*facenet.FLIP
13      sess.run(enqueue_op, {image_paths_placeholder: image_paths_array,
            labels_placeholder: labels_array, control_placeholder: control_array})
```

```
14    embedding_size = int(embeddings.get_shape()[1])
15    assert nrof_images % batch_size == 0, 'The number of LFW images must be an integer
      multiple of the LFW batch size'
16    nrof_batches = nrof_images // batch_size
17    emb_array = np.zeros((nrof_images, embedding_size))
18    lab_array = np.zeros((nrof_images,))
19    for i in range(nrof_batches):
20        feed_dict = {phase_train_placeholder:False, batch_size_placeholder:batch_size}
21        emb, lab = sess.run([embeddings, labels], feed_dict=feed_dict)
22        lab_array[lab] = lab
23        emb_array[lab, :] = emb
24        if i % 10 == 9:
25            print('.', end='')
26            sys.stdout.flush()
27    print('')
28    embeddings = np.zeros((nrof_embeddings, embedding_size*nrof_flips))
29    if use_flipped_images:
30        embeddings[:,:embedding_size] = emb_array[0::2,:]
31        embeddings[:,embedding_size:] = emb_array[1::2,:]
32    else:
33        embeddings = emb_array
34    assert np.array_equal(lab_array, np.arange(nrof_images))==True, 'Wrong labels used for
      evaluation, possibly caused by training examples left in the input pipeline'
35    # 调用算法的准确率测试方法，采用十字交叉验证的方法
36    tpr, fpr, accuracy, val, val_std, far = lfw.evaluate(embeddings, actual_issame,
              nrof_folds=nrof_folds, distance_metric=distance_metric,
      subtract_mean=subtract_mean)
37    print('Accuracy: %2.5f+-%2.5f' % (np.mean(accuracy), np.std(accuracy)))
38    print('Validation rate: %2.5f+-%2.5f @ FAR=%2.5f' % (val, val_std, far))
39    auc = metrics.auc(fpr, tpr)
40    print('Area Under Curve (AUC): %1.3f' % auc)
41    eer = brentq(lambda x: 1. - x - interpolate.interp1d(fpr, tpr)(x), 0., 1.)
42    print('Equal Error Rate (EER): %1.3f' % eer)
```

运行上述代码，得到如下输出结果：

Runnning forward pass on LFW images Accuracy: 0.992+-0.003 Validation rate: 0.97467+-0.01477 @ FAR=0.00133 Area Under Curve (AUC): 1.000 Equal Error Rate (EER): 0.007

可以看出，谷歌发布的FaceNet模型在人脸识别上表现不俗，在LFW数据集上的正确率已经高于99%。

11.2.3 实现人脸验证

人脸验证就是对比两张图片中的人脸，判断是否是同一个人。人脸验证可在各种身份认证场景中应用。在本节中，我们将使用FaceNet模型实现人脸验证。

1. 加载并对齐图片

从LFW数据集中选择两张图片，并对这两张图片进行对比。在对比前，需要读取图片并对齐数据，实现相关的预处理，具体实现如下：

```
01  def load_and_align_data(image_paths, image_size, margin, gpu_memory_fraction):
02      minsize = 20
03      threshold = [ 0.6, 0.7, 0.7 ]
04      factor = 0.709
05      print('Creating networks and loading parameters')
06      with tf.Graph().as_default():
07          gpu_options = tf.GPUOptions(per_process_gpu_memory_fraction
              =gpu_memory_fraction)
08          sess = tf.Session(config=tf.ConfigProto(gpu_options=gpu_options,
              log_device_placement=False))
09          with sess.as_default():
10              pnet, rnet, onet = align.detect_face.create_mtcnn(sess, None)
11      tmp_image_paths=copy.copy(image_paths)
12      img_list = []
13      for image in tmp_image_paths:
14          img = misc.imread(os.path.expanduser(image), mode='RGB')
15          img_size = np.asarray(img.shape)[0:2]
16          bounding_boxes, _ = align.detect_face.detect_face(img, minsize, pnet, rnet,
              onet, threshold, factor)
17          if len(bounding_boxes) < 1:
18              image_paths.remove(image)
19              print("can't detect face, remove ", image)
20              continue
21          det = np.squeeze(bounding_boxes[0,0:4])
22          bb = np.zeros(4, dtype=np.int32)
23          bb[0] = np.maximum(det[0]-margin/2, 0)
24          bb[1] = np.maximum(det[1]-margin/2, 0)
25          bb[2] = np.minimum(det[2]+margin/2, img_size[1])
26          bb[3] = np.minimum(det[3]+margin/2, img_size[0])
27          cropped = img[bb[1]:bb[3],bb[0]:bb[2],:]
28          aligned = misc.imresize(cropped, (image_size, image_size), interp='bilinear')
29          prewhitened = facenet.prewhiten(aligned)
30          img_list.append(prewhitened)
31      images = np.stack(img_list)
32      return images
```

2. 加载模型，并进行人脸验证

加载训练模型，对加载的人脸图片进行处理，具体实现如下：

```
01  def main(args):
02      images = load_and_align_data(args.image_files, args.image_size, args.margin,
          args.gpu_memory_fraction)
03      with tf.Graph().as_default():
04          with tf.Session() as sess:
05              facenet.load_model(args.model)                    #加载模型
06              images_placeholder = tf.get_default_graph().get_tensor_by_name("input:0")
07              embeddings = tf.get_default_graph().get_tensor_by_name("embeddings:0")
08              phase_train_placeholder = tf.get_default_graph().
                  get_tensor_by_name("phase_train:0")
09              feed_dict = { images_placeholder: images, phase_train_placeholder:False }
10              emb = sess.run(embeddings, feed_dict=feed_dict)
```

```
11      nrof_images = len(args.image_files)
12      print('Images:')
13      for i in range(nrof_images):
14          print('%1d: %s' % (i, args.image_files[i]))
15      print('')
16      print('Distance matrix')
17      print('    ', end='')
18      for i in range(nrof_images):
19          print('    %1d     ' % i, end='')
20      print('')
21      for i in range(nrof_images):
22          print('%1d  ' % i, end='')
23          for j in range(nrof_images):
24              dist = np.sqrt(np.sum(np.square(np.subtract(emb[i,:], emb[j,:]))))
25              print('  %1.4f  ' % dist, end='')
26          print('')
```

运行上述代码,输出结果如图11.2所示。

```
Images:
0:Aaron_Guiel_0001.jpg
1:Aaron_Peirsol_0001.jpg

Distance matrix
          0         1
0    0.0000    1.2931
1    1.2931    0.0000
```

图11.2 人脸验证结果

输出的最终结果是两张人脸图片的欧氏距离的二分类代价矩阵。如果两张人脸相似,代价值cost的相似度范围为[0,1]。如果为0,则说明完全相同;如果代价值cost大于1,则说明相似度为0。

通过本节的练习,我们掌握了最基础的人脸验证技术。

11.3 性别和年龄的识别

现在,手机的拍照功能越来越多样化,不少还能识别出年龄,这就是人脸识别的一种应用场景。在本节中,我们将实现性别和年龄的识别[1]。

11.3.1 Adience数据集

Adience数据集源于Flickr相册,该相册中的图片由用户使用iPhone或其他智能手机拍摄得到,并获得相应的公众许可。该数据集中有图片26 580张,分为2284个类别,涉及的年龄范围为8个区间,分别是1~2岁、4~6岁、8~13岁、15~20岁、25~32岁、38~43岁、

---

1 参考https://github.com/dpressel/rude-carnie。

48~53岁以及60岁以上。这些图片都未经处理，反映了真实的自然环境，含有背景噪声、不同光照以及不同姿势等情况。

Adience数据集的下载地址为http://www.openu.ac.il/home/hassner/Adience/data.html#agegender，下载后的目录如图11.3所示。

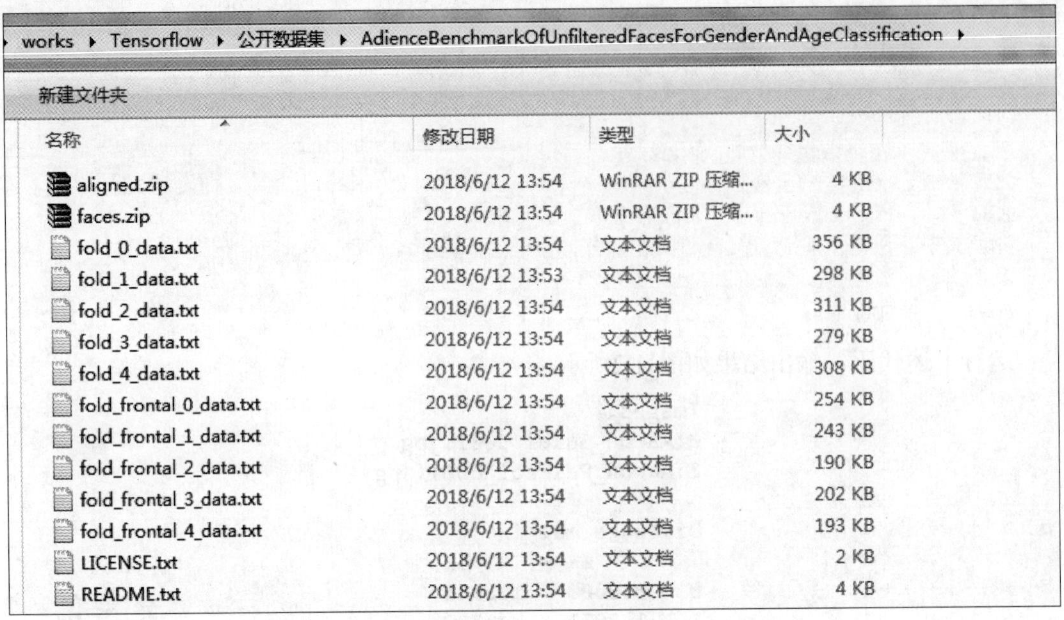

图11.3 Adience数据集

其中，faces.zip中存放的是人脸图片的原始数据。

aligned.zip中存放的是经过剪裁和对齐的数据。

fold_0_data.txt~fold_4_data.txt中存放的是全部数据的标记信息。

fold_frontal_0_data.txt~fold_frontal_4_data.txt中存放的是正面姿态的面部数据的标记信息。

标记信息中包括user_id、original_image、face_id、age、gender、x、y、dx、dy、tilt_ang、fiducial_yaw_angle以及fiducial_score，分别表示用户id、图片文件名、人物标识id、年龄、性别、组成人脸边框的值以及斜切角度、基准偏移角度、基准分数。

11.3.2 数据预处理

为了提高后续处理模型的效率，需要把数据集文件转换为TFRecords格式文件。

TFRecords格式文件中包括标签、文件名、文件以及图像的高度与宽度信息，具体定义如下：

```
example = tf.train.Example(features=tf.train.Features(feature={
    'image/class/label': _int64_feature(label),
    'image/filename': _bytes_feature(str.encode(os.path.basename(filename))),
    'image/encoded': _bytes_feature(image_buffer),
    'image/height': _int64_feature(height),
    'image/width': _int64_feature(width)
```

完成TFRecords格式文件的定义后，再进行文件的转换，具体实现如下：

```
01  def _process_image_files_batch(coder, thread_index, ranges, name, filenames,
                labels, num_shards):
02      num_threads = len(ranges)
03      assert not num_shards % num_threads
04      num_shards_per_batch = int(num_shards / num_threads)
05      shard_ranges = np.linspace(ranges[thread_index][0],
                ranges[thread_index][1],
                num_shards_per_batch + 1).astype(int)
06      num_files_in_thread = ranges[thread_index][1] - ranges[thread_index][0]
07      counter = 0
08      for s in xrange(num_shards_per_batch):
09          shard = thread_index * num_shards_per_batch + s
10          output_filename = '%s-%.5d-of-%.5d' % (name, shard, num_shards)
11          output_file = os.path.join(FLAGS.output_dir, output_filename)
12          writer = tf.python_io.TFRecordWriter(output_file)
13          shard_counter = 0
14          files_in_shard = np.arange(shard_ranges[s], shard_ranges[s + 1], dtype=int)
15          for i in files_in_shard:
16              filename = filenames[i]
17              label = int(labels[i])
18              image_buffer, height, width = _process_image(filename, coder)
19              example = _convert_to_example(filename, image_buffer, label,
                        height, width)
20              writer.write(example.SerializeToString())
21              shard_counter += 1
22              counter += 1
23              if not counter % 1000:
24                  print('%s [thread %d]: Processed %d of %d images in thread batch.' %
                        (datetime.now(), thread_index, counter, num_files_in_thread))
25                  sys.stdout.flush()
26          writer.close()
27          print('%s [thread %d]: Wrote %d images to %s' %
                (datetime.now(), thread_index, shard_counter, output_file))
28          sys.stdout.flush()
29          shard_counter = 0
30      print('%s [thread %d]: Wrote %d images to %d shards.' %
            (datetime.now(), thread_index, counter, num_files_in_thread))
31      sys.stdout.flush()
```

11.3.3 生成训练模型

2015年，Gil Levi和Tal Hassner发表了论文 *Age and Gender Classification using Convolutional Neural Networks*[1]，其中提出了一种关于年龄和性别的神经网络训练模型。

该模型以卷积神经网络为基础，总共使用了三个卷积层、两个全连接层，最后使用分类器输出结果，整体网络架构如图11.4所示。

---

1 参考https://www.openu.ac.il/home/hassner/projects/cnn_agegender/CNN_AgeGenderEstimation.pdf。

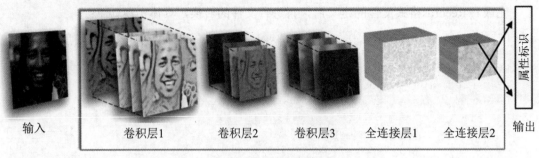

图11.4 网络架构图

具体实现如下：

```
01  def levi_hassner(nlabels, images, pkeep, is_training):
02      weight_decay = 0.0005
03      weights_regularizer = tf.contrib.layers.l2_regularizer(weight_decay)
04      with tf.variable_scope("LeviHassner", "LeviHassner", [images]) as scope:
05          with tf.contrib.slim.arg_scope(
                [convolution2d, fully_connected],
                weights_regularizer=weights_regularizer,
                biases_initializer=tf.constant_initializer(1.),
                weights_initializer=tf.random_normal_initializer(stddev=0.005),
                trainable=True):
06              with tf.contrib.slim.arg_scope(
                    [convolution2d],
                    weights_initializer=tf.random_normal_initializer(stddev=0.01)):
07                  conv1 = convolution2d(images, 96, [7,7], [4, 4], padding='VALID',
                        biases_initializer=tf.constant_initializer(0.), scope='conv1')
08                  pool1 = max_pool2d(conv1, 3, 2, padding='VALID', scope='pool1')
09                  norm1 = tf.nn.local_response_normalization(pool1, 5, alpha=0.0001,
                        beta=0.75, name='norm1')
10                  conv2 = convolution2d(norm1, 256, [5, 5], [1, 1], padding='SAME',
                        scope='conv2')
11                  pool2 = max_pool2d(conv2, 3, 2, padding='VALID', scope='pool2')
12                  norm2 = tf.nn.local_response_normalization(pool2, 5, alpha=0.0001,
                        beta=0.75, name='norm2')
13                  conv3 = convolution2d(norm2, 384, [3, 3], [1, 1], biases_initializer=
                        tf.constant_initializer(0.), padding='SAME', scope='conv3')
14                  pool3 = max_pool2d(conv3, 3, 2, padding='VALID', scope='pool3')
15                  flat = tf.reshape(pool3, [-1, 384*6*6], name='reshape')
16                  full1 = fully_connected(flat, 512, scope='full1')
17                  drop1 = tf.nn.dropout(full1, pkeep, name='drop1')
18                  full2 = fully_connected(drop1, 512, scope='full2')
19                  drop2 = tf.nn.dropout(full2, pkeep, name='drop2')
20      with tf.variable_scope('output') as scope:
21          weights = tf.Variable(tf.random_normal([512, nlabels], mean=0.0, stddev=0.01),
                name='weights')
22          biases = tf.Variable(tf.constant(0.0, shape=[nlabels], dtype=tf.float32),
                name='biases')
23          output = tf.add(tf.matmul(drop2, weights), biases, name=scope.name)
24      return output
```

损失函数的定义如下：

```
01  def loss(logits, labels):
02      labels = tf.cast(labels, tf.int32)
03      cross_entropy = tf.nn.sparse_softmax_cross_entropy_with_logits(
04          logits=logits, labels=labels, name='cross_entropy_per_example')
05      cross_entropy_mean = tf.reduce_mean(cross_entropy, name='cross_entropy')
06      tf.add_to_collection('losses', cross_entropy_mean)
07      losses = tf.get_collection('losses')
08      regularization_losses = tf.get_collection(tf.GraphKeys.REGULARIZATION_LOSSES)
09      total_loss = cross_entropy_mean + LAMBDA * sum(regularization_losses)
10      tf.summary.scalar('tl (raw)', total_loss)
11      loss_averages = tf.train.ExponentialMovingAverage(0.9, name='avg')
12      loss_averages_op = loss_averages.apply(losses + [total_loss])
13      for l in losses + [total_loss]:
14          tf.summary.scalar(l.op.name + ' (raw)', l)
15          tf.summary.scalar(l.op.name, loss_averages.average(l))
16      with tf.control_dependencies([loss_averages_op]):
17          total_loss = tf.identity(total_loss)
18      return total_loss
```

11.3.4 训练模型

完成了训练模型和损失函数的定义后，接下来依次调用方法进行模型的训练，具体实现如下：

```
01  def main(argv=None):
02      with tf.Graph().as_default():
03          model_fn = select_model(FLAGS.model_type)
04          # 打开元数据
05          input_file = os.path.join(FLAGS.train_dir, 'md.json')
06          print(input_file)
07          with open(input_file, 'r') as f:
08              md = json.load(f)
09          images, labels, _ = distorted_inputs(FLAGS.train_dir, FLAGS.batch_size,
                  FLAGS.image_size, FLAGS.num_preprocess_threads)
10          logits = model_fn(md['nlabels'], images, 1-FLAGS.pdrop, True)
11          total_loss = loss(logits, labels)
12          train_op = optimizer(FLAGS.optim, FLAGS.eta, total_loss, FLAGS.steps_per_decay,
                  FLAGS.eta_decay_rate)
13          saver = tf.train.Saver(tf.global_variables())
14          summary_op = tf.summary.merge_all()
15          sess = tf.Session(config=tf.ConfigProto(
                      log_device_placement=FLAGS.log_device_placement))
16          tf.global_variables_initializer().run(session=sess)
17          # 可以使用预训练的InceptionV3模型
18          if FLAGS.pre_model:
19              inception_variables = tf.get_collection(
20                  tf.GraphKeys.VARIABLES, scope="InceptionV3")
21              restorer = tf.train.Saver(inception_variables)
```

```
22        restorer.restore(sess, FLAGS.pre_model)
23     if FLAGS.pre_checkpoint_path:
24        if tf.gfile.Exists(FLAGS.pre_checkpoint_path) is True:
25           print('Trying to restore checkpoint from %s' % FLAGS.pre_checkpoint_path)
26           restorer = tf.train.Saver()
27           tf.train.latest_checkpoint(FLAGS.pre_checkpoint_path)
28           print('%s: Pre-trained model restored from %s' %
29              (datetime.now(), FLAGS.pre_checkpoint_path))
30     run_dir = '%s/run-%d' % (FLAGS.train_dir, os.getpid())
31     checkpoint_path = '%s/%s' % (run_dir, FLAGS.checkpoint)
32     if tf.gfile.Exists(run_dir) is False:
33        print('Creating %s' % run_dir)
34        tf.gfile.MakeDirs(run_dir)
35     tf.train.write_graph(sess.graph_def, run_dir, 'model.pb', as_text=True)
36     tf.train.start_queue_runners(sess=sess)
37     summary_writer = tf.summary.FileWriter(run_dir, sess.graph)
38     steps_per_train_epoch = int(md['train_counts'] / FLAGS.batch_size)
39     num_steps = FLAGS.max_steps if FLAGS.epochs < 1 else FLAGS.epochs *
       steps_per_train_epoch
40     print('Requested number of steps [%d]' % num_steps)
41     for step in xrange(num_steps):
42        start_time = time.time()
43        _, loss_value = sess.run([train_op, total_loss])
44        duration = time.time() - start_time
45        assert not np.isnan(loss_value), 'Model diverged with loss = NaN'
46        if step % 10 == 0:
47           num_examples_per_step = FLAGS.batch_size
48           examples_per_sec = num_examples_per_step / duration
49           sec_per_batch = float(duration)
50           format_str = ('%s: step %d, loss = %.3f (%.1f examples/sec;
           %.3f ' 'sec/batch)')
51           print(format_str % (datetime.now(), step, loss_value,
                    examples_per_sec, sec_per_batch))
52        if step % 100 == 0:
53           summary_str = sess.run(summary_op)
54           summary_writer.add_summary(summary_str, step)
55        if step % 1000 == 0 or (step + 1) == num_steps:
56           saver.save(sess, checkpoint_path, global_step=step)
```

运行以上代码，对模型进行训练。由于训练的时间比较长，因此训练过程中要不断地进行保存。

11.3.5 评估模型

完成了模型的训练后，再对模型进行评估。为此，使用一张人物图片来验证模型是否准确。对人物图片进行分析的关键代码如下：

```
01  def classify_many_single_crop(sess, label_list, softmax_output, coder,
       images, image_files, writer):
02     try:
```

```
03    num_batches = math.ceil(len(image_files) / MAX_BATCH_SZ)
04    pg = ProgressBar(num_batches)
05    for j in range(num_batches):
06       start_offset = j * MAX_BATCH_SZ
07       end_offset = min((j + 1) * MAX_BATCH_SZ, len(image_files))
08       batch_image_files = image_files[start_offset:end_offset]
09       print(start_offset, end_offset, len(batch_image_files))
10       image_batch = make_multi_image_batch(batch_image_files, coder)
11       batch_results = sess.run(softmax_output, feed_dict=
         {images:image_batch.eval()})
12       batch_sz = batch_results.shape[0]
13       for i in range(batch_sz):
14          output_i = batch_results[i]
15          best_i = np.argmax(output_i)
16          best_choice = (label_list[best_i], output_i[best_i])
17          print('Guess @ 1 %s, prob = %.2f' % best_choice)
18          if writer is not None:
19             f = batch_image_files[i]
20             writer.writerow((f, best_choice[0], '%.2f' % best_choice[1]))
21       pg.update()
22    pg.done()
23 except Exception as e:
24    print(e)
25    print('Failed to run all images')
```

运行以上代码，可以得到人物图片的性别及概率。

11.4 本章小结

本章主要讲解了TensorFlow在人脸识别领域的应用。首先介绍了人脸识别的原理和分类，然后结合最常见的案例，讲解了人脸验证以及如何从人脸来判别性别和年龄。